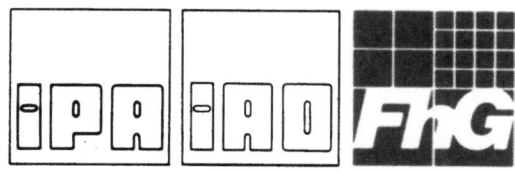

Forschung und Praxis

Band T 30

Berichte aus dem

Fraunhofer-Institut für Produktionstechnik und Automatisierung (IPA), Stuttgart

Fraunhofer-Institut für Arbeitswirtschaft und Organisation (IAO), Stuttgart

Institut für Industrielle Fertigung und Fabrikbetrieb (IFF) der Universität Stuttgart, und

Institut für Arbeitswissenschaft und Technologiemanagement (IAT) der Universität Stuttgart

Herausgeber: H. J. Warnecke und H.-J. Bullinger

IAO-Forum
26. Mai 1992

Kundenorientierte Produktion

Ablauforientierte Integration
Ganzheitliche Logistikkonzepte
Dezentrale Verantwortungsbereiche

Herausgegeben von H.-J. Bullinger

Springer-Verlag
Berlin   Heidelberg   New York   London   Paris
Tokyo   Hong Kong   Barcelona   Budapest 1992

Dr.-Ing. Dr. h. c. Dr.-Ing. E. h. H. J. Warnecke
o. Professor an der Universität Stuttgart
Fraunhofer-Institut für Produktionstechnik und Automatisierung (IPA), Stuttgart

Dr.-Ing. habil. Dr. h. c. H.-J. Bullinger
o. Professor an der Universität Stuttgart
Fraunhofer-Institut für Arbeitswirtschaft und Organisation (IAO), Stuttgart

ISBN 978-3-540-55642-8   ISBN 978-3-642-51604-7 (eBook)
DOI 10.1007/978-3-642-51604-7

Dieses Werk ist urheberrechtlich geschützt. Die dadurch begründeten Rechte, insbesondere die der Übersetzung, des Nachdrucks, der Entnahme von Abbildungen und Tabellen, der Funksendung, der Mikroverfilmung oder der Vervielfältigung auf anderen Wegen und der Speicherung in Datenverarbeitungsanlagen, bleiben, auch bei nur auszugsweiser Verwertung, vorbehalten. Eine Vervielfältigung dieses Werkes oder von Teilen dieses Werkes ist auch im Einzelfall nur in den Grenzen der gesetzlichen Bestimmungen des Urheberrechtsgesetzes der Bundesrepublik Deutschland vom 9. September 1965 in der Fassung vom 24. Juni 1985 zulässig. Sie ist grundsätzlich vergütungspflichtig. Zuwiderhandlungen unterliegen den Strafbestimmungen des Urheberrechtsgesetzes.

© Springer-Verlag Berlin Heidelberg 1992

Die Wiedergabe von Gebrauchsnamen, Handelsnamen, Warenbezeichnungen usw. in diesem Werk berechtigt auch ohne besondere Kennzeichnung nicht zu der Annahme, daß solche Namen im Sinne der Warenzeichen- und Markenschutz-Gesetzgebung als frei zu betrachten wären und daher von jedermann benutzt werden dürften.

Sollte in diesem Werk direkt oder indirekt auf Gesetze, Vorschriften oder Richtlinien (z. B. DIN, VDI, VDE) Bezug genommen oder aus ihnen zitiert worden sein, so kann der Verlag keine Gewähr für Richtigkeit, Vollständigkeit oder Aktualität übernehmen. Es empfiehlt sich, gegebenenfalls für die eigenen Arbeiten die vollständigen Vorschriften oder Richtlinien in der jeweils gültigen Fassung hinzuziehen.

Gesamtherstellung: Copydruck GmbH, Heimsheim

2362/3020-543210

Vorwort

Die Internationalisierung der Märkte und die verstärkte Globalisierung des Wettbewerbs stellen Anforderungen an unsere Unternehmen, in denen neue – kundenorientierte – Produktionsformen gefordert sind. Hohe Typen- und Variantenvielfalt bei höchster Qualität, kurze Lieferzeiten und hohe Termintreue sowie eine kurzfristige Marktverfügbarkeit der Produkte sind Kundenforderungen, denen sich Unternehmen heute stellen müssen.

Unter Stichworten wie Lean Production oder Just in Time diskutieren wir momentan Produktionskonzepte, die offensichtlich deutliche Wettbewerbsvorteile gegenüber unseren traditionellen Strukturen besitzen. Wie kann eine moderne, kundenorientierte Produktion den scheinbaren Widerspruch zwischen einer planbaren Produktion und dem Reaktionsvermögen auf kurzfristige Kundenwünsche vereinen? Wie können zugleich die notwendige Flexibilität und eine höchstmögliche Rentabilität erzielt werden?

Lösungen liegen in einer Entflechtung der Produktion und dem Aufbau dezentraler, marktorientierter Strukturen, wie Fertigungs- und Montageinseln. Ganzheitliche Logistikkonzepte optimieren den Informations- und Materialfluß durch schnittstellenarme Abläufe. Erweiterte Teileklassifizierung und Strategien der rollierenden Planung für produktionssynchrone Beschaffung und Bereitstellung reduzieren die Bestände. Zusätzliche Synergieeffekte entstehen durch Integration von Produktinnovation und Produktionsplanung.

Was bedeuten kundenorientierte Produktionsstrukturen in der Praxis? Die Referenten werden diese Frage sowohl aus Sicht der strategischen Produktions- und Organisationsplanung als auch ausgehend von praktischen Erfahrungen diskutieren.

Stuttgart, Mai 1992   Prof. Dr. H.-J. Bullinger

Inhalt

Innovative Produktionsstrukturen – Voraussetzung für ein kundenorientiertes Produktionsmanagement   **9**
H.-J. Bullinger, Fraunhofer Institut für Arbeitswirtschaft und Organisation (IAO), Stuttgart

Product and process development in swedish industry in recent years – a critical review of its successes and failures   **35**
M. Carlsson, Chalmers University of Technology Industrial Management and Economics, S-Göteborg

Neue Formen der Arbeitsorganisation – Basis einer flexiblen Produktion   **65**
H. Sauer, Mercedes Benz AG, Sindelfingen

Konsequente Kunden-Lieferanten-Beziehung für die Produktionslogistik und interne Materialversorgung   **83**
K. Schlaweck, Klöckner Moeller Elektrizitäts GmbH, Bonn

Kundenorientierte Produktion in dezentralen Organisationseinheiten – Vom Ansatz zur Erfahrung   **135**
G. Singl, Renk AG, Augsburg

Motivation der Mitarbeiter in einem hochtechnisierten Arbeitsumfeld   **187**
M. Hilche, Hewlett-Packard, Böblingen

Dezentrale Verantwortungsbereiche in der Produktion – Rahmen für Produktionskompetenz und gesellschaftlichen Wertewandel   **193**
U. Hallwachs, Fraunhofer Institut für Arbeitswirtschaft und Organisation (IAO), Stuttgart

Integrierte Fabrik- und Industriebauplanung – Wechselwirkung zwischen dezentralen Unternehmensstrukturen und moderner Industriearchitektur   **225**
G. Steiner, GSG Baucontrol AG, Ch-Basel

IAO-Forum
Kundenorientierte Produktion

Innovative Produktionsstrukturen – Voraussetzung für ein kundenorientiertes Produktionsmanagement

H.-J. Bullinger

Das Unternehmen im Wandel des Marktes

Unter dem Schlagwort »Lean Production« erleben wir heute eine Diskussion, wie wir sie wohl zuletzt und in dieser Heftigkeit beim Übergang von der handwerklichen zur industriellen Massenproduktion durch Ford und Sloan erlebt haben. Wie im frühen zwanzigsten Jahrhundert ist es wieder die Automobilindustrie, die das Symbol einer neuen, der »schlanken Produktion« setzt. So schließen die Verfasser der MIT-Studie mit den Worten »*Am Ende glauben wir, wird die schlanke Produktion die Massenproduktion und die verbliebenen Vertreter der handwerklichen Fertigung in allen Bereichen industrieller Betätigung ersetzen, um das weltweite Standardproduktionssystem des einundzwanzigsten Jahrhunderts zu werden.*« /1/.

Was unterscheidet Lean Production von anderen Konzepten? Welches sind die Ursachen, daß Lean Production auf einen so fruchtbaren Boden trifft?

Ein Beispiel möge die aktuelle Situation verdeutlichen. Die Hersteller komplexer Massenprodukte sehen sich heute mit einem Markt konfrontiert, der durch extrem harte internationale Wettbewerbsbedingungen gekennzeichnet ist, und in diesem Feld spielen, wie in kaum einem anderem Bereich unserer Wirtschaft, Produktqualität, Markteintrittszeiten und natürlich auch Produktkosten in gleicher Weise eine sehr zentrale Rolle.

In diesen Märkten sind drastisch verkürzte Produktlebenszeiten bei gleichzeitig steigenden Amortisationszeiten für Investitionen in neue Produkte zu beobachten. Nach einer Untersuchung, die das IAO bei 140 Unternehmen durchgeführt hat, verkürzten sich die Produktlebenszeiten im Bereich der Unterhaltungselektronik und des Computerbaus in den letzten zehn Jahren um 56% auf unter fünf Jahre. Gleichzeitig stieg die Amortisationszeit um 6% innerhalb von vier Jahren. Das Zeitfenster, das den Unternehmen verbleibt, um Gewinne zu machen, wird als immer kleiner. In diesem extremen Fall beträgt es nur noch rund ein Jahr.

Die vielleicht weitreichensten Veränderungen wurden im Bereich der Kfz-Zulieferindustrie ermittelt. Hier sind die Produktlebenszeiten um nahezu 30% zurückgegangen, während sich die Amortisationszeiten zugleich um rund 50% verlängert haben. Das Zeitfenster für Gewinne hat sich in den letzten zehn Jahren um fast 80%, also auf ein knappes Viertel, reduziert.

Diese Tendenzen sind auch in anderen Branchen zu erkennen, wie dem Maschinen- und Anlagenbau, obwohl im Moment noch nicht so existenziell.

Wenn man solche Entwicklungen sieht, wird es nicht reichen zu sagen, man müßte etwas schneller und motivierter arbeiten, sondern man wird sich die Frage stellen müssen, ob nicht einige Dinge grundsätzlich anders gemacht werden müssen als in der Vergangenheit.

In der Bundesrepublik hat die Industrie sehr wohl erkannt, daß sie über die Reduzierung der Fertigungstiefe, über Verlagerungen der Produktionen - innerhalb der Bundesrepublik und zu Zulieferern ins Ausland - und über Kostenreduktion in den indirekten Bereichen nachdenken muß.

Daß die MIT-Studie unter diesen Bedingungen auf einen fruchtbaren Boden fällt, ist mehr als verständlich. Mit »Lean production« wurde ein sowohl eingängiger wie umfassender Begriff geschaffen, mit dem ein post-tayloristisches Produktionssystem charakterisiert wird. Die dahinterliegenden Phänomene und Entwicklungen, sind für sich genommen nicht so ganz neu, über sie wurde schon in der Vergangenheit diskutiert. Jetzt geht es um die Umsetzung auf breiter Front.

Schlank!?

Was ist eigentlich unter Lean production zu verstehen? Grob definiert handelt es sich um ein Produktionssystem, welchem es in besonderer Weise gelingt, Organisation und Technik besser abzustimmen, zu integrieren, so daß eine Leistungsfähigkeit und Effektivität entsteht, die konventionellen Produktionssystemen überlegen ist. Mit Lean production wird zunächst ein Zustand beschrieben. Bei Lean production handelt es sich nicht um ein abgeschlossenes Konzept, welches einfach von dort nach hier übertragen werden kann.

Wenn Lean production so zu verstehen ist, wird zugleich deutlich, daß es kein System darstellt, welches auf japanische Verhältnisse beschränkt ist. Was kennzeichnet ein »schlankes Unternehmen«? Ist ein Unternehmen schlank, wenn es dezentrale Produktionsstrukturen, Gruppenarbeit, Null-Fehler-Qualität oder Projektmanagement einführt? Ist Lean production die Summe einzelner Techniken, die »lediglich« realisiert werden müssen?

Oder verbirgt sich hinter Lean production nicht die Idee einer grundsätzlich anderen Managementphilosophie? Wenn dem so ist, dann beginnt Lean production in den Köpfen, führt der Weg zum schlanken Unternehmen über einen Wertewandel in der Industrie.

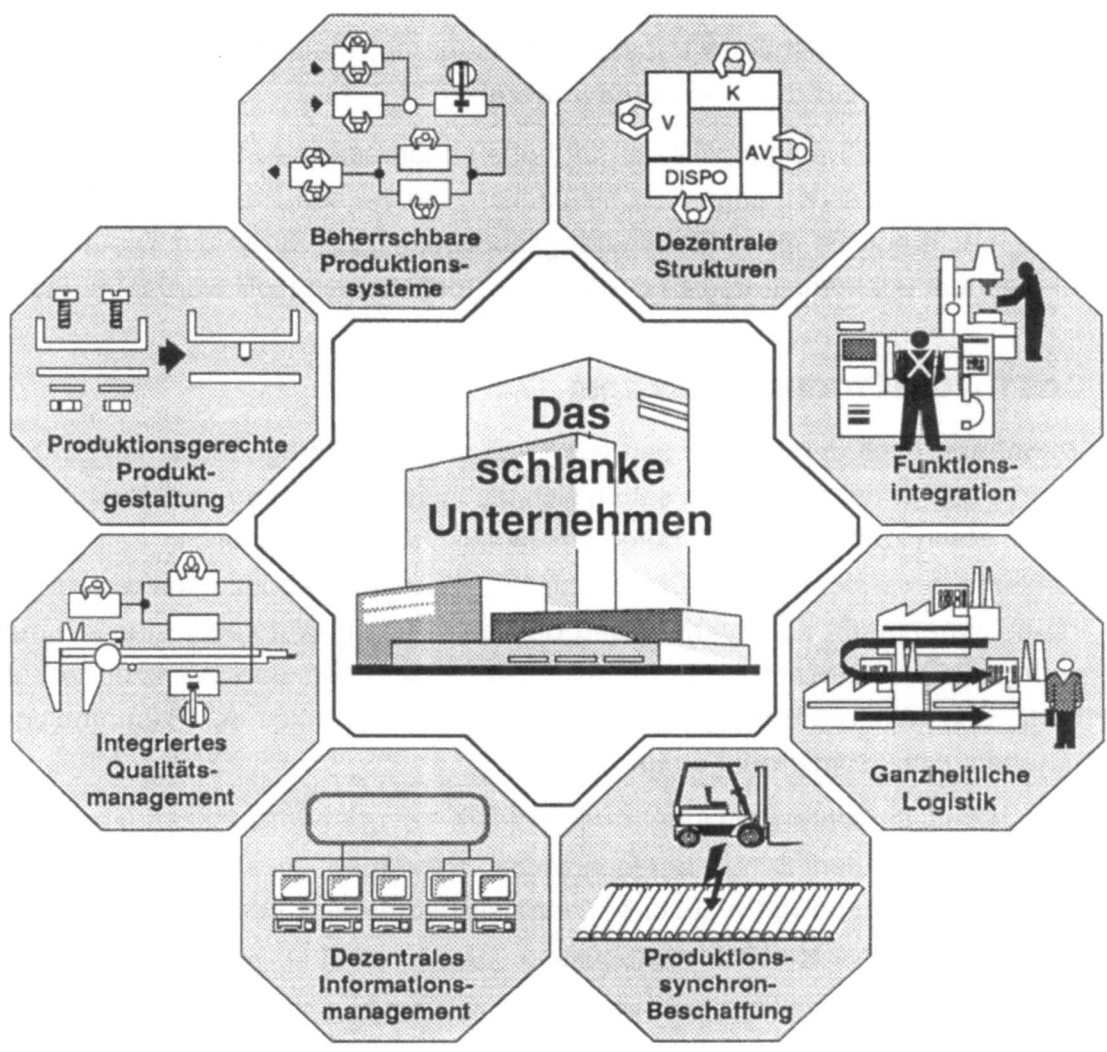

Wertewandel im Unternehmen

Läßt man die Werte und Leitsätze der Vergangenheit Revue passieren, so wird deutlich, daß sie fast ausnahmslos durch die Ideen der Massenproduktion geprägt sind.

Galt doch die menschenleere Fertigung lange Zeit als das Idealbild der modernen Fabrik. Konsequenterweise genoß die Fertigungs- und Montageautomation oberste Priorität. Der Mensch war in diesem Bild lediglich ein Störfaktor, den man nicht mehr überall ersetzen konnte. Die Folge waren ständig wachsende Anlagenkosten. Um überhaupt wirtschaftlich zu fertigen, mußten die Maschinen maximal ausgelastet werden. Der »zwangsläufige« Weg war eine verrichtungsorientierte Losgrößenoptimierung. Meßlatte der Fertigungsplanung war der Grad der Ressourcennutzung.

Ungenügende Fertigungsflexibilität, hohe Lagerbestände in allen Stufen des Fertigungsprozesses, lange Durchlaufzeiten, mangelnde Prozeßstabilität und hohe, nachträgliche Qualitätssicherungsaufwände, das waren die Tribute, die für die »Managementstrategien der Massenproduktion« gezollt werden mußten.

Das Toyota Production System

Wenn man nach den Ursprüngen von Lean production fragt, muß man zurück bis in die 50er Jahre. Damals sahen sich die japanische Automobilindustrie mit einem Markt konfrontiert, der durch amerikanische und europäische Automobilkonzerne beherrscht wurde. Die japanischen Automobilproduzenten waren auf ihren Binnenmarkt konzentriert, und der japanischen Wirtschaft standen nur geringe Investitionsmittel für Produktionseinrichtungen und Werkzeuge zur Verfügung. Weitere Bedingungen waren die Unkündbarkeit der Stammbelegschaften, Erfolgsbeteiligungen usw..

Unter diesen Voraussetzungen entwickelte Toyota ein Produktionssystem, daß sich - unter dem Schutz der japanischen Regierung - zu einem der effizientesten in der Gegenwart mauserte. Langfristig wurde es zu *einer* wettbewerbsfähigen Alternative zur Massenproduktion.

In der »Historie« von Lean production liegen die eigentlich bemerkenswerten Aspekte verborgen.

Restriktionen als Herausforderung?!

Lean production entstand aus Restriktionen heraus und das hat sich positiv ausgeprägt. Restriktionen übrigens, die für die deutsche Wirtschaft vollkommen unvorstellbar wären. Da die Rahmenbedingungen unveränderbar waren, wurden Lösungen *entwickelt*, die an den *Vorteilen* in den Wettbewerbsnachteilen anknüpften.

Zum Beispiel die Unkündbarkeit der Stammbelegschaften. Die Unkündbarkeit ist ein Kontrakt auf Gegenseitigkeit. Das Unternehmen fühlt sich verpflichtet, seine Mitarbeiter vom Firmeneintritt bis zum Ende seines Arbeitslebens zu beschäftigen. Die Mitarbeiter haben dafür praktisch nicht die Möglichkeit, »ihr« Unternehmen zu verlassen. Aus diesen Bedingungen erwächst einerseites eine hohe, wechselseitige Loyalität. Anderseits muß das Unternehmen seine Mitarbeiter so entwickeln, daß sie in allen Phasen des Berufslebens sinnvoll eingesetzt werden können.

Persönliche Perspektiven bietet in diesem System eine sehr kleinstufig angelegte Karriereleiter, die neben formellen Aufstiegspositionen eine Vielzahl von informellen Leitungs- und Prestigefunktionen kennt. Jeder neue Mitarbeiter fängt praktisch an der gleichen Stufe an, nur ist der Aufstieg unterschiedlich schnell. Die Durchgängigkeit von unten nach oben ist sehr viel größer als in westlichen Unternehmen, zugleich sind Kommunikationsbarrieren und Abschottungen zwischen den Bereichen sehr viel geringer.

Angepaßte Lösungen

Ein weiterer Aspekt von Lean production liegt in der Entwicklung angepaßter Lösungen. Angepaßt an die Bedingungen der japanischen Kultur und Gesellschaft, angepaßt aber auch an das technisch und wirtschaftlich Machbare.

Statt ständig auf die neusten Trends zu setzen, wurde häufig auf einfachere und weniger automatisierte, dafür aber sicher beherrschte Technologien gesetzt. Diese sind zugleich ständige Objekte vieler kleiner Verbesserungen, was eine äußert hohe Effizienz und Prozeßstabilität zur Folge hat.

Als Toyota in den 50er Jahren mit dem Neuaufbau der Automobilproduktion begann, waren die Stückzahlen so niedrig, daß die starr verkettete Fließfertigung á la Ford und GM nicht realisierbar war. Die verfügbaren amerikanischen Blechpressen wurden so lange weiterentwickelt, bis sie in für damalige Verhältnisse kürzesten Zeiträumen umrüstbar waren. Es wurde eine Lösung gefunden, die den Bedürfnissen eines kleinen Marktes und begrenzten Investitionsmöglichkeiten entsprach.

Daß dieses System in vieler Hinsicht vorteilhaft war, stand zu Beginn keinesfalls fest. Erst im laufenden Betrieb stellte sich heraus, daß Bestände niedriger, Durchlaufzeiten kürzer und die Qualität höher waren als in den klassischen Massenproduktionswerken.

Die Konsequenz in der Umsetzung

Ein dritter Aspekt scheint den Erfolg von Lean production zu begründen - die Konsequenz in der Umsetzung. Auch hier ist ein Rückgriff in die 50er Jahre interessant. Zu dieser Zeit wurden in den Vereinigten Staaten verschiedene neue Ansätze im Qualitätswesen entwickelt, das bekannteste ist sicherlich die Statistical Process Control (SPC). Während im Westen diesen Ansätzen nur begrenzte Aufmerksamkeit geschenkt wurde, kann man rückblickend feststellen, daß die Ideen der Qualitätssicherung in Japan regelrecht aufgesogen und in der Folge erheblich weiterentwickelt wurden.

»Was innerhalb dieser Entwicklung nicht so leicht erkennbar ist, ist die Umsetzung des Begriffs Qualitätskontrolle (QC) in Japan. Wie in vielen westlichen Unternehmen bezog sich die Qualitätskontrolle ursprünglich auf den Fertigungsprozeß und im besonderen auf die Inspektion fehlerhafter Rohteile am Beginn und fehlerhafter Produkte am Ende einer Produktionslinie. Aber bald gelangte man zu der Erkenntnis, daß die Inspektion allein nichts zur Qualität eines Produktes beitrage; Produktqualität müsse am Produktionsort entstehen. „Baue Qualität in den Prozeß" war (und ist) ein geflügeltes Wort innerhalb der japanischen Qualitätskontrolle.« /2/

Schlüssel zum Erfolg im Qualitätswesen war die konsequente Umsetzung bekannter und allgemein verfügbarer Verfahren. Die Effizienz dieser Verfahren wurde in der Folge durch vielfältige Maßnahmen verbessert. Dieser konsequente Weg zur Erreichung eines Ziel bedingt, daß die Aufgabe als eine strategische und langfristige Managementaufgabe gesehen wird.

Vom Bereichsdenken zum kundenorientiertes Produktionsmanagement

Eingangs wurde Lean production als ein Produktionssystem definiert, welchem es besonders gut gelingt, Organisation und Technik aufeinander abzustimmen. Schaut man sich die Entwicklungen im Bereich der westlichen Industrien an, so wird deutlich, daß die Technikentwicklung den Mittelpunkt des Interesses bildete. Organisationsveränderungen wurden bei der Einführung neuer Technologien nur ausnahmsweise geplant, häufiger blieb das alte Umfeld bestehen.

Organisationsveränderungen waren vielmehr die ungeplante Konsequenz der Einführung neuer Technologien. Forderungen nach einer integrierten Technik- und Organisationsentwicklung lassen sich bis in die Anfänge der Massenfabrikation zurückverfolgen /3/. Der Nutzen einer integrierten Planung ist spätestens seit Anfang der 70er Jahre unbestritten, doch verlaufen auch heute noch die meisten Planungen stark technikzentriert.

Auftragsabwicklung vom Kunden zum Kunden

Das Ziel des Produktionsmanagement ist die bestmögliche Erfüllung der Kundenwünsche bei optimalen Einsatz der eigenen Ressourcen. Die Auftragsabwicklung beginnt bereits bei den ersten Kundenkontakten. In dieser Phase werden die meisten Eigenschaften des künftigen Auftrags bzw. Produkts festgelegt. Welche Konsequenzen für die Produktion aus bestimmten kundenspezifischen Lösungen erwachsen, ist den Vertriebsmitarbeitern nur selten bewußt.

Nach der Auftragserteilung legen weitere Bereiche Produkteigenschaften, technische Merkmale und Ausführung fest, bevor die Produktion die Umsetzung aller Vorgaben zu realisieren hat. Die in der Vergangenheit erfolgreich angewandten Strategien, getrennte Optimierung der einzelnen Fachbereiche, wie Vertrieb, Konstruktion, Fertigung, Montage oder Materialwirtschaft verursachen eine Vielzahl von Schnittstellen bei einem geringen Auftrags- und Kundenbezug.

Die Untersuchung der Auftragsabwicklung zeigt für viele Unternehmen typische Schwachstellen, die einem kundenorientierten Produktionsmanagement entgegenwirken.

Starke Arbeitsteilung

Die tayloristische Arbeitsteilung mit der ihr eigenen Trennung in planende, steuernde, ausführende und kontrollierende Funktionen führt zu einer hohen Zahl von Schnittstellen im Auftragsdurchlauf. An den Schnittstellen entstehen Reibungsverluste, deren Folge lange Durchlaufzeiten durch Liege-, Warte-, Transportzeiten sowie Doppel- und »Aneinandervorbei«-Arbeiten sind.

Ein Indikator für die Reibungsverluste in klassisch organisierten Produktionen ist die Bearbeitungszeit des Materials. Sie beträgt lediglich zwischen 2 - 5% der Durchlaufzeit in der Produktion.

Die vorhandene funktionale Gliederung der Fachbereiche, mit der Tendenz zur bereichsinternen Suboptimierung, verstärkt die Reibungsverlusten zwischen den Abteilungen zusätzlich. Akzeptable Durchlaufzeiten in stark arbeitsteiligen Unternehmen lassen sich deshalb selbst mit einem hohen Steuerungsaufwand nur schwer erzielen.

Funktionale Fach- und Verantwortungsbereiche

Dem auftragsorientierten Ablauf steht in den meisten Unternehmen eine rein funktional und verrichtungsorientierte Aufbauorganisation gegenüber. In den Fachbereichen entstehen eigenständige Kommunikationswelten, Fachbereichsdenken führt zu gegenseitigen Abgrenzungen. Die sich an den Bereichsgrenzen aufbauenden Barrieren behindern den Informations- und Fertigungsfluß, Folgen sind beispielsweise Informationsverluste und Übertragungsfehler. Informationslücken in nachgelagerten Bereichen bleiben den vorgelagerten Stellen intransparent. Informationen über Störsituationen werden nur unzureichend weitergegeben. Notwendige Reaktionen werden, wenn überhaupt, nur verspätet eingeleitet.

Eine in funktionale Kompetenz- und Verantwortungsbereiche gegliederte Organisation stärkt die Stellung der Fachbereiche und fördert das Entstehen von Bereichsegoismen. Neben den damit verbundenen Einschränkungen der innerbetrieblichen Kommunikation verhindert eine nur auf funktionale Kompetenzen basierende Aufbauorganisation die Ausbildung einer Auftragsverantwortlichkeit. Auswirkungen sind unkoordinierte Aktivitäten der verschiedenen Organisationseinheiten mit umständlichen Entscheidungsprozessen, die eine hohe Belastung der Führungskräfte mit Tagesgeschäft, insbesondere Terminfragen zur Folge haben.

Unzureichende Zeitwirtschaft und Steuerung in der Auftragsabwicklung

Planung und Steuerung des Auftragsdurchlaufs mit Methoden der Zeitwirtschaft ist in den meisten Unternehmen auf die Produktion beschränkt. Die hier anfallenden Durchlaufzeiten machen machen aber beispielsweise im Maschinenbau nur 30 - 40% der gesamten Durchlaufzeit aus /4/. Dagegen bleiben die vorgelagerten Bereiche, die bis zu 70% der Gesamtdurchlaufzeit beanspruchen, von einer systematisch-methodischen Planung und Steuerung unberührt. Konsequenzen sind mangelnde Transparenz und Fortschrittskontrolle in der Auftragsabwicklung. Kapazitätsengpässe in diesen Bereichen lassen sich nur schwer erkennen und resultierende Terminverzüge können von der Produktion nicht mehr ausgeglichen werden. Die Lieferbereitschaft kann beim Auftreten unvorhersehbarer Ereignisse wegen dem Fehlen eines wirkungsvollen Störungsmanagements nicht gewährleistet werden.

Keine Verursachergerechte Kostenzuordnung

Kostenverursachende Stellen in der Auftragsabwicklung müssen vielfach lediglich die direkt anfallenden Kosten verantworten. Kosten, die in nachgelagerten Bereichen aufgrund von Unkenntnis der Abläufe, fehlerhafter oder unvollständiger Abarbeitung in vorgelagerten Bereichen entstehen, gehen nur in den seltensten Fällen zu Lasten der Verursacher.

In der Produktion konnte in der Vergangenheit eine Abnahme der direkten Fertigungslöhne auf Kosten der indirekten Fertigungsfunktionen, wie Arbeitsvorbereitung oder NC-Programmierung beobachtet werden.

Die Verrechnung erfolgt entweder in Form von Gemeinkosten oder der Fehlzuordnung der Kosten zu den Stellen, die die notwendigen Korrekturen ausführen. Ein funktionierendes Controlling mit einer verursachergerechten Kostenzuordnung, die solche Fehlleistungen aufdeckt und durch geeignete Maßnahmen behebt, ist praktisch nicht möglich. Die Konsequenz ist ein fehlendes Kosten- und Ertragsbewußtsein in den Abteilungen. Eine wirkungsvolle Ertrags- oder Erfolgskontrolle ist nicht möglich. Notwendige Investitionen und Innovationen lassen sich so nicht kostenmäßig begründen /5/.

Bilanzstruktur

Die typische Bilanzstruktur von Unternehmen des Maschinenbaus verdeutlicht, daß 30 - 50% des Kapitals in Form von Vorräten im Umlaufvermögen gebunden ist. Das auf diese Weise gebundene Kapital läßt sich nicht zur Erstellung wirtschaftlicher Leistungen nutzen. Es ist damit »unproduktiv« angelegt.

Das Anlagevermögen beträgt 20 - 30% des Bilanzvolumens. Dieser Teil des Vermögens führt direkt zur Erstellung von wirtschaftlichen Leistungen. Das Kapital arbeitet, es ist »produktiv« angelegt. Ein Vergleich der Volumen von Umlauf und Anlagevermögen zeigt, daß der »unproduktive« Teil des Kapitals wesentlich größer als der »produktive« ist.

Ursache hierfür ist, daß heute in den Unternehmen meist eine Optimierung des Anlagevermögens durchgeführt wird. Das erklärte Ziel ist eine annähernd 100%-Kapazitätsauslastung der Produktion. Flexibilität läßt sich so nur durch den Aufbau von Lagerbeständen erreichen. Das hat in der Vergangenheit zu einer, im Vergleich zum Anlagevermögen, hohen Kapitalbindung im Umlaufvermögen geführt.

Ganzheitliches Produktionsmanagement

Um den Herausforderungen des Marktes gerecht zu werden, ist eine Abkehr von der funktionalen hin zur ablauforientierten Organisation gefordert. Notwendig sind integrierte Strukturen, die sich am Kundenauftrag, am Prozeß der Auftragsabwicklung orientieren.

Die Aufgaben eines ganzheitlichen und kundenorientierten Produktionsmanagements beginnen in der Akquisitionsphase und enden mit dem Kundenservice nach der Auslieferung und Installation. Kennzeichen eines kundenorientierten Produktionsmanagement sind

- Hoher Auftrags- und Kundenbezug
- Teamarbeit
- Durchgängige Prozeßorganisation
- Funktionsintegration
- Komplettbearbeitung
- Integriertes Qualitätsmanagement
- Integrierte Produkt- und Produktionsplanung

Basierend auf diesen Grundsätzen muß ein individuelles, angepaßtes und ganzheitliches Organisationskonzept entwickelt und realisiert werden.

Parallele Produkt- und Produktionsplanung

In der Realität vieler Unternehmen ist die Produktion der Dienstleister aller vorgelagerten Bereiche. Untersuchungen zeigen, daß einerseits rund 70% der Kosten in der Produktentwicklung festgelegt werden, anderseits aber die Zusammenarbeit zwischen den F&E-Bereichen und der Produktion auf Problemfälle oder zufällige Eigeninitiative von Mitarbeitern beschränkt ist /6/.

Üblicherweise wird die Produktion erst am Ende der Produktentwicklungskette eingebunden. Die Möglichkeiten eines ganzheitlichen Produktionsmanagement werden entscheidend erweitert und die Effizienz der Produktion drastisch gesteigert, wenn eine produktionsgerechte Produktentwicklung erfolgt. So führte GM einen Produktivitätsunterschied von über 40% allein auf eine montagefreundliche Konstruktion zurück /7/.

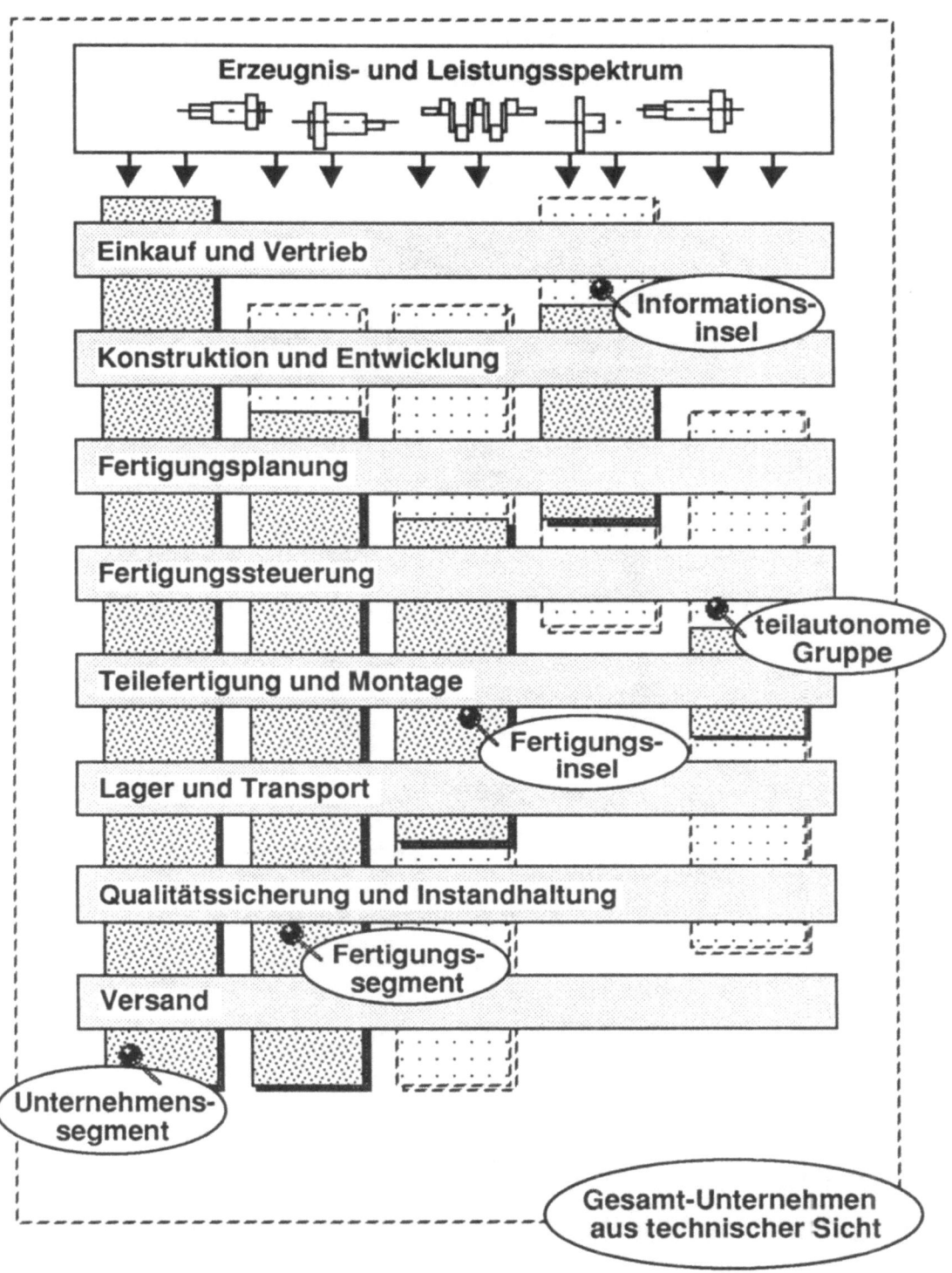

Dies bedeutet in der Konsequenz, daß das Produktonsmanagement bereits an der Produktplanung beteiligt werden muß, daß die Erfahrungen und Kenntnisse der Werker in das neue Produkt eingebracht werden. Die Markteinführungszeiten lassen sich durch eine parallele Produkt- und Produktionsplanung wesentlich verkürzen, da Produktionsmittel und Fertigungsanlagen sehr viel früher konzipiert und realisiert werden können.

Die Fertigungsinsel als eine Keimzelle einer schlanken Produktion

Die verrichtungsorientierte Werkstatt, die gekennzeichnet ist durch die Zusammenfassung von gleichen Maschinen und Verfahren, wird in der Fertigungsinsel durch eine objektorientierte Organisation ersetzt, welche über alle zu einer Komplettbearbeitung fertigungsähnlicher Teile, Baugruppen o. ä. notwendigen Maschinen und Einrichtungen verfügt. Wesentliche Kennzeichen von Fertigungsinseln sind /8/

- die Konzentration von Kompetenz und Verantwortung in der Fertigungsinsel
- die Integration von planenden, steuernden, ausführenden, kontrollierenden und produktionsunterstützenden Tätigkeiten
- ein hoher Autonomiegrad innerhalb vorgegebener Restriktionen
- das Arbeiten im Team mit ca. acht bis zwölf Mitarbeitern
- eine hohe zeitliche Entkopplung des Menschen vom Fertigungsprozeß

Integrierte Auftragsabwicklung in Vertriebsinseln

Die Realisierung integrierter Strukturen in der Auftragsabwicklung im Rahmen eines kundenorientierten Produktionsmanagements heißt die Schaffung von überschaubaren, dezentralen und eigenverantwortlichen Bereichen.

Die Übertragung des *Fertigungsinsel-Konzepts* auf die Auftragsabwicklung führte in Verbindung mit den Praxiserfahrungen zum *Vertriebsinsel-Konzept* /9/. Es verbindet die Vorteile der Prozeßorganisation mit denen funktionaler Fachbereiche.

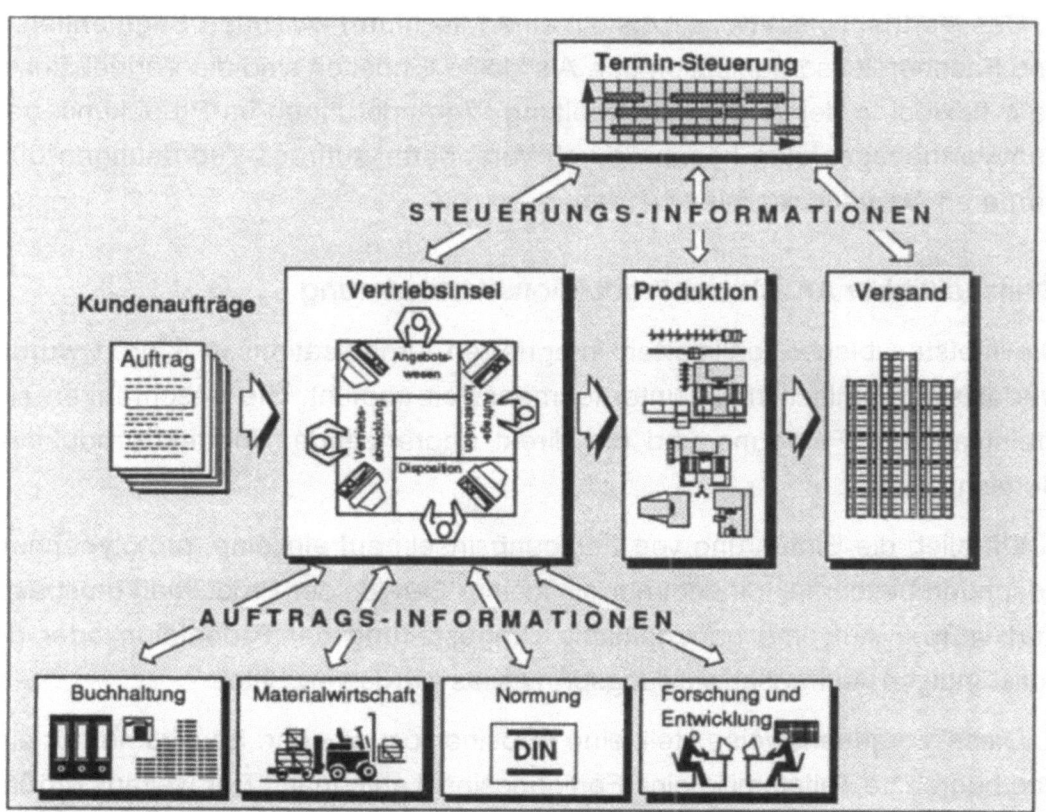

Vertriebsinseln stellen das Bindeglied zwischen dem Markt und der Produktion dar. Als kleine schlagkräftige Einheiten können in einem Unternehmen mehrere parallele Vertriebsinseln bestehen, die jeweils für einen Produkt- und/oder Vertriebsbereich verantwortlich sind. Voraussetzung für den Erfolg ist, daß jeder Vertriebsinsel ein eindeutiger Verantwortungsbereich zugeordnet ist. Für die Abwicklung des Seriengeschäfts oder von Großprojekten können andere Formen der Auftragsabwicklung neben den Vertriebsinseln existieren.

Die tagesaktuellen (prozeßbezogenen) Aufgaben der Anfragen- und Auftragsbearbeitung werden in Vertriebsinseln zusammengefaßt. Hiermit werden viele Schnittstellen zwischen Abteilungen und Sachbearbeitern aus dem Auftragsdurchlauf entfernt. Doppelarbeiten, verursacht durch Defizite im Informationsfluß sowie das Einarbeiten vieler Mitarbeiter in den gleichen Auftrag werden ebenso abgebaut, wie Übergangs- und Liegezeiten. Statt Verantwortungs*delegation* steht die Auftrags*bearbeitung* im Vordergrund. Rückfragen und Unklarheiten lassen sich in funktionierenden Teams sehr viel einfacher klären als zwischen Mitarbeitern wenig kooperierender Bereiche. Die verbesserte Informationsqualität bewirkt zugleich eine höhere Qualität der Auftragsbearbeitung.

Das Vertriebsinsel-Konzept stellt eine Mischform zwischen Segmentierung und Fachbereichsorganisation dar. Als kleine Einheiten sind die Vertriebsinseln sehr flexibel in der Auftragsbearbeitung. Veränderungen im Produktmix oder den Vertriebsgebieten können durch veränderte Auftrags-Zuordnungen ohne größeren Aufwand realisiert werden.

Ganzheitlicher Ansatz der Produktionsstrukturierung

Die meisten bisher realisierten integrierten Organisationsstrukturen wurden weder systematisch noch unternehmensweit geplant. Sie beschränken sich meist auf die Fertigung und die direkt angrenzenden indirekt-produktiven Bereiche.

Oft blieb die Einführung von Fertigungsinseln auf einzelne, prototypenhafte Lösungen beschränkt, indem nur ein kleiner Bereich der Produktion umstrukturiert wurde. Auf eine ganzheitliche Umgestaltung der Produktion oder des vollständigen Auftragsabwicklungsprozesses wurde verzichtet.

Diese Vorgehensweise stellt eine »Rosinenlösung« dar. Es wird nur für eine eng begrenzte Teilefamilie eine Fertigungsinsel aufgebaut. Der weitaus größere

Bereich der Fertigung bleibt davon unberührt. Aufgrund des Herauspickens geeigneter Teile, z. B. hohe Stückzahl, bereitet die kapazitive Auslastung der Fertigungsinsel keinerlei Schwierigkeiten. Durch den geringen Aufwand bei der Einführung entstehen zudem keine hohen Anforderungen an die Planung.

Die Rosinenlösung hat den Nachteil, daß eine umfassende Verbesserung der Organisation nicht erreicht werden kann, weil sich unternehmensweite, ganzheitliche Visionen nicht umsetzen lassen. Ihr Rationalisierungspotential ist daher sehr eingeschränkt. Viel besser ist der Einsatz einer strukturellen Lösung, mit deren Hilfe alle Potentiale erschlossen werden können.

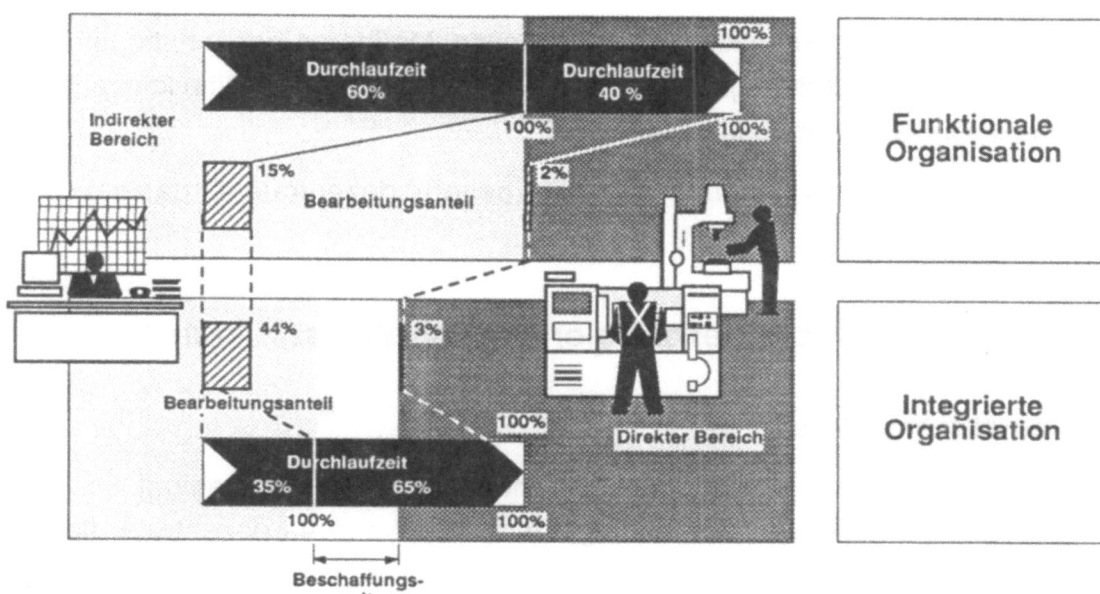

Die Einführung von dezentralen Organisationsstrukturen nach dem strukturellem Ansatz bedeutet eine umfassende Reorganisation der Produktion. Infolge der strategischen Bedeutung der neuen Ausrichtung müssen die den dezentralen Organisationsstrukturen eigenen Ideen vor allem vom Management getragen werden. Gerade hier tut man sich mit integrierten, dezentralen Organisationsstrukturen schwer. Dabei spielen zwei Gründe eine wichtige Rolle.

Zum einen gibt es keine - und kann es auch nicht geben - mathematische Formel, die die Effizienz einer Umstrukturierung vorausberechnet. Die klassische Betriebswirtschaftsrechnung bietet kaum Möglichkeiten, die Veränderungen durch integrierte Strukturen zu erfassen. Weiterhin besteht kein Determinismus zwischen der Einführung integrierter Strukturen und genau zuordnungsbaren Ergebnisveränderungen Es können nur tendenzielle Entscheidungshilfen und Anregungen gegeben werden. Bei einer Überbetonung von Teilaspekten verliert man leicht den Blick für das Gesamtergebnis.

Zum anderen müssen wesentlich Aufgaben mit ihrer Entscheidungskompetenz und Verantwortung vom planenden in den ausführenden Bereich delegiert werden. Sie werden damit in Bereiche verlagert, in denen die dafür notwendigen Qualifikationen und Kompetenz nicht vermutet werden.

Eine Halbherzigkeit bei der Realisierung integrierter, dezentraler Strukturen trägt jedoch der strategischen Ausrichtung und tiefgreifenden strukturellen Veränderungen der Produktion nicht Rechnung. Meßbaren Erfolg hatte und hat nur der, der sich mit dem ganzheitlichen Ansatz identifiziert und ihn konsequent umsetzt. Die Gretchenfrage lautet also

»Trauen wir uns und unseren Mitarbeitern dezentrale Organisationsstrukturen zu?«

Typische Merkmale dezentraler Organisationsstrukturen

Unternehmensphilosophie

Der erste Schritt zu dezentralen Unternehmensstrukturen beginnt bei den Werten und Leitmotiven des Management. Wie kann es dezentrale, flache Hierachien geben, wenn ein Unternehmen durch einen patriachalischen Führungsstil geprägt ist? Wie lassen sich technikzentrierte Produktionsplanung und teamorientierte Personalstrukturen vereinbaren? Wie verträgt sich eine möglichst lückenlose Kontrolle über den Fertigungsprozeß mit eigenverantwortlicher Teamarbeit? Wie wird der Mitarbeiter in Produktion betrachtet, als Störfaktor oder als Ressource?

Das Management eines dezentralen Unternehmens hat andere Vorstellungen über seine Mitarbeiter, seine Ressourcen als das eines von tayloristischen Ideen geprägten Betriebes. Corporate Identity ist im kundenorientierten Produktionsmanagement keine Leerformel, sondern beinhaltet immer in der einen oder anderen Form den Grundsatz »Der Mensch steht im Mittelpunkt«. Und dieser Grundsatz muß auf allen Ebenen des Unternehmens *gelebt* werden.

Teamarbeit

Der Mitarbeiter ist die wichtigste Ressource eines jeden Unternehmens, welcher mit seinem Know how und seiner Verantwortung die Systemeffizienz wesentlich beeinflußt. Die Technik kann immer nur ein, wenn auch entscheidenes, Hilfsmittel sein. Die Organisation muß so gestaltet sein, daß sich die Ressource Mensch optimal entfalten kann. Dies gilt insbesondere unter den Bedingungen eines Hochlohnlandes mit entsprechend hoch qualifizierten Mitarbeitern.

Das Mitarbeiterpotential muß zu einem strategischen Wettbewerbsvorteil entwickelt werden. Ganzheitliche und überschaubare, dezentrale sowie eigenverantwortliche Strukturen bilden hierfür die Basis.

Eine Untersuchung des Statistischen Bundesamtes zeigt einen deutlichen Trend in der Arbeitswelt weg von der Tätigkeit »Herstellen« hin zu »Ausbilden«, »Informieren«, »Leiten« und »Maschinen warten«. Diesem Trend kommt dezentrale Fertigungsorganisation in Inselstrukturen mit Teamarbeit entgegen. Die Mitglieder eines solchen Teams müssen, wie die Erfahrungen zeigen, zuerst lernen, daß nur die Leistung der Gruppe zum Ziel führt. Der Einzelne mag ein guter Spezialist für seine Aufgaben sein, ein langfristig gutes Ergebnis ist jedoch sehr stark von dem Harmonieren der Team abhängig.

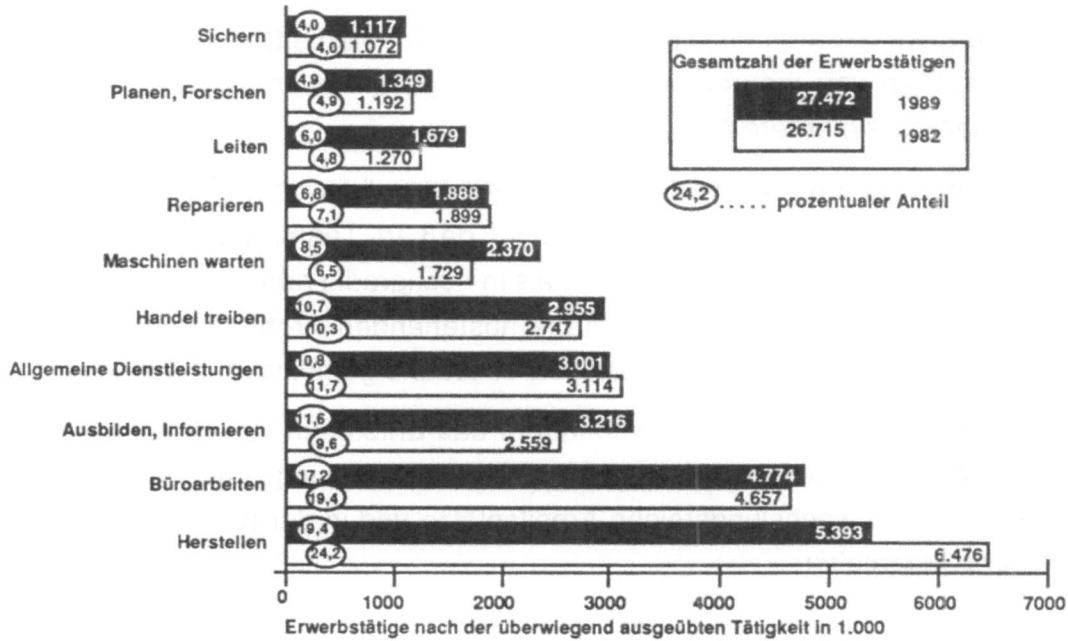

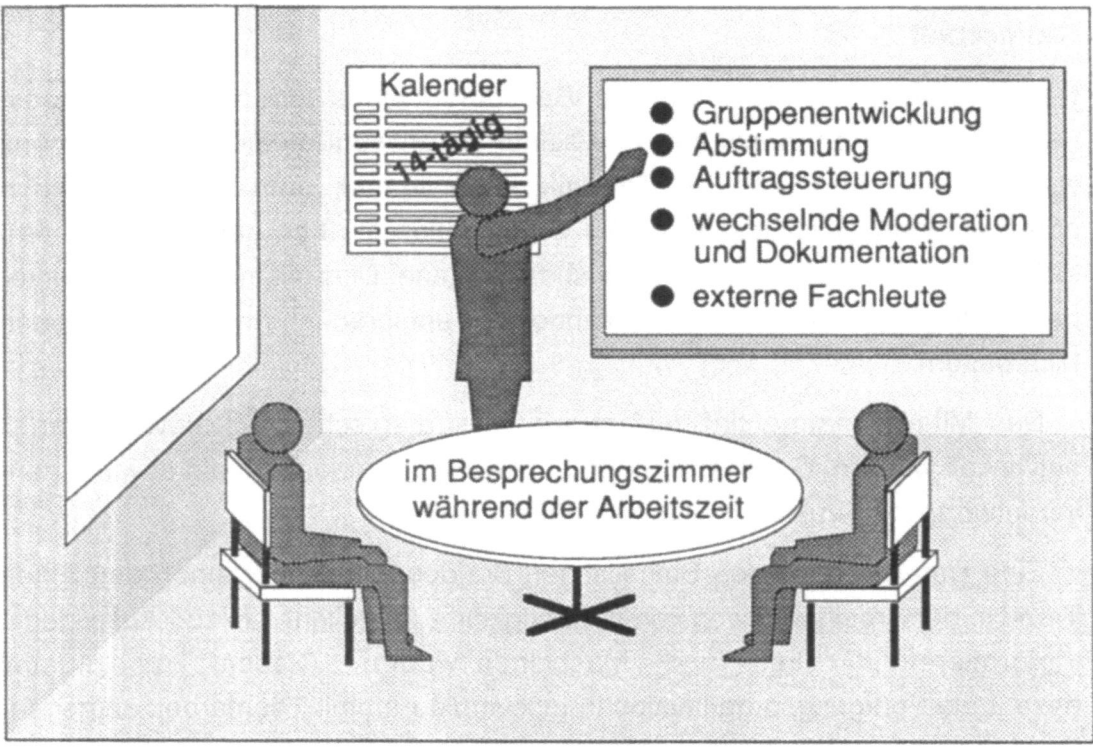

In den Teams werden Arbeitsaufgaben ganzheitlich durchgeführt. Das Team ist für die eigene Arbeitsdisposition innerhalb der vorgegebenen Grenzen zuständig. Erste Ansätze in diese Richtung waren bisher die Vertretungsregelungen, bei denen die Mitarbeiter im Bedarfsfall Tätigkeiten der Kollegen übernahmen. Erweitert man dieses Konzept für die Teamarbeit, so heißt dies, daß jede Aufgaben von mehreren Mitarbeiten ausgeführt werden kann und daß jeder Mitarbeiter mehrere Aufgaben beherrscht.

Die Verantwortung für die Qualität der Arbeit obliegt dem Team. Innerhalb von Teams entstehen Redundanzen, so daß in Teamarbeit eine höhere »Organisations-Verfügbarkeit« besteht als in hochgradig arbeitsteiligen Strukturen. In Gruppengesprächen werden die anstehenden Probleme besprochen, Maßnahmen zu deren Behebung ausgearbeitet und gemeinsam umgesetzt.

Gruppendynamische Effekte verhindern das Entstehen von Bereichsegoismen. Erweiterte Qualifikation und ganzheitliche Bearbeitungsaufgaben schaffen attraktive und abwechslungsreiche Arbeitsplätze und in der Konsequenz hoch motivierte Mitarbeiter.

Integriertes Qualitätsmanagement

Qualität ist die Aufgabe *jedes* Mitarbeiters und *jeder* Gruppe. In vielen Unternehmen gilt immer noch der »Grundsatz des Mißtrauens«. Hieraus wird ein umfangreiches Qualitätssicherungswesen mit aufwendigen Kontrollen abgeleitet, welches im Nachhinein Qualität prüfen soll. Ein modernes Qualitätsmanagement geht von der Annahme aus, daß Qualität erzeugt wird und Fehler unmittelbar korrigiert werden.

Gerade in der Auftragsbearbeitung und Fertigung ist es von entscheidener Bedeutung, daß von Anfang an die Qualität der Arbeitsaufgaben gesichert wird. Jeder Fehler in den ersten Phasen der Auftragsbearbeitung läßt sich später nur noch mit einem Vielfachen an Aufwand beheben. Deshalb müssen innerhalb der Organisation Mechanismen installiert werden, die eine eigenverantwortliche Qualitätssicherung von Beginn an unterstützen.

Ganz einfach lautet die Forderung, daß Qualität zu jedem Zeitpunkt des Auftragsbearbeitungsprozesses erzeugt wird. Dies heißt, Qualität zu konstruieren, Qualität zu fertigen statt Qualität retrospektiv zu prüfen und durch teure Nacharbeit wiederherzustellen. Eine retrospektive Qualitätssicherung kann immer nur Fehler feststellen, aber nie einen stabilen Prozeß erzeugen.

Durchgängige Prozeßorganisation

Die konsequente Markt- und Kundenausrichtung führt intern zur organisatorischen Ausrichtung am Endprodukt bzw. am Markt. Die Produktion kennt den Kunden. Ein kundenorientiertes Produktionsmanagement versteht alle Schritte, die zum Endprodukt führen als Elemente eines fließenden, integrierten Prozeß. Eine solche ergebnisorientierte Produktion kennt keine unnötigen Abteilungs- und Bereichsgrenzen. Ablauf- und Aufbauorganisation sind konsequent auf diesen *Prozeß* auszurichten.

Alle Abteilungen müssen die Aufgaben mit der gleichen Zielsetzung und Priorität angehen. Es findet eine Integration aller am Wertschöpfungsprozeß beteiligten statt. Das Werkstor darf hierbei keine hermetische Grenze darstellen, im Gegenteil sind Zulieferer und verlängerte Werkbank bei Veränderung mit einzubeziehen.

Das Zusammenarbeiten über bisher bekannte Abteilungsgrenzen hinweg stellt das Produkt und damit den gesamten Produktenstehungsprozeß in den Mittelpunkt des Denkens und Handelns. Dinge, die früher nur bei Eilaufträgen möglich waren, werden in der neuen Organisationsform genutzt, der Material- und Informationsfluß transparent, in weiten Teilen verkürzt und durch eine räumliche Konzentration der benötigten Betriebsmittel und eine inhaltliche Konzentration der Aufgaben zum Teil überflüssig.

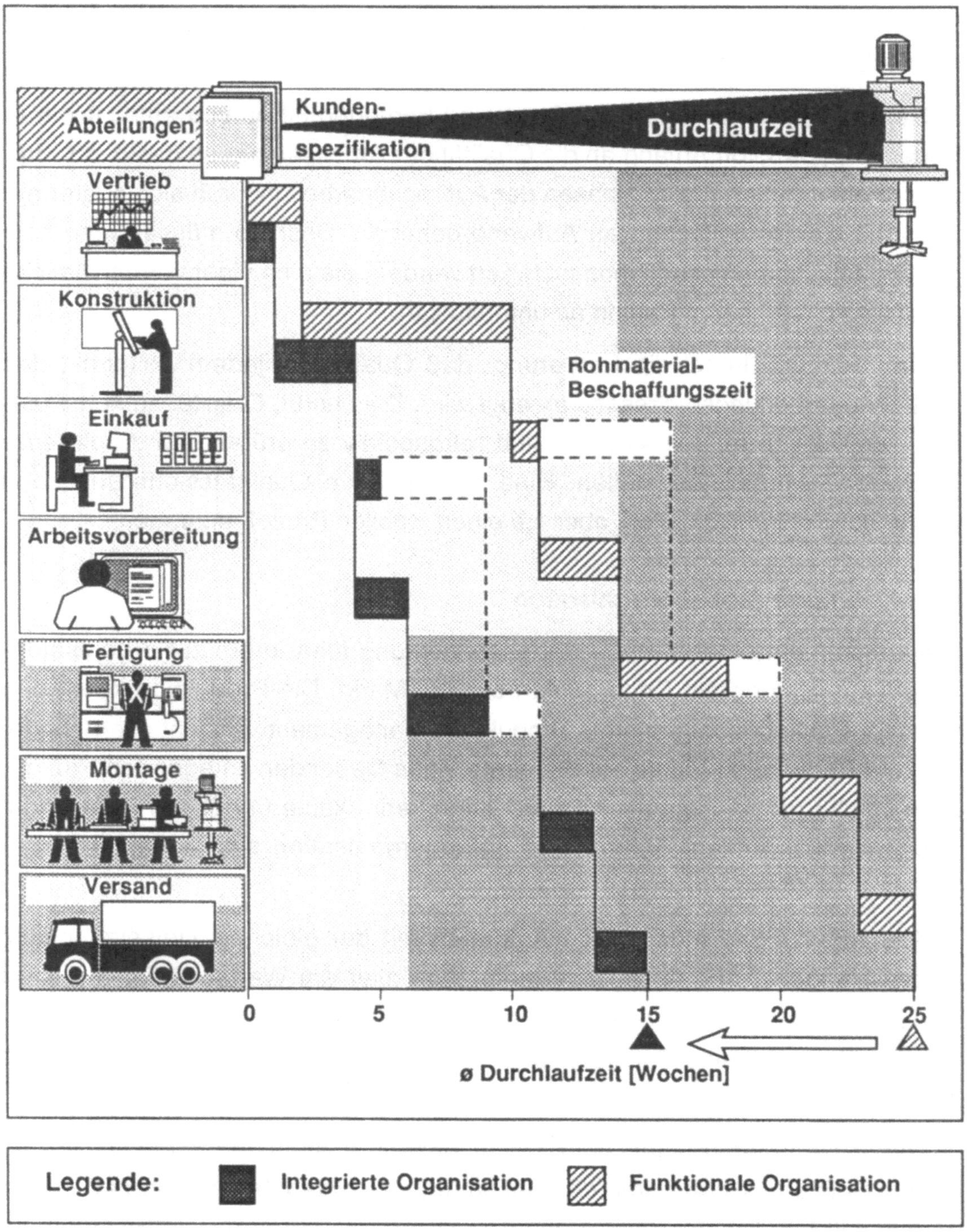

Funktionsintegration

Die Vorteile einer ablauforientierten Organisation liegen im hohen Kunden- und Auftragsbezug, schnittstellenarme Informationsflüsse bewirken verkürzte Durchlaufzeiten und die Reduktion von Informationsverlusten. Die Schnittstellen in der Auftragsbearbeitung müssen soweit wie möglich eliminiert werden. Notwendige Schnittstellen sind gezielt zu gestalten.

Vereinfachte und schnittstellenarme Prozesse sind gleichbedeutend mit Funktionsintegration. Zusammenhängende Aufgaben werden an einer Arbeitsstation oder in einer Arbeitsgruppe möglichst komplett bearbeitet. Die Zusammenfassung von Teilaufgaben zu einer ganzheitlichen Aufgabe erfolgt entsprechend den zugrundeliegenden Prozessen.

Die Gesamtaufgabe der Gruppe setzt sich aus verschiedenen Einzelaufgaben zusammen. Die Grundfunktionen der Auftragsabwicklung sollen von allen Gruppenmitgliedern beherrscht werden, so daß innnerhalb der Gruppe Redundanzen entstehen. Im Rahmen von Arbeitsbesprechungen werden die dispositiven Aufgaben der Gruppe gemeinsam durchgeführt.

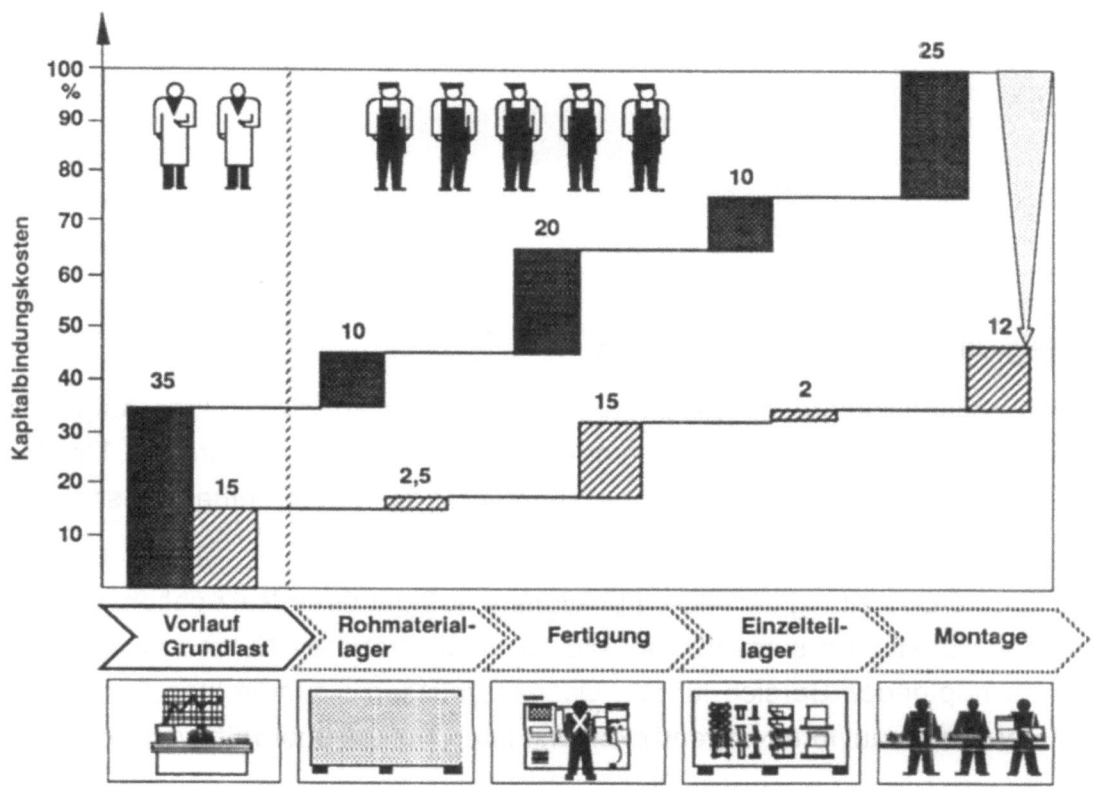

Planung und Steuerung des gesamten Auftragsdurchlaufs sowie der Fertigung und Montage werden durch die Zusammenfassung von verschiedenen Tätigkeiten zu Makroaufgaben deutlich vereinfacht. Die Feinsteuerung erfolgt innerhalb der Bereiche und Teams eigenverantwortlich.

Die Trennung von Grob- und Feinsteuerung vereinfacht die Anforderungen an jeweiligen Steuerungshilfsmittel und ermöglicht sehr schnelle Reaktionen bei Abweichungen von den Sollvorgaben oder bei Sonderaufgaben.

Integration von Umfeldaufgaben

Die Funktionsintegration beschränkt sich nicht nur auf die direkten Aufgaben. Vielmehr ist anzustreben, daß ein möglichst großer Teil von indirekten Tätigkeiten wieder integriert wird. Diese Reintegration erlaubt eine transparente Aufwandszuordnung der indirekten Tätigkeiten.

Für die Gestaltung indirekter Funktionen muß der Grundsatz gelten, daß nur solche Funktionen sinnvoll sind, die zu einem höheren Nutzen im direkten, wertschöpfenden Bereich führen. Deshalb müssen die indirekten Funktionen immer wieder auf ihre Notwendigkeit und ihren Nutzen überprüft werden.

Dort, wo solche indirekten Tätigkeiten notwendig sind, müssen diese wieder abrechenbar gemacht werden. Dies bedeutet in der Konsequenz die Einführung von Methoden der Zeitwirtschaft in den indirekten Bereichen.

Umfassende Mitarbeiterqualifikation

Die Teambildung wird außer von den funktionalen Anforderungen durch das Qualifikationsangebot der Mitarbeiter maßgeblich beeinflußt. Die Umstellung von Fachbereichsorganisation auf prozeßorientierte Teamarbeit verändert die Qualifikationsanforderungen an die Mitarbeiter. Teamarbeit verlangt eine erweiterte Sozial- und Methodenkompetenz (Planungskompetenz) der Teammitglieder Spezialistenwissen muß um Kenntnisse aus benachbarten Bereichen ergänzt werden.

Die Teamentwicklung ist ein dynamischer Prozeß, der nicht allein mit anfänglichen Qualifizierungsmaßnahmen abgeschlossen ist. Im Team muß ein Klima von gegenseitigen Vertrauen und Unterstützung herrschen. Hierfür benötigt das Team Gestaltungs- und Entscheidungsfreiräume ebenso wie die Möglichkeit zum (moderierten) Teamgespräch.

Aufbauorganisation

Die Veränderung und Anpassung der Aufbauorganisation stellt eine entscheidende Aufgabe dar, weil die Inseln Funktionen aus verschiedenen Fachbereichen integrieren und eine Kompetenzverschiebung im Unternehmen bedingen.

Die *eine* optimale aufbauorganisatorische Zuordnung von dezentralen Auftragsabwicklungs- und Produktionsstrukturen gibt es allerdings ebenso wenig, wie die ideale Organisationsstruktur. Für den Unternehmenserfolg ist nicht zuletzt ein ausgewogenes Spannungsfeld zwischen Vertriebs- und Produktionsinteressen ausschlaggebend. Dieses kann durch die aufbauorganisatorische Zuordnung der Inseln positiv beeinflußt werden. Erfahrungen zeigen, daß Gruppenarbeit auch dann erfolgreich eingeführt werden kann, wenn die Gruppenmitglieder in der Anfangsphase ihren »ursprünglichen« Fachbereichen zugeordnet bleiben.

Zusammenfassung

Der Weg zu einem kundenorientierten Produktionsmanagement in einem schlanken Unternehmen geht über alle an der Wertschöpfung beteiligten Unternehmensbereiche vom Marketing bis zum Kundendienst. Er beginnt im Management mit dem Wandel der traditionellen Werte und Leitbilder und muß mit allen Konsequenzen Schritt für Schritt das gesamte Unternehmen durchdringen.

Die Potentiale eines schlanken Unternehmens werden durch die enge Verzahnung der einzelnen Unternehmensbereiche freigesetzt. Personal, Organisation und Technik müssen in allen Bereichen zu einer organischen Einheit verschmelzen.

Entscheidend für den Erfolg des kundenorientierten Produktionsmanagments im schlanken Unternehmen ist dabei die Konsequenz in der betrieblichen Umsetzung.

Literaturhinweise

1 Womack, James P.: Die zweite Revolution in der Automobilindustrie: Konsequenzen aus der weltweiten Studie aus dem Massachusetts Institute of Technology. Frankfurt/Main 1991. S. 291f.

2 Imai, M.: KAIZEN. München 1991, S. 33

3 Lang, R.; Hellpach, W.: Gruppenfabrikation. Berlin 1922

4 Fuhrberg-Baumann, J./Müller, R.: Neugestaltung der Auftragsabwicklung - Beispiel: Mittelständischer Sondermaschinenherstelle. VDI-Z, Düsseldorf 1991, Nr. 7, S. 52-57

5 Lentes, H.-P.: Fertigungsinseln. Tagungsband zur AWF-Fachtagung Fertigungsinseln. Eschborn 1988, S. 9-68

6 Richter, M.: Integrierte Produktentwicklung und Montageplanung. REFA-Nachrichten 1992, Nr. 2, S. 10-21

7 Womack, James P.: Die zweite Revolution in der Automobilindustrie: Konsequenzen aus der weltweiten Studie aus dem Massachusetts Institute of Technology. Frankfurt/Main 1991. S. 102

8 Müller, R. et al: Fertigungsinseln - Strukturierung der Produktion in dezentrale Verantwortungsbereiche. Ehningen bei Böblingen, 1992

9 Bullinger, H.-J. et al: Neue Wege der Kundenauftragsabwicklung. ZfO 1991, Nr. 5, S. 306-313

IAO-Forum
**Kundenorientierte
Produktion**

**Product and process
development in swedish
industry in recent years
– a critical review of its
successes and failures**

M. Carlsson

PRODUCT AND PROCESS DEVELOPMENT IN SWEDISH INDUSTRY IN RECENT YEARS - A CRITICAL REVIEW OF ITS SUCCESSES AND FAILURES

Matts Carlsson
MSc., MBA., Lic.Eng., PhD, Associate Professor
Chalmers University of Technology
Department of Industrial Management
Unit of Operations Management and Work Organization

Abstract

The very large industrial successes of the 1980s were followed by economic decline in the 1990s coupled with the realization that substantial improvements in efficiency were necessary. Several international comparative studies of efficiency have shown that Swedish industry is lagging behind. This realization was accompanied by a deepening understanding of different industrial interrelationships and a number of new concepts were developed in response to this new knowledge.

During the last few years, several Swedish companies have initiated very ambitious programs to make their operations more efficient with a view to restoring their competitiveness on international markets. These efforts are characterized by a holistic perspective, where efficiency in terms of quality, lead time and overall economy is achieved through early functional cooperation. The external forms of cooperation are strengthened through the creation of increasingly well developed relations with suppliers.

Several companies have achieved very impressing efficiency improvements already after a couple of years. There are examples of lead time reductions of up to 90%, and in other cases a 50% improvement has been reached. However, in certain cases improvements have been slow. Explanations put forward for the poor outcome are related to deep-rooted social and cultural factors.

The work to improve efficiency will be completed in the mid 1990s, and then other competitive factors are expected to emerge. In line with this expected development, an increasing interest in organization and management of product planning and design can be seen today.

INTRODUCTION AND BACKGROUND

Macroeconomic perspective

Following six years of non-socialist government, the coming into power of the social democrats in 1982 can be described as a flying start. The devaluation of the Swedish Crown by 16% acted as a powerful boost to competitiveness (see e.g. Feldt, 1991), leading to a considerable artificial strengthening of the competitiveness of Swedish companies. It was not until the late 1980s that the real competition caught up with the companies, which, combined with several other interacting factors, caused a strong downturn in Swedish industry.

This period saw a growing realization that the country was experiencing a productivity crisis. For this reason, a so-called productivity delegation was set up, led by the then head of the Swedish Labour Market Board, later Finance Minister Allan Larsson. The aim was to examine different aspects of productivity in Swedish industry as compared to other competitor nations. Through a very extensive investigatory work, in which 64 researchers and investigators participated, 48 reports were produced describing different aspects of productivity. For example, a study was carried out at the macro level comparing the development of GNP in Sweden with the OECD countries. See figure below.

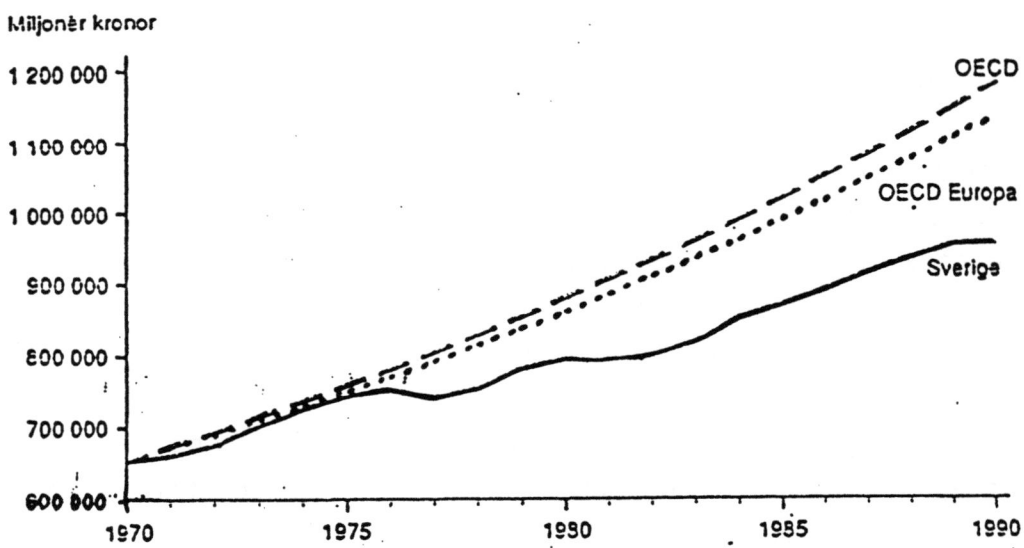

Figure: Development of GNP in Sweden and other OECD countries (Source: Produktivitetsdelegationens betänkande, 1991).

It soon became clear that the delegation's overriding conclusions were that:
- Sweden lagged behind in terms of productivity
- Sweden lagged behind partly because of control and systems deficiencies
- efforts would be made to try to create a change pressure for productivity improvements

The study established that the responsibility for this productivity improvement had to be shared between the state, companies and their personnel. The efforts by the state would mainly pertain to:
- the formation of real capital (e.g. taxation of capital)
- the human capital (e.g. education, the tax system and wage determination
- the public sector (through scaling down as well as different forms of deregulation)
- the financial policy.

Companies and their personnel were expected to shoulder the responsibility for improving their positions in terms of wage determination, flexible working-hour conditions and competence building.

The Swedish incomes policy was regarded as one of the most crucial factors for pushing improvements. The wage policy pursued over several decades, in which solidarity was shown with low-paid workers, had undermined the incentives for competition and improvement. It was for example established that in 1984 the percentage differential between the highest and lowest wages for an industrial worker in Sweden was 34%, in England 210% and in the USA 490%. Consequently, the career ladder for a worker within industry was extremely short.

In the wake of the findings of the productivity delegation, new wage models were developed. One new principle was that wages should be remuneration for work carried out and not used as a distribution instrument. A general wage model has been developed based on these new principles. See figure below.

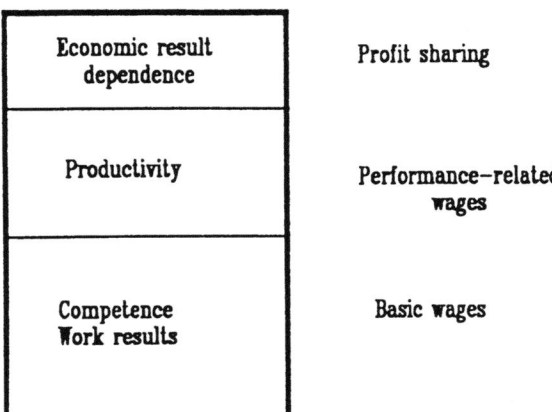

Figure: Wage model building on the proposals of the productivity delegation (Source: Produktivitetsdelegationens betänkande, 1991).

However, not only wages were given a dynamic meaning. Also working-hours are expected to be variable depending on the prevailing economic climate. In this respect, a weekly variation of 40 hours +/-10 hours and total working hours annually of 1800 hours +/- 460 hours were proposed.

Company perspectives

Although companies continue to pursue traditional benchmarking, it is frequently difficult to ascertain to what extent a company is competitive. In the late 1980s, two independent studies were presented, revealing very large deficiencies in the efficiency of Swedish industry. Besides the study of the productivity delegation treated above, also the findings of the MIT project "International Motor Vehicle Program" were presented. In this comprehensive study, efficiency in the automotive industry was described in two dimensions: productivity (time needed to assemble a car) and quality (the number of quality defects per 100 cars).

During the late 1980s, a growing sense of unease started to make itself felt in many companies. In the pride of Swedish industry, the two car manufacturers SAAB and Volvo, there was a change from profit machines to losing concerns. The then passenger car division of SAAB SCANIA started to experience problems at about the same time as the results of the MIT study were becoming known. The IMVP study revealed, for example, that the Swedish car manufacturers showed a very low level of efficiency for the studied productivity and quality variables. See table below.

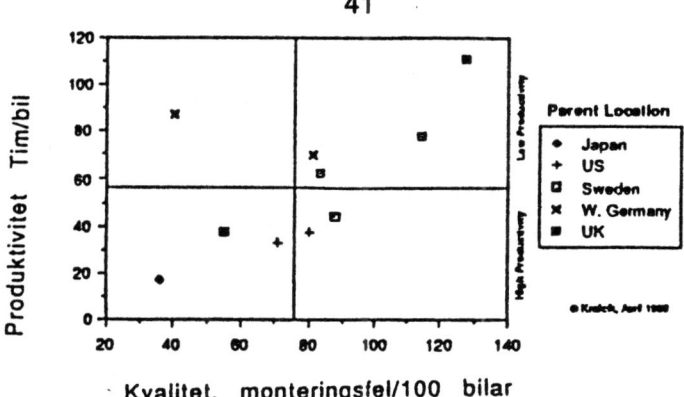

Table: Comparisons of productivity in the automotive industry (Source: the IMVP study, 1989).

This type of data clearly demonstrated that the Swedish automotive industry was not competitive relative to their foreign competitors. This insight served as a powerful incentive to change. The MIT study had brought a new concept to the fore designed to reflect the most successful companies in the automotive industry: "Lean Production and Lean Enterprises". The key ideas of this concept are:

* the development and manufacturing of products with an increasing number of variants in both small and large volumes
* which development corresponds to and are driven by an awareness of the customers' real problems and needs,
* which places demands on smooth-running flows and stable volumes in coordinated activities and processes, as well as
* manufacturing with short throughput times in uncomplicated and flexible equipment
* which can handle quality with zero defects and reduce possible buffer stocks.
* The work is performed by multi-skilled work teams, cooperating across all boundaries and in
* long-term close cooperation with suppliers and dealers.

It was not only in the car sector that the thinking that a change was needed began to gain ground. At the end of the 1980s, a quotation for the late business leader Konusukte Matsushita began to be spread throughout industry. Matsushita had said:

> "We are going to win and the industrial west is going to lose out; there is not much you can do about it because the reasons for the failure are within yourselves. Your firms are built on the Taylor model. Even worse, so are your

heads. With the bosses doing the thinking while the workers wield the screwdrivers, you're convinced deep down that this is the right way to run the business. For you the essence of good management is getting the ideas out of the bosses into the hands of labour. We are beyond the Taylor model. Business, we know, is so complex and difficult, the survival of firms so hazardous, in an environment increasingly unpredictable and fraught with danger that their continued existence depends on day-to-day mobilization of every ounce of intelligence."

This statement is arrogant and provocative but provided food for thought for many within industry. Matsushita talked about the Japanese companies being superior and that the reason for this was to be found in the effects of specialization à la Taylor, where the competence potential of the workers were not always utilized.

One by one the pieces now started to fall into place, forming a platform for change. During the last few years of the 1980s, the signals coming mainly from the USA and Japan grew increasingly stronger in support of the importance of product development and production. New concepts were generated, such as time-based competition, race against time, competing against time, time to market, etc. As with most other discussions on comprehensive changes, it was not until it was possible to make economic calculations that the interest of industry was aroused on a broad front. Ford and McKenzie could in 1988 demonstrate the relative effects of a delayed market introduction. See table below.

Ford/McKenzie November 30, 1988:	
market introduction 6 months late	result down by 30%
9% higher cost of materials	result down by 27%
50% higher development cost	result down by 3.5%

Table: The influence of different factors on profitability (Source: Dumaine, 1989).

In line with the arguments for the need for increased rapidity and the importance of an early market launch, a number of different positive effects now began to emerge, perhaps the most important being an increased flexibility to technological and market changes. In addition, a number of other advantages associated with rapidity could be observed. See figure below.

* **Longer life of products**
* **Quicker return on investments made**
* **Opportunity for early, higher market prices**
* **Opportunity for quicker market response**
* **Opportunity to utilize new technologies more quickly**
* **Increased motivation among personnel**
* **Influencing or establishing a standard**
* **"The first two companies grab 80% of the market"**

Figure: Examples of positive effects of time-based competition.

A number of solutions were suggested to deal with time-based competition. One solution was to focus on the core business, resulting in different forms of cooperative relations. Also, discussions within companies centered around work with operative and strategic projects and the so-called shelf-solutions. The underlying assumption was that companies should separate the more difficult technical elements of the projects. These part objectives sometimes demand a technological breakthrough and were therefore associated with great uncertainty. Through concentrating on work with more or less known technology in the defined projects, uncertainty would be reduced with improved ability to meet time plans as a result. At the same time, more difficult technology was concentrated to strategic projects, which, if completed in time, were incorporated into larger product projects, or otherwise were used in a subsequent model.

From the mid 1980s onwards, an additional number of clear signals were becoming known and accepted within industry. For example it became increasingly indisputable that design and development work had a strong determining effect on the quality outcome, on the production costs and the reliability of the products. This insight, which in itself is quite natural, had been known for several decades. However, not until now had this been illustrated with clear examples, linked to the economic outcome. See figure below.

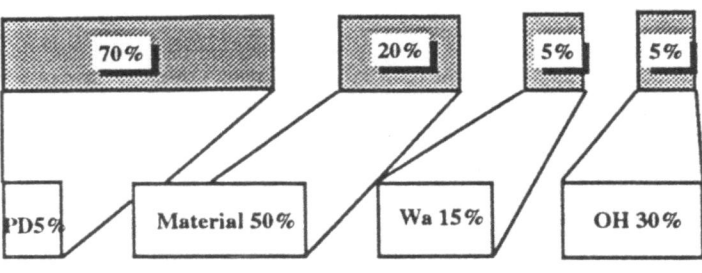

Figure: Distribution between the percentage of product costs and the influence on quality and cost.

The need for congruence in the early development phases was becoming increasingly clear. In the late 1980s, the importance of doing right from the beginning was emphasized in support of the quality function deployment method used in quality work. Researchers had found that Japanese companies had considerably fewer changes to products after production start than American ones (e.g. Sullivan, 1986). Swedish studies also confirmed that in normal cases a very large number of changes are made after production start (e.g. Carlsson and Lundqvist, 1992).

In the literature, the distribution of costs due to changes according to when they occur in the development process was beginning to be discussed. It was possible to establish that early changes were 1000 to 10,000 times cheaper than later ones. See figure below.

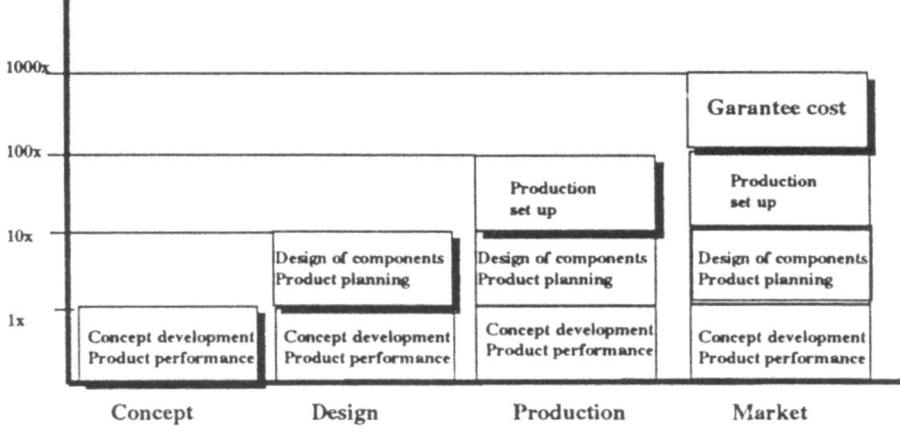

Figure: Type of cost as a function of when the change is made.

Gradually, more and more practical examples of the effects of doing right or wrong the first time have been provided. Ricoh, for example, has calculated the costs incurred by a fault in their copying machines. Also from this example can be seen that the time when the fault was attended to strongly influences the size of the cost of the change. See figure below.

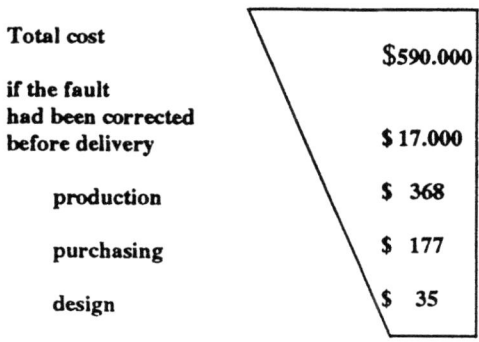

Figure: Cost of change for a copying machine.

The conclusions drawn from the fact that the outcome of the subsequent functions to a very great extent was determined in the development phase, from the realization that it was necessary to work more rapidly and from the need to deal with changes as early as possible led to the creation of completely new product development concepts. These were called simultaneous and concurrent engineering, among other things, but in Sweden the term 'integrated product development' is used.

Further, it was very soon realized that cooperation in early phases was not only necessary in design and production. Quality aspects, maintenance issues, service considerations and logistic conditions were now included in the discussions. In line with this development, the concept of concurrent product development started to be used instead of concurrent engineering. Another realization made at this stage was that perhaps the most important early contribution to an efficient work throughout comes from outside companies, from the suppliers.

With the understanding of the importance of suppliers, concepts such as "black-box development" started to be developed. The idea behind this was that the technological development had progressed so far that companies were forced to focus more strongly on their core business and divest themselves of parts that did not belong to the core. In order not only to use suppliers as a production capacity, it became evident that their involvement also would be needed in the product development work. Furthermore, the idea of the black-box meant that the suppliers were given the responsibility for a complete system, a black box, for which they assumed total responsibility and were provided with the customer company's basic specifications.

Thus, a number of different ideas had been developed in industry at the end of the 1980s: lean production, concurrent development and time-based competition. To some extent their points of departure were different but they had much in common and together they mirrored a new industrial perspective: wholeness, concurrence, cooperation. See figure below.

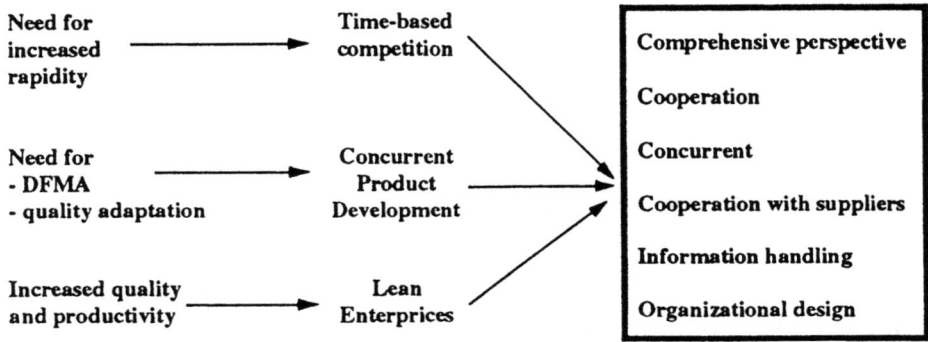

Figure. The key principles common to the new concepts.

Tendencies towards change have also been observed with regard to aspects related to a product's function and properties. However, even if we include e.g. ease of maintenance and quality and the models linked to these, namely Total Productive Maintenance, TPM, and Total Quality Management, TQM, we arrive at more or less the same type of key variables as for the concepts discussed earlier.

FALLACIOUS EFFICIENCY

During the greater part of the 1980s, the profitability of most Swedish companies was good. There was a whole succession of record profits. It was under these circumstances natural to assume that the work was performed in the right way and that it was efficiently carried out. When the difficulties started, this was first blamed on some of the most obvious factors in the surrounding world, such as the declining dollar rate, and poor work morale among the employees. For quite a long time, the debate in Sweden thus focused on work rotation and absence due to sickness.

Of course, several of these external factors exert a strong influence on the ability of these companies to be profitable. The discussions resulted, as mentioned earlier, in several Swedish companies claiming that production in Sweden was not possible; the work force was not sufficiently productive. However, there was some glimmer of hope. For example, the productivity delegation had held up SAAB SCANIA as the world's most efficient manufacturer of trucks. This efficiency was primarily the result of careful modularization of the products. Furthermore, there are examples of companies who have gone against the stream. Electrolux Vacuum Cleaners have closed down their production facility in Mexico to be moved to the more efficient and profitable manufacturing plant in Sweden.

Based on these factors, these discussions were instrumental in clarifying the relationships between the internal and external efficiency and the companies' overall productivity. It became more and more obvious that it was possible for companies to have a high degree of external efficiency which earned them money, while the internal efficiency was still at a low level. The reverse situation was of course also possible. There was now a growing need to try to capture the overall thread of the reasoning and if possible to quantify the different constituent variables. See figure below.

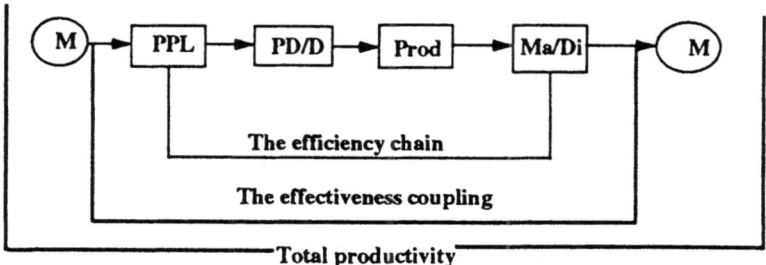

Figure. The relationship between efficiency, effectiveness and overall productivity (Carlsson, 1990).

The inferences drawn from the development during the 1980s indicated that the productivity conditions are considerably more complicated than what was earlier thought. The external circumstances, both in terms of successes and setbacks, are often the most obvious ones, thereby concealing the internal company-specific conditions. Moreover, these are often unknown to other companies. The IMVP study carried out by MIT threw light on this state of affairs. The study enabled the participating companies to compare in great detail the different components of the internal efficiency chain with those of their competitors. The study triggered a discussion on internal efficiency.

NOTHING NEW UNDER THE SUN?

At the end of the 1980s, the effects of lacking functional cooperation and integration could be increasingly observed. The ongoing recession and the emerging difficulties within industry gave additional impetus to the debate. Also the media gave prominence to the lack of cooperation.

Usually, it is not difficult to get a positive response to cooperation and teamwork. Further, in discussions and debates it is often stressed that this is nothing new and something that industry has always practised. This is true, but only a qualified truth.

Many debaters both representing companies and research had started to assert that the discussions now emerging in no way reflected new thinking. True, the ideas about cooperation and the need for adaptation of design had long been well-known. For example, as early as the 1950s, professor Erik Carlberg at the Swedish Royal Institute of Technology had said:

> *"The designer must, before design and detailed drawings are completed, find out what is possible to do and what is economical to do in the workshop. He must deliver a detailed drawing which is suited to the company's production."*

Volvo's Pehr Gyllenhammar had expressed similar thoughts in October 1981:

> *"The opportunities for efficiency improvements are considerable through efficient cooperation between the different constituent links of the whole chain - from market and product planning to product development and production. ..There should be resources within the functions of product development/design to enable an active product rationalization to be accomplished together with production."*

In consequence, nothing new had been put forward. However, the question now emerged why so little had been implemented if knowledge about the need for cooperation had been around for so long.

Several research studies were made in the late 1980s, which partly provided an explanation for this state of affairs. An extensive quantitative study of approx. 500 managers in Swedish industry showed that the greatest single problem in product development was communication and cooperation. At the same time, studies of major Swedish companies demonstrated that it had become increasingly complicated to keep up with the pace of technological development. Through studies of competence building within the 27 largest Swedish companies, it could be established that all these had increased their number of graduate engineers between 1980 and 1990. What is perhaps more interesting and surprising is that the negative entropy had increased in all companies. This means that all companies had increased their percentage of graduate engineers who probably did not belong to the traditional, original core competence. This is to say that in traditional mechanical engineering companies like SKF and Volvo, where graduate engineers with a degree in mechanical engineering normally were in the majority, this group had not increased as much as the group consisting of other types of engineers, e.g. electrical, chemical and computer engineers. This development has been interpreted to mean that the development of products became increasingly complex in the 1980s and that the core competence needed to be complemented by more periferal sets of competence.

In-depth studies with a more qualitative approach showed that there are a number of different barriers between the different functions impeding cooperation and communication. Although there is consensus on the benefits of cooperation, the representatives of the different functions do not speak the same language and, when the cooperation issues are broken down as far as possible, strong divisions and misunderstandings are unveiled. See figure below.

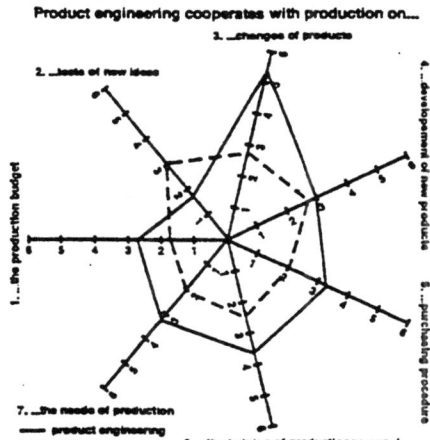

Figure: Function-based opinion graph (Carlsson & Lundqvist, 1992).

The example above is drawn from an in-depth study of a Swedish company. We can see that there is a marked discrepancy between design and production with respect to their perception as to what actions should be taken in different cases. This discrepancy has given rise to distrust between the functions.

The importance of functional barriers has been seriously underrated by companies. It is not unusual that a company's development and production functions have different geographical locations. The representatives of the functions involved have to be geographically close to each other if the ambition is to create optimized solutions, where technical considerations in development are to be balanced against e.g. ease of production and assembly as well as serviceability, or where suppliers are involved in the process. Otherwise, the multidimensional optimization procedure becomes impossible. Of course, it may not be possible for the persons involved to be geographically close to each other during the whole development time. However, there should be a requirement that when important decisions are taken, the opportunity should be provided for the solution to be accepted by all parties.

In this work, the role of the project leader becomes more important. Although there has long been an awareness of the importance of this role, it seems nonetheless that this importance has not been fully understood. The attitude is not unusual in companies that the position of project leader is a retirement post.

The new concepts of industrial work demand a high degree of cooperation to create efficiency. In normal cases, the technical functions in a company take a positive view of cooperation when first faced with the idea. However, there exist several barriers making cooperation difficult, and in-depth analyses are required to make these visible.

CONCLUSIONS AND DIRECTION IN THE 1990S

The debate in the media in the late 1980s gave a very gloomy picture of the situation in Sweden. At the same time as the economic growth was considered to be alarmingly low, a serious discussion was started whether production and manufacturing in Sweden were at all possible. The boom at the end of the 1980s had led to the labour market being overheated, with unemployment figures as low as 1% of the working population. In this situation, companies suffered from a high level of absenteeism and job rotation and there was a consensus that the greatest problem in the 1990s would be access to manpower.

In the late 1980s, within the framework of different research programs, several strategy analyses were made of the expected direction in industrial development in the early 1990s. Within MIT's IMVP program, a number of multinational companies were studied in different industries, not just the automotive industry (Karlsson and Carlsson, 1989). In the analysis, which included approx. 20 American, Japanese and European companies, the earlier, present and expected strategies within several areas were studied. In the case of, for example, strategies for technology building, it could be established that cooperative research was expected to increase, that outside company sourcing was assumed to increase in importance and that the R&D efforts were not expected to grow as much as they had done in previous years. See table below.

	Earlier	Now	Future
In-house R&D	2.8 +/-0.7	3.0 +/-0.6	2.7 +/-0.8
Acquisition	0.7 +/-0.7	1.5 +/- 1.0	1.7 +/- 1.1
Cooperative R&D	2.5 +/-1.1	3.0 +/-0.6	3.3 +/- 0.5
License purchasing	1.0 +/- 1.0	1.2 +/-0.9	1.5 +/-1.3
By suppliers	2.4 +/-0.5	3.2 +/-0.4	3.8 +/-0.4
By consultants	1.8 +/-1.1	2.7 +/-0.7	2.5 +/-0.8
Other purchase	1.7 +/-0.9	2.3 +/-0.7	2.7 +/-0.5
Technology scanning	1.8 +/-0.9	2.3 +/-0.7	2.8 +/-0.7

Scale:
Of no importance ... Of major importance
0 1 2 3 4

Table: Strategies for technology building. Means and standard deviation are shown, normal distribution is assumed. (Source: Carlsson & Karlsson, 1989).

When it came to other strategic variables, the following conclusions could be drawn:

Cooperative Development strategy:
- a very strong drive for internationalization of sales leading to much increased competition
- fairly stable product line policies
- different approaches to internationalization of R&D and production

Product development outsourcing strategy:
- supplier's technology most important
- increasing difficulties in acquiring knowledge
- continuously growing outsourcing

Product technology sources organization:
- strong focus on collaborative research and/or studying other firms
- all kinds of suppliers are of major importance; materials, components, equipment
- very low interest in non-industrial sources (e.g. universities, government, research laboratories)

Product technology source countries:
- "West" Germany leading and remaining so
- Japan rapidly approaching
- following others is growing as a whole

To summarize, the result of these tendencies is that some companies had decided to work very actively towards increased productivity, increased rapidity and/or improved quality. The means to achieve these goals were expressed in terms of implementation of the most important elements of Lean production or Lean enterprises, Concurrent or Simultaneous Product Development and Total Quality Management. The key parts were:

- management commitment
- focused and defined goals
- integrated methods of working
- a high degree of adaptation of design e.g. in terms of ease of production and serviceability
- increased and closer cooperation with fewer, selected suppliers.

COMPANIES SPEARHEADING THE DEVELOPMENT

There exist in Sweden today a number of development programs for making operations more efficient. Depending on the company, different efficiency variables are focused. Sometimes one variable is focused, sometimes several. Companies of special interest in this respect are:
- ABB (with its "T50-program"; T50 denotes that lead times are to be reduced by at least 50% up to 1993)
- SAAB Automobile (with its QLE/H program - Quality, delivery reliability, economy, people involvement)
- Sunds Defibrator (PRODECO project; Production-Development Cooperation)
- Electrolux (HIT 94 program; Hit Inactive Time)

Other companies also working in the direction mentioned are e.g. ITT Flygt, Atlas Copco, Pharmacia, Hägglunds Vehicles, Volvo Trucks and Ericsson. In line with the knowledge about the great influence of the product development function on e.g. assembly efficiency, serviceability and production availability, companies started reorganizing their functions. In both Volvo Trucks and Volvo Cars, the product and process development functions were organized into one unit.

SAAB's passenger car division (now SAAB Automobile) was one of the first companies to find themselves in serious trouble. Luckily enough, their troubles started at the same time as the MIT study, among others, threw light on a number of internal conditions prevailing in companies. Thus SAAB knew fairly well what they had to accomplish in order to become competitive and which variables were the most important ones.

The MIT study had primarily highlighted the two effect parameters quality and time. Whether good or bad, customer quality in the automotive industry was continually being revealed through data presented by e.g. J.D. Powder, and hereby also the acceptable levels for being competitive were known. This knowledge governed the change process initiated at SAAB. The objective was to become a world class manufacturer within the space of a few years.

The change process at SAAB Automobile is based on the fundamental view that a company passes through five phases on its way to reaching world class status: unawareness, crisis, management transformation, team concept and world class.

Today SAAB considers themselves to be in the fourth phase and the concept of QLE/H has been developed in order to go the whole way. The aim of this concept is to create consensus of perception among the personnel and to act as a support for the team concept. The concept is described in the figure below.

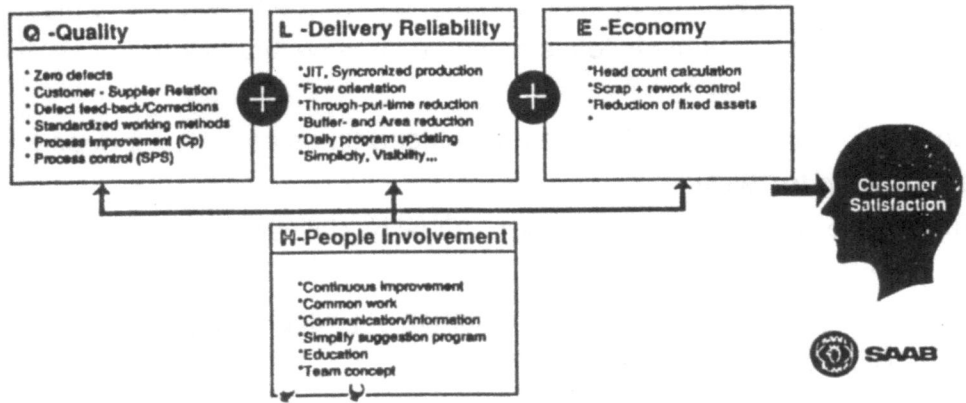

Figure: The SAAB QLE/H-concept

A number of analyses were made at SAAB in preparation for the change process. Competitor products were studied through bench-marking and comparisons were made of e.g. the degree of DFA for different objects. The results indicated that the development potential was substantial. Also supplier relations were investigated. Through the cooperation started with GME, SAAB could now also study GM's supplier network and base their purchasing on a considerably larger volume. Further, the supplier analyses pointed to a number of unsatisfactory conditions. To give an example, it was revealed that approx. 35 suppliers were needed to build a seat. See figure below. The management then decided that negotiations were to be initiated with a systems supplier who could deliver the complete seat. The result of these negotiations was that the company had succeeded in their ambition to have one supplier only. The price was cut by almost 40% for the complete seat package.

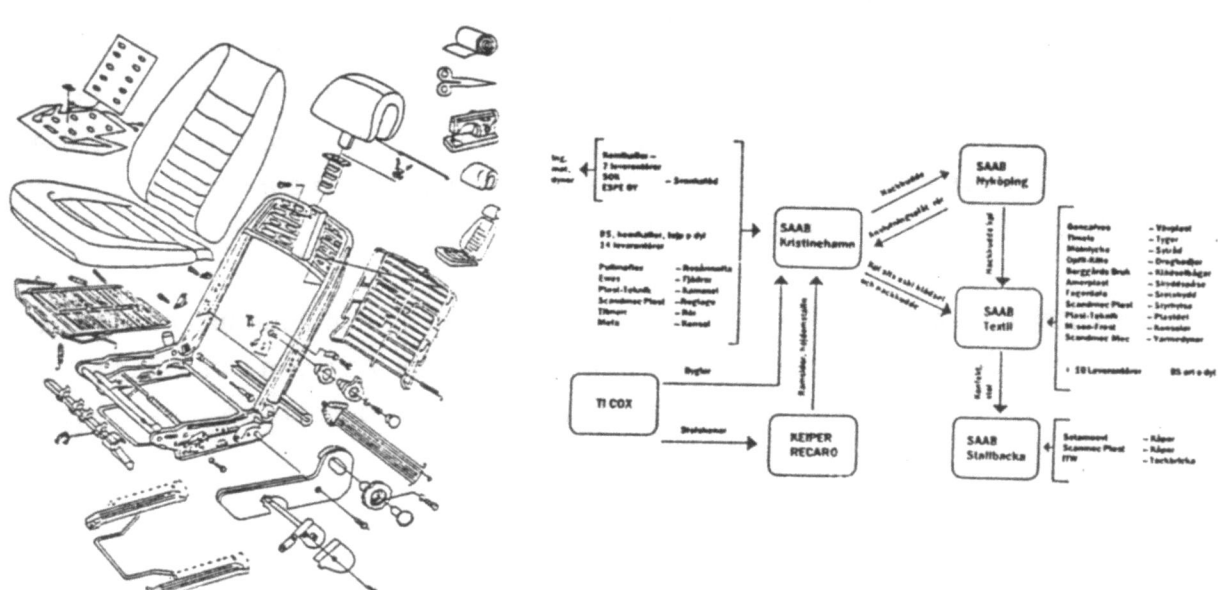

As for the two variables productivity and quality, which SAAB opted to focus on, it can retrospectively be established that the company has succeeded in its intentions and that a marked positive development has taken place during the four years that this work has been going on.

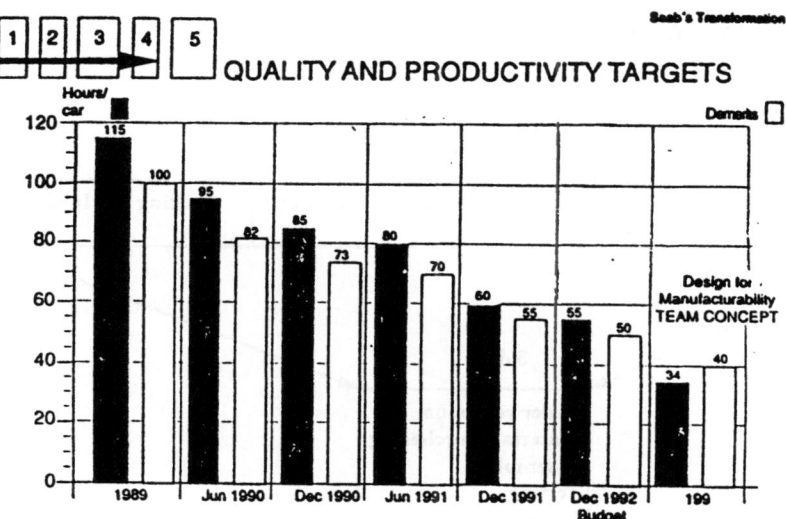

Figure: Effects on prodictivity and quality in SAAB Automobile

Despite the fact that ABB was profitable, it was decided, in the spring of 1990, to go ahead with the implementation of project T50. It has been emphasized that T50 is not a way of going Japanese, nor a pure application of lean production, but is

> "Swedish ABB's change program, where the focus is on customers and personnel and where each company carry out the implementation according to their own preconditions and starting points."

The underlying ideas are that the minimum requirement in the 1990s will be to:
- deliver on time
- deliver with no defects and in complete condition
- deliver at a competitive price

and where the competitive weapon is to surpass customer expectations. For this purpose, the competence of the personnel is considered to be the most important factor.

Through the concept's focus on time, the intention is to make all personnel understand what is required of them in order for the company to become competitive. Furthermore, as rapidity and quality go hand in hand, besides rapidity also a high level of quality in the work is required. Moreover, the work focuses on creating flow-oriented organizations, which are built around a natural flow designed to satisfy customer demands. To achieve this, each unit has to be equipped with all competence needed. Once again, the traditional sequential division of work is the subject of fusion. The figure below shows how this principle has been implemented in the division of low voltage systems.

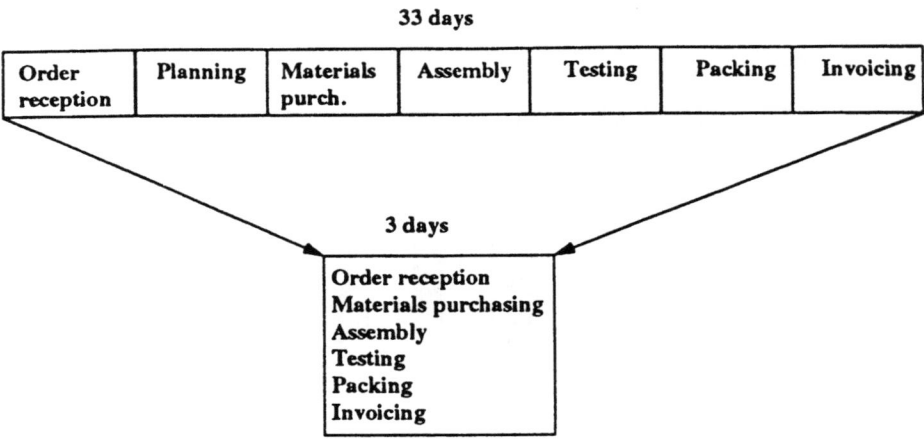

Figure. T50 in the division of low voltage systems.

The analyses are based on the use of time-related value-adding activities, i.e. one tries to separate waiting time and idle time from the time when work is really carried out. The work at Swedish ABB can be said to be highly successful. However, not all companies have advanced equally far. The table below lists a number of examples of some of the most successful changes.

ABB CEWE: "Bryt 90"	Jan -91	Aug -91	Nov -91
Throughput time from order to delivery	15-33days	5days	5days
Productivity: number of switches per employee and day	144.1	169.7	179
Absence due to sickness	19.8%	8.3%	5%
Reliable deliveries	50-60%	95-96%	99%

ABB Distribution, Low Voltage Systems Division	Aug -90	May -91	Mar -92
Throughput time from order to delivery	33 days	3 days	3 days
Productivity; number of cubicles per man week	1.9	2.2	3.0

Table. Effects of ABBs T50 program.

For the implementation of their decentralization principles, ABB have regarded it as necessary to increase the responsibility and commitment of the individual worker on the shop floor. Hereby a tradition is continued with regard to the self-governing groups, which Volvo initiated 20 years ago and which internationally has been called "the Swedish model". While much criticism has been levelled at Volvo for this mode of working, ABB is now very much respected and praised for their approach.

Other companies which have focused on lead time are for example BT Products, Ericsson, Sandvik and Electrolux. As in the ABB case, the goal of the Electrolux HIT 94 program (Hit Inactive Time) is to cut times on the local level, and through this to become an efficient and reliable supplier. The main goal of HIT 94 consists of three subgoals:
*   increased delivery reliability
*   shorter planning horizon in manufacturing
*   increased stock turnover

Within some other companies, more directed efforts are made. For example, several companies work with different forms of design for assembly. Through application mainly of Boothroyd and Dewhurst's method, the number of components has been reduced considerably. Also other industries like the defence industry work along these principles. An example is Bofors Missiles who has successfully implemented this type of analysis.

Customer-oriented product development is also gaining ground. The experiences from the work with e.g. Quality Function Deployment have not been very good from the perspective of the strict application of the method. However, companies report that the personnel's understanding and insight is improved in a very positive way when this method is used.

CONCLUSIONS - THE NEXT STEP

The increased commitment to efficiency improvements, with the focus on lead time, seen in recent years is probably merely a hint of developments to come. The path taken accentuates the need for intensive training. In order to be able to fully implement decentralization, the personnel concerned must be provided with the necessary support in the form of education and other competence-building measures. Hence, companies have to start massive information and training programs to raise the educational level of their personnel in order to pave the way for the delegation of responsibility and authority.

The last few years have seen the emergence of a number of different concepts: concurrent development, simultaneous engineering, lean production, total quality management, total productive maintenance, total productivity, etc. Some companies choose to focus on time and others on quality. It is essential to create consistency between the different concepts and to bring about cooperation, for example when efforts are made to coordinate total quality and product development.

It is probable that the trade-union affiliations will be undermined. Already today, several companies claim that it will be necessary to introduce employer contracts which will supersede trade-union affiliation. This thought appears to be easier to realize on a lower than on a higher level. This change will no doubt be put to the test when university graduates are to be embraced by these contracts.

Wage determination has for a very long time been a highly acrimonious and paralysing issue. The discussions increasingly concern the thinking that competence, not formal qualifications or other competence-related factors, should determine the wage level. There are progressively stronger signals in favour of increased wage differentials between the most and least competent members of an organization.

The need for a holistic view will make job rotation among employees necessary on all levels. It will then be essential to have a carefully prepared career plan, in which rotation plays an important part. Further, the rapid pace of development in the surrounding world makes continual training of the personnel necessary.

The indications are already becoming stronger that the competitive weapons in the 1990s will be changed. In pace with an increasing number of companies, operating internationally, starting to focus on quality, lead time and economy, it can be expected that some form of standardization of these values will take place. For this reason it is reasonable to believe that the distinguishing competitive factors will not be among these variables. Within the white goods and automotive sectors, we see today an increased interest in marketing environmental awareness. This competitive weapon will probably also be referred to the bottom line in the 1990s.

It is possible that the most important competitive weapon in the 1990s will be product identity and image. This characteristic is a competitive factor which is very time-consuming to build and very difficult to capture. In exploratory studies of how companies work to create these dimensions, it has been found that both state-of-the-art and state-of-the-science are very poorly developed. Most companies proceed by trial and error and there are no explicit, systematized approaches to secure this process.

The working hours will probably also be planned differently. Over a cycle time of a few years, the work force will need to be flexible so that companies can adapt their working hours to the prevailing economic climate.

In recent years, cooperation across company boundaries has increased in scope. There is every reason to cooperate about that which is beneath the "shell" of a product and which the consumer does not see. We cannot today foresee the questions of coordination and optimization that will emerge in the wake of this work. However, so far the positive effects seem to overshadow the negative ones.

The realization of the need to raise the level of industrial productivity spurred the creation of a number of different concepts. Many discussions were centered on comparisons with Japan, why many of the Japanese concepts were held up as models. The attraction of these concepts has waned somewhat. Many have grown tired of the vigorous marketing of the Japanese concepts. Today we can therefore see the beginnings of attempts by the companies to create adapted Swedish models.

The opinions among both researchers and people in industry are strongly diverging as to whether "the Swedish model" will survive. ABB has added new dimensions to the discussion, advocating the necessity of increased commitment, work content and operator responsibility. Without abandoning these requirements, SAAB Automobile argue that some form of production line is necessary in order to be competitive.

More thorough analyses made by e.g. Volvo Uddevallaverken have asserted that this concept is not in conflict with the main features of lean production. For the next few years, the way forward is perhaps to be sufficiently determined and goal-oriented and to put a premium on one of the principles. It seems that the potentials of all systems are so great that comparisons between them more or less turn into arguments over petty details.

REFERENCES:

Alting, L.L.; Life cycle design, **Concurrent Engineering**, November/December, pp. 19-27, 1991.

Andreasen, M. and Hein, L.; **Integrated product development**, Springer-Verlag, Berlin, 1987.

Boothroyd, G. and Dewhurst, P.; Design for assembly: Selecting the right method, **Machine Design**, November 10, pp 94-98, 1983.

Carlsson, M.; **Integration of technical functions for increased efficiency in the product development process**, Chalmers University of Technology, Gothenburg, 1990.

Carlsson, M.; Critical aspects in the management of product development in the auto industry, **23rd International Symposium on Automotive Technology & Autom**ation: Integration of Product Design, Product Engineering, Manufacturing Engineering and Quality Engineering, Vienna, Austria, 3rd - 7th December, 1990.

Carlsson, M.; Effektivisering av produktutveckling, del 1 och 2, **Verkstäderna**, nr. 4 + 5, 1991.

Carlsson, M.& Karlsson, C.; Next practice in Product Development - Integration of Technical Funct**ions, Paper presented at the IMVP**-Forum, Acapulco, Mexico, May 8-9, 1989.

Carlsson, M. och Lundqvist, M.: Organisation och ledning av produktplanering, **Verkstäderna**, nr 2, 1991.

Carlsson, M. and Lundqvist, M; Work with and implementation of new concepts for management of product development - some empirical findings, Paper presented at the **International product development conference on new approaches to development and engineering**, Brussels, Belgium, May 18-19, 1992.

Clark, K. and Fujimoto, T.; **Product development performance**, Harvard Business School Press, Boston, Massachusetts, 1991.

Culter, H.; Design for recyclability, **Concurrent Engineering**, pp. 39-41, 1991.

Daetz, D.; The effect of product design on product quality and product cost, **Quality Progress**, June, Vol. 20, No. 6, pp. 63-67, 1987.

Dumaine, B.; How managers can succeed through speed, **Fortune**, pp. 30-35, February 13, 1989.

Feldt, K.O.; **Alla dessa dagar**, Nordstedts, Stockholm, 1991.

Gustafsson, L.; **Snabbast vinner,** Mekanförbundets förlag, Stockholm, 1991.

Gustafsson, L.; **Snabbare företg**, Mekanförbundets förlag, Stockholm, 1992.

Hartley, J.R.; **Concurrent Engineering**, Productivity Press, Cambridge, Mass., 1990.

Jansson, L.; Simultaneous Engineering, **STU-info 809**, Stockholm, 1990.

Lee-Mortimer, A.; Winning the strategy war, **Total Quality Management Magazine**, Vol. 4, No. 1, February, pp. 55-57, 1992.

Nishigushi, T.; Competing systems of automotive components supply, **First policy forum, International motor vehicle program**, May 5, 1987.

Produktivitetsdelegationens Betänkande; **Drivkrafter för produktivitet och välstånd**, Statens offentliga utredningar, SOU 1991:82, Nordstedts, Stockholm, 1991.

Smith, P.G. and Reinertsen, D.G.; **Developing products in half the time**, Van Nostrand Reinhold, New York, 1991.

Sullivan, L.P.; Quality Function Deployment, **Quality Progress**, pp. 39-50, June, 1986.

Takeuchi, H. and Nonaka, I.; The new product development game, **Harvard Business Review**, Jan-Feb, pp. 137-146, 1986.

Wheelwright, S.; A rubber mallet and a two-by-four: The concept of a development strategy, **Target Innovation at Work**, Vol. 7, No. 4, Fall, pp. 4-16, 1991.

Womac, J., Jones, D. and Roos, D.; **The machine that changed the world**, Maxwell Macmillan, New York, 1990.

IAO-Forum
Kundenorientierte Produktion

Neue Formen der Arbeitsorganisation – Basis einer flexiblen Produktion

H. Sauer

Vorbemerkung

Waren die 80er Jahre geprägt durch Automatisierungs- und CIM-Strategien, so stehen die 90er Jahre ganz im Zeichen der organisatorischen Umgestaltung unserer Unternehmen hin zu schlagkräftigen sich selbst steuernden Einheiten. Nicht allein die Produktions- und Informationstechnik sondern der Mitarbeiter als integrierender Faktor und Basis einer flexiblen Produktion rückt zunehmend in den Mittelpunkt. Einfache Entscheidungsstrukturen, von der Basis eingeleitete und getragene Veränderungen und Verbesserungen führen zu der geforderten Flexibilität und dem darauf aufbauenden Wettbewerbsvorteil. Die bisher verfolgte Arbeitsteilung in den direkten Produktionsbereichen wie auch in den Servicebereichen behindert diese notwendige Entwicklung. Die Gruppenarbeit, das heißt die Zusammenarbeit in kleinen organisatorischen Einheiten mit ganzheitlicher Aufgabe und Verantwortung ist der Lösungsansatz, um den organisatorischen Veränderungsprozeß von der Werkstattebene her zu unterstützen.

Unternehmensziele und Mitarbeiterziele ergänzen sich

Die mit der Einführung von Gruppenarbeit verbundenen Ziele richten sich einerseits auf eine deutliche Verbesserung der Produktivität; andererseits gilt es, für die in den Produktionssystemen arbeitenden Mitarbeitern die dazu bestmöglichen Voraussetzungen und Arbeitsbedingungen zu schaffen. Im einzelnen sind das z. B. folgende Ziele:

o Steigerung der Qualität durch mehr Eigenverantwortung in kleinen Regelkreisen

o Erhöhung der Fachkompetenz der Mitarbeiter und Nutzung deren Inovations- und Problemlösungspotentials

o Übernahme größerer Arbeitsumfänge sowie ergänzender Umfeldaufgaben und Erhöhung der Personaleinsatzflexibilität

o Verbesserung des Informationsflusses und Reduzierung von Schnittstellen

Schlüsselfunktionen der Gruppenarbeit

Eine wesentliche Schlüsselfunktion für das Gelingen der Gruppenarbeit ist die **Formulierung einer gemeinsamen Arbeitsaufgabe** für eine überschaubare Anzahl von Mitarbeitern, die räumlich und organisatorisch zusammengefaßt sind. Ein solcher Gruppenbereich besteht aus 8 bis 12 Mitarbeitern, wobei das bestimmende Gestaltungsmerkmal für die Gruppengröße die ganzheitliche und prüfbare Aufgabe ist. Die Arbeitsgruppen bleiben zusammen, wenn dem keine äußeren Einflüsse widersprechen, um den notwendigen Gruppenzusammenhalt und das gegenseitige Verständnis zu fördern.

Bild: Schlüsselfunktionen für Gruppenarbeit

Von besonderer Bedeutung für die Gruppenarbeit ist die **Übernahme der vollen Verantwortung** für das Arbeitsergebnis hinsichtlich Menge, Qualität und soweit beeinflußbar bezüglich Fertigungstermin und Kosten. Dazu erfolgt eine klare Formulierung der von der Arbeitsgruppe zu erreichenden Ziele. Regelmäßig werden zielorientierte Kennzahlen sowie die notwendigen ergänzenden Informationen an die Gruppen zurückgemeldet und an einer Informationstafel im Gruppenbereich visualisiert.

Ein weiteres Merkmal ist in der **Selbstorganisation der Gruppe** zu sehen. Der auf die Arbeitsgruppe zugeteilte Aufgabenumfang wird im Rahmen der Selbstorganisation von der Gruppe auf die einzelnen Gruppenmitglieder deren Fähigkeiten und Kenntnisse entsprechend zugeordnet. Dabei ist davon auszugehen, daß innerhalb der Arbeitsgruppen abgestufte Arbeitsinhalte mit unterschiedlichen Qualifikationsanforderungen umgesetzt werden, z. B. von der Ausführung einfacher Montagetätigkeiten bis zur Behebung von Störungen. Innerhalb der Gruppen und gruppenübergreifend bestehen Möglichkeiten zur Höherqualifizierung im Sinne durchgängiger Strukturen. Ein solches Vorgehen erlaubt es, auch solchen Mitarbeitern Arbeitsplätze zur Verfügung zu stellen, die nicht bereit oder nicht in der Lage sind, sich auf ein entsprechend hohes Arbeitsniveau zu qualifizieren.

Gruppengespräche und **Gruppensprecher** sind weitere wichtige Merkmale der Gruppenarbeit. Der Gruppensprecher vertritt die Gruppe nach außen hin zur Werkstattführung und zu anderen Gruppen und regelt gemeinsam mit der Gruppe deren Innenverhältnis. Der Gruppensprecher wird von der Gruppe gewählt, was den Vorteil hat, daß er als Kollege und "Einer von uns" betrachtet wird.

Die Grundaufgabe des Gruppensprechers besteht im wesentlichen darin, eine gute und erfolgreiche Zusammenarbeit in der Gruppe mitaufzubauen, mitzugestalten und die Interessen der Gruppe nach außen zu vertreten.

Die Gruppensprecher werden zur Wahrnehmung ihrer Sprecherfunktion anteilig von den Sachaufgaben in der Gruppe entlastet, bleiben aber uneingeschränkt in dem Arbeitsprozeß aktiv eingebunden. Ein disziplinarisches Weisungsrecht ist dem Gruppensprecher nicht zugeordnet. Die Gruppe definiert die konkreten Aufgaben für den Gruppensprecher im Rahmen der Gesamtaufgabe der Gruppe.

Gruppensprecheraufgaben sind z. B.:

o die Koordination von Gruppengesprächen und deren Vor- und Nachbereitung,

o das Herbeiführen abgestimmter Entscheidungen im Rahmen der Kompetenzen der Gruppe,

o die Organisation des Arbeitseinsatzes und der Arbeitsausführung zusammen mit den Gruppenmitgliedern.

Der von der Gruppe gewählte Gruppensprecher wird durch entsprechende Qualifizierungsmaßnahmen, z. B. im Bereich der Moderation oder Konfliktbewältigung auf seine zusätzliche Aufgabe vorbereitet. Er erhält für die Dauer der Ausübung seiner Sprecheraufgabe eine Funktionszulage.

Zur Integration der Gruppe und zur Besprechung fachlicher, organisatorischer oder mitarbeiterbezogener Probleme sind **Gruppengespräche** erforderlich. Die Dauer der Gespräche orientiert sich dabei abhängig von den zu behandelnden Themen an einem Zeitbedarf von durchschnittlich 30 Minuten pro Woche. Die Gruppengespräche können während, am Rande oder nach der eigentlichen Schichtzeit durchgeführt werde, wobei als wesentliche Voraussetzung gilt, daß Gruppengespräche die vor- bzw. nachgelagerten Produktionsbereiche nicht beeinträchtigen. Für die Durchführung von Gruppengesprächen stehen im Gruppenarbeitsbereich geeignete Räumlichkeiten und die zur Problemlösung erforderlichen Arbeitsmaterialien zur Verfügung. Kurze Wege und optimale Umfeldbedingungen sollen dazu animieren, den eigenen Arbeitsprozeß permanent zu optimieren und weiterzuentwickeln.

Bild: Gruppenarbeitsbereich; z. B. Gruppenarbeit in Boxensystem

Zur Unterstützung des laufenden Informationsaustausches innerhalb der Gruppe und nach außen dienen die **Info-Ecken** im Gruppenbereich mit den Inhalten:
- Übergeordnete Information und Unternehmensdaten
- Ziele und Ergebnisse der Gruppen
- Inhalt und Ergebnis bzw. Zwischenergebnis der Gruppengespräche
- Probleme und Lösungsansätze mit Verantwortlichen zur Abstellung des Problems

Die Info-Ecken sind damit wesentliches Element im Informations-, Verbesserungs- und Entscheidungsprozeß der Gruppe.

Übernahme von Aufgaben aus dem Umfeld reduzieren die Schnittstellen

Von wesentlicher Bedeutung bei der Ausgestaltung der Gruppenarbeit sind die Schnittstellen zu den Servicebereichen. Veränderungen zeigen sich insbesondere in der Übernahme der Funktionen aus der Qualitätssicherung, von Aufgaben der Arbeitsvorbereitung und der Logistik sowie der Wartung, Pflege und Instandhaltung ihrer Betriebsmittel.

Bild: Schnittstellenveränderung zu Servicebereichen

Die operativen **Prüffunktionen** werden von den Arbeitsgruppen selbst ausgeführt. Die Einhaltung der Qualität ist Aufgabe der ganzen Gruppe und jedes einzelne Gruppenmitglied zeichnet verantwortlich und dokumentiert dies auf der Fahrzeugbegleitkarte, die falls erforderlich, eine direkte Fehlerrückverfolgung zum Verursacher ermöglicht. Ziel für jeden Fertigungsbereich ist es, nur Fahrzeuge ohne Fehler in den nächsten Bereich weiterzuleiten.

Wartungs- und Instandhaltungsaufgaben sind insbesondere in kapitalintensiven Bereichen den Gruppen von z. B. Großanlagen zugeordnet, um so Störungen insgesamt zu vermeiden oder Stillstandszeiten möglichst gering zu halten.

Mitarbeiter aus den Arbeitsgruppen übernehmen zum Teil auch **arbeitsvorbereitende Aufgaben**. Die Feinabstimmung des Arbeitsablaufs zwischen den Gruppen und innerhalb der Gruppe wird ebenso wahrgenommen wie z. B. auch die Anordnung der Materialbehälter und die Gestaltung insbesondere von Vormontageplätzen.

Die Übernahme von **Logistikfunktionen** durch die Gruppe gestaltet sich in der Übergangsphase der Einführung von Gruppenarbeit schwierig, da Schnittstellen für einzelne Hallenbereiche nicht unterschiedlich organisiert werden können. Ziel ist es jedoch, daß z. B. die Materialdisposition und die Bereitstellung vor Ort von den Produktionsmitarbeitern selbst vorgenommen wird.

Eine weitere Aufgabe aus dem Umfeld ist das Heranführen neuer Mitarbeiter an die Inhalte in der Arbeitsgruppe. Hier kann die Gruppe selbst den Umfang an fachlichen oder methodischen Schulungsinhalten für die einzelnen Mitarbeiter bestimmen.

Ein breites Spektrum an Gruppenarbeitsmodellen für die unterschiedlichen Aufgaben

Ausgehend von den in den einzelnen Fertigungsbereichen auszuführenden Aufgaben und unter Berücksichtigung des Qualifikationsprofils und -potentials der Mitarbeiter hat sich ein breites Spektrum an Gruppenarbeitsmodellen herausgebildet. Sogenannte Funktionsgruppen, Rotationsgruppen und Alleskönner-Gruppen haben sich in der Praxis bereits mit Erfolg bewährt.

Bild: Breites Spektrum an Gruppenarbeitsmodellen

Innerhalb eines Gruppenarbeitsbereiches sind **Funktionsgruppen** auf bestimmte Teilumfänge spezialisiert. In den kapitalintensiven Bereichen übernimmt eine Funktionsgruppe z. B. die Maschinenbedienung und das Umrüsten; eine andere das Warten und die Instandhaltung, wobei Überlappungen möglich sind. In der Montage beziehen sich solche Funktionseinheiten z. B. auf Vormontagen und Kommissionierumfänge oder Teilumfänge der Montageaufgabe.

Beim Modell "**Rotationsgruppen**" wechseln die einzelnen Mitarbeiter nach einer bestimmten Zeit zum nächsten Arbeitsplatz. Jeder Arbeitsplatzwechsel ist mit der Übernahme einer neuen Aufgabe und damit gleichzeitig mit entsprechenden Qualifizierungsmaßnahmen verbunden. Nach einer bestimmten Zeit beherrschen alle Mitarbeiter das gesamte Aufgabenspektrum, wenn sich die Gruppenzusammensetzung nicht ändert.

Alleskönner sind insbesondere bei Kleingruppen erforderlich, da dort zur Aufrechterhaltung der Produktion eine möglichst hohe Überlappung der Qualifikation notwendig ist. Auch bei hohen Zeitspreizungen, wo die Boxen-Systeme mit kleinen Gruppen ihre Stärken haben, würde eine Arbeitsteilung mit festgelegten Schnittstellen zwischen den Mitarbeitern zu hohen Abstimmungsverlusten führen.

Im Rahmen der Selbstorganisation können die Arbeitsgruppen das für ihre Bedingungen optimale Modell entwickeln. In diesem Zusammenhang ist zu bemerken, daß es die Einheitslösung nicht gibt und wir sie auch nicht wollen, daß die Gruppenarbeit nicht nur in Inselsystemen sondern auch in verketteten Anlagen und Liniensystemen möglich ist und daß die Einführung der Gruppenarbeit weniger vom technischen System als vielmehr durch das Beharrungsvermögen der Menschen eingeschränkt wird.

Im gleichen Maß, in dem die Arbeitsgruppen die erweiterten ganzheitlichen Arbeitsumfänge einschließlich der jeweiligen Servicefunktionen übernehmen, verändert sich auch die **Rolle der Werkstattführungskräfte**. Einerseits ist für die Bewältigung der Gesamtsituation eine erweiterte Fachkompetenz, z. B. in Fragen der Instandhaltung, der Logistik oder in Qualitätsfragen notwenig. Andererseits erfolgt eine Entlastung von Routinefunktionen, wie Schichteinteilung oder Urlaubsplanung. Veränderte Aufgaben fordern zukünftig eine Führungskompetenz, die in erster Linie auf der Fähigkeit aufbaut, menschlich überzeugend zu führen.

Der Kontinuierliche Verbesserungsprozeß (KVP) - ein integraler Bestandteil der Gruppenarbeit

Mit der Gruppenarbeit fest verbunden ist der Kontinuierliche Verbesserungsprozeß; die ständige Verbesserung der Abläufe in der Produktion und des gesamten Umfeldes ist die Aufgabe aller Mitarbeiter und Führungskräfte. Der Kontinuierliche Verbesserungsprozeß ist ein ganzheitlicher Ansatz und betrifft alle Funktionsbereiche bzw. deren Aufgaben.

Der KVP-Ansatz zielt auf Probleme bzw. deren Beseitigung, die schnell und mit wenig Aufwand umgesetzt werden können, um jegliche Art von "Verschwendung" wie z. B. Nacharbeit, Wartezeiten, unnötige Wege, Umlaufbestand zu vermeiden. Leitgedanke dabei ist, nur das zu machen, was der Wertschöpfung des Produktes dient und zur Qualitätssteigerung führt. Alle Verbesserungen zielen auf eine Erhöhung des Kundennutzens, wobei in diesem Zusammenhang zwei Arten von Kunden zu unterscheiden sind: der Endkunde und der nachgelagerte Prozeß.

Für die Umsetzung des KVP-Gedankens hat es sich in der Praxis bewährt, gemeinsam mit den Mitarbeitern vorhandene Schwachstellen zu ermitteln und diese in eine Rangreihe bezüglich deren inhaltliche und zeitliche Priroität zu bringen. Einfache Veränderungen lassen sich unter Umständen direkt von den Mitarbeitern selbst umsetzen, wenn die dafür notwendigen Hilfsmittel vor Ort bereitgestellt sind. Grundsätzlich kann von den Mitarbeitern alles in Frage gestellt werden, wenn sich daraus Ansätze für weitere Verbesserungen ergeben.

Die Umsetzung und konsequente Verfolgung des KVP-Gedankens wird durch eine entsprechend gestaltete Aufbaustruktur und das Führen mit Zielen gefördert. Rationalisierungsvorgaben lassen sich z. B. als Top-Down-Zielsetzung bis auf den untersten Verantwortungsträger in der Organisation, in der Regel die Meisterei, herunterbrechen. Das Erarbeiten von Maßnahmen zur Zielerreichung wird auf dieser Ebene im Sinne eines KVP-Prozesses durch enges Zusammenwirken von Servicebereichen, Meisterei und Mitarbeiter vorgenommen. Wichtig ist die sofortige Dokumentation und Bewertung der erarbeiteten Maßnahmen von der Gruppe. Das Ergebnis wird anschließend als bottom up-Maßnahmeplanung wieder zurückgemeldet.

Mitarbeiter und Führungskräfte sind an der Rationalisierungs- und Maßnahmenplanung beteiligt. Ein KVP-Team vor Ort, in dem alle Funktionen und insbesondere die Mitarbeiter des jeweiligen Bereiches vertreten sind, definiert und beseitigt Probleme im Produktionsprozeß. Der Aufbau eines einfachen Controllingsystems zur Zielvereinbarung und zur Rückmeldung der Zielerreichung sowie die Visualisierung der Ergebnisse und der Entwicklung der Gruppen sind wichtige Bausteine bei der Einführung des KVP-Prozesses.

Die Info-Ecken der einzelnen Gruppen bzw. auch der Meisterei sind die Zentren des Informationsaustausches. Wenige, aussagefähige Kennzahlen wie z. B. Produktivität, Qualität und Zahl der Verbesserungen repräsentieren den Erfolg der Gruppe.

Bild: Ergebnisgrößen einer Gruppe

Die Standardisierung der Darstellung erleichtert den innerbetrieblichen Vergleich. Wichtig ist die Aktualisierung der Ergebnisse und auch deren Beachtung sowie die Anerkennung der erbrachten Leistungen.

Insgesamt dient der KVP-Prozeß durch die Beteiligung der Mitarbeiter an der Prozeßgestaltung und Optimierung der Steigerung der Motivation und der Identifikation mit der Aufgabe. Wir wollen die Kenntnisse und Erfahrung der Mitarbeiter nutzen und deren Kreativität, die Produktion ständig zu verbessern.
KVP ist ein Prozeß und zielt auch auf eine Verhaltensänderung; dieser Prozeß unterstützt die Einführung und Stabilisierung der Gruppenarbeit und integriert die Funktionsbereiche unseres Werkes durch ein prozeßorientiertes Denken und Handeln über alle Hierarchien.

Vorgehen bei der Einführung von Gruppenarbeit

Die Einführung der Gruppenarbeit in den einzelnen Produktionsbereichen erfolgt über Pilotprojekte mit der Zielsetzung
- Entwicklung und Erprobung von Hilfsmitteln
- Mitarbeiter und Führungskräfte sammeln die Erfahrung "Es geht"
- Multiplikatoren werden nicht im Seminar sondern im Projekt ausgebildet

Jeder Produktionsbereich sammelt damit Erfahrungen unter Berücksichtigung seiner spezifischen Randbedingungen. Die Einführungsphase hat gezeigt, daß Gruppenarbeit zwar von "oben" gewollt und unterstützt werden muß, daß sie aber nicht verordnet werden kann.

Die einzelnen Pilotprojekte laufen in zwei Phasen ab. In einer ersten Phase erfolgt die Auswahl und Analyse des Bereiches sowie die Information und Qualifizierung der Mitarbeiter. Diese Projektphase wird von einer Projektgruppe unter Beteiligung der Mitarbeiter durchgeführt. Nach der Gruppenbildung und der Wahl der Gruppensprecher erfolgt in einer zweiten Phase die weitere Ausgestaltung der Gruppenarbeit durch die Mitarbeiter selbst. Dazu gehört z. B. die Arbeitsteilung innerhalb der Gruppe und die Umfeldgestaltung mit der Info-Ecke. Im Bedarfsfall holt sich die Gruppe dazu Hilfe von entsprechenden Fachabteilungen.

Bild: Prozeß zur Einführung neuer Formen der Arbeitsorganisation

Wenn früher die Gestaltung der Arbeitsorganisation - und dies gilt insbesondere für Neuplanungsprojekte - erst nach dem Systemanlauf vorgenommen wurde, so ist es heute üblich, daß die Projektgruppen einen ganzheitlichen Planungsansatz verfolgen, bei dem technische Anforderungen mitarbeiterbezogenen Gesichtspunkte und organisatorische Randbedingungen in die Systemgestaltung einfließen.

Die Modularisierung als Strukturisierungsprinzip hilft bei dieser zunehmend komplexer werdenden Gestaltungsaufgabe. Auf der Basis von Produktmodulen - das sind in sich geschlossene prüfbare Fertigungsumfänge - werden Fertigungsmodule als technische Systemeinheiten gebildet, die den spezifischen Anforderungen der jeweiligen Fertigungsaufgabe entsprechen. Die Entwicklung von **Organisationsmodulen** - Meistereien auf der Ebene der Fertigungsmodule und darunter Gruppen von 8 bis 12 Mitarbeiter - führt die Produkt- und Produktionsmodule zu einer Einheit zusammen.

Zusammenfassung und Ausblick

Die Einführung von Gruppenarbeit in der Produktion mit der Zusammenfassung von direkten Aufgaben und Servicefunktionen, der Delegation von Verantwortung und die Ausstattung der Gruppen mit entsprechenden Kompetenzen stellt in gleicher Weise Chance und Herausforderung dar, den geänderten Anforderungen von Mensch und Technik Rechnung zu tragen.

Der Anstoß und die Durchführung dieses Veränderungsprozesses, der sich ja nicht nur auf die Werkstattebene beschränkt ist, erfordert einen erhöhten Informations- und Qualifikationsbedarf. Die Erkenntnis muß wachsen, daß die Entwicklung einer schlagkräftigen Organisation als strategische Investition zu betrachten ist. Daß diese Investition auch zurückfließt zeigen die Produktivitätsverbesserungen aus den durchgeführten Projekten. Ansatzpunkte zeigen sich insbesondere in der Reduzierung nicht dem Fertigungsfortschritt dienender Zeiten durch optimierte Arbeitsgestaltung, in der schnellen Behebung von Kleinstörungen oder der Durchführung vorbeugender Instandhaltungsmaßnahmen zur Reduzierung ablaufbedingter Wartezeiten. Analoges gilt für die Minimierung der Nacharbeits- und Ausschußanteile.

Schlüsselfunktionen für Gruppenarbeit

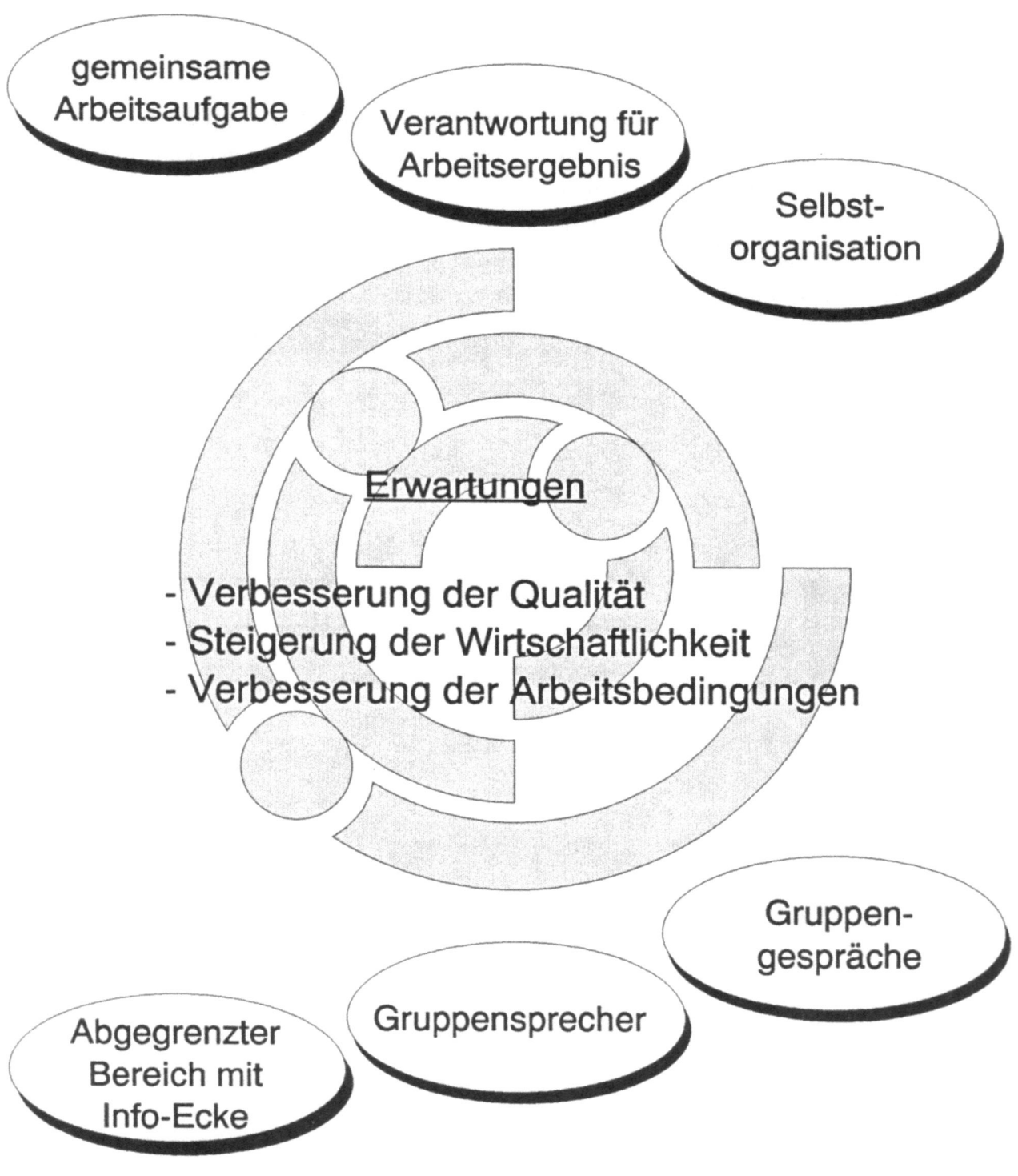

Gruppenarbeit in Boxensystemen

Infoecke
* Qualität
* Produktivität
* Verbesserungen
* Organisation

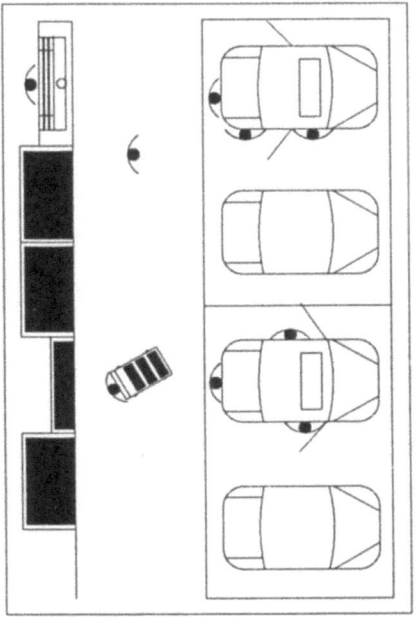

Gruppengespräche

30 Min./Woche während der Schicht

Arbeitsaufgabe
* Kabelsatz montieren
* Arbeitsinhalt

Zeitspreizung

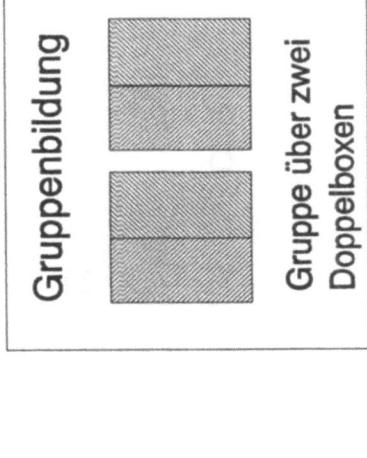

Gruppenbildung

Gruppe über zwei Doppelboxen

Qualifikationsprofil

Teilumfänge
Komplettumfang

Schnittstellenveränderung zu Servicebereichen

Übernahme von Funktionen aus dem Umfeld

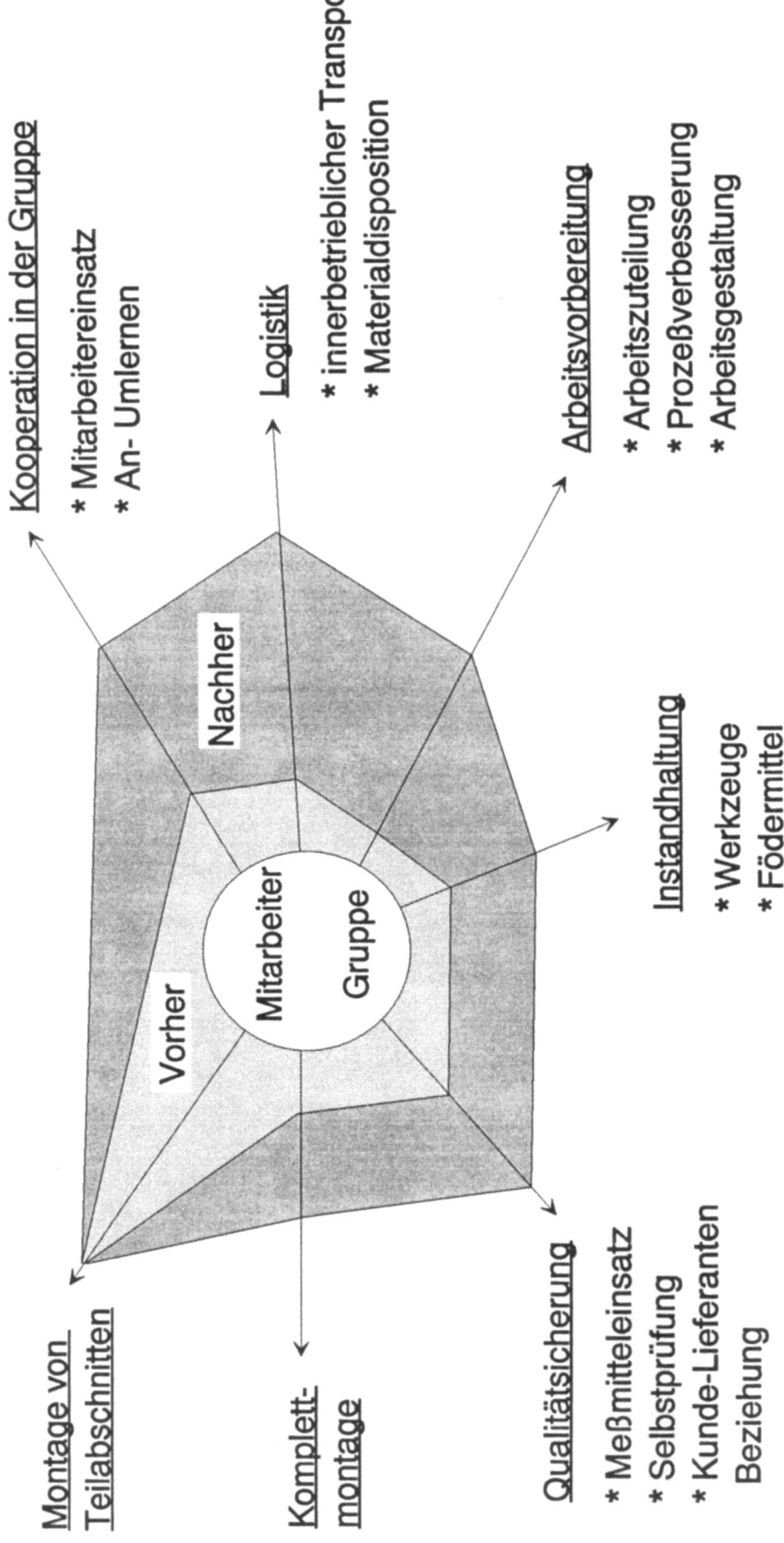

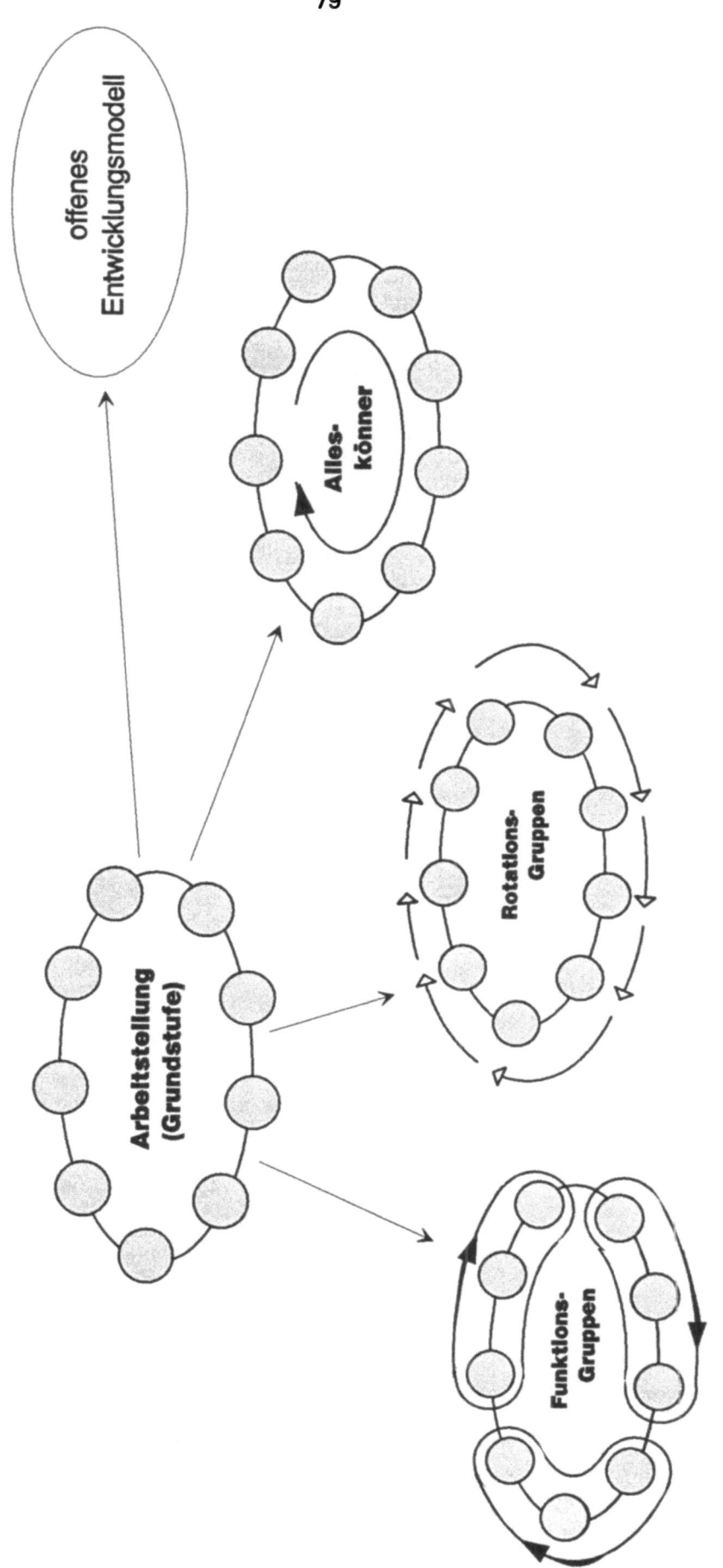

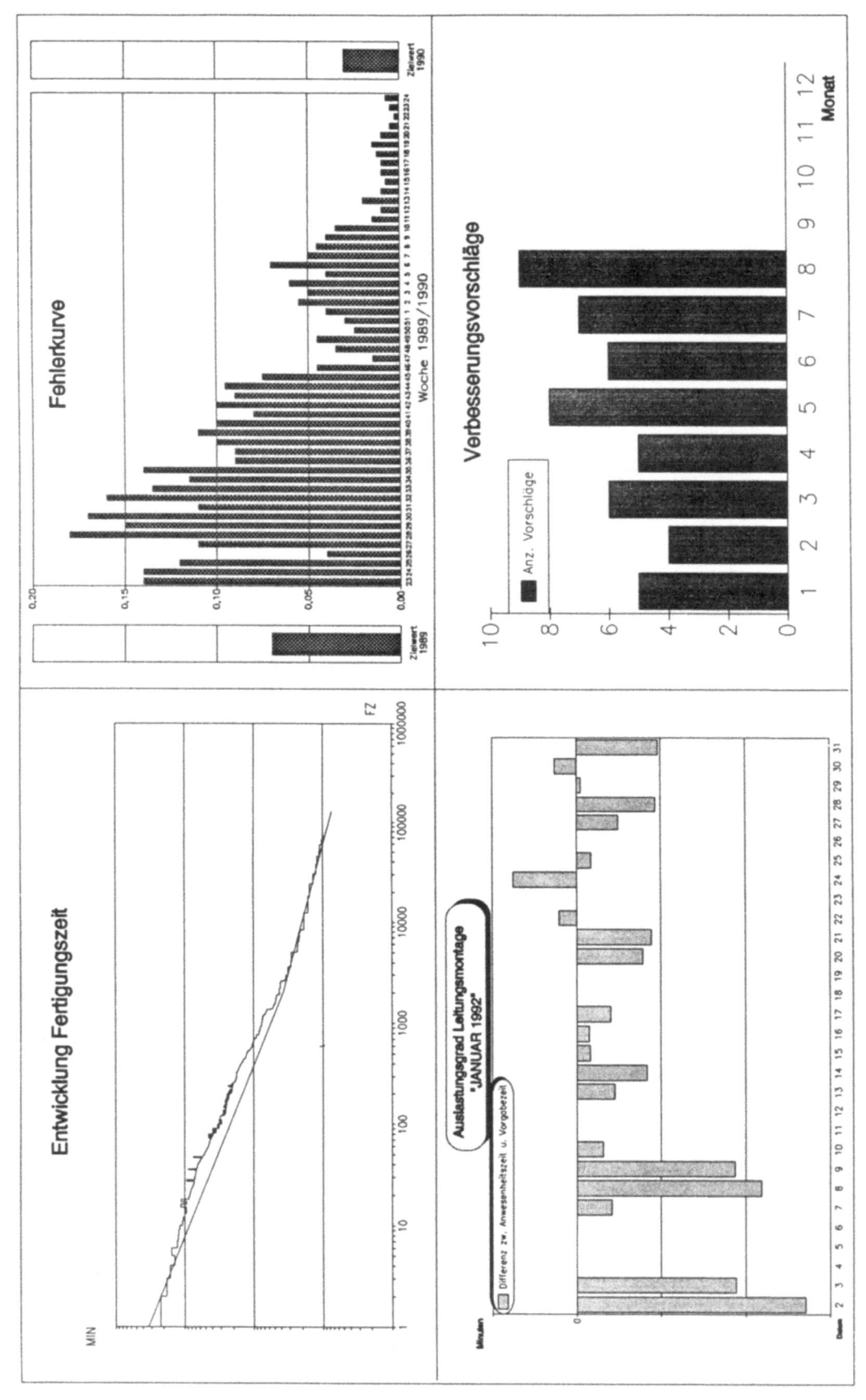

Prozeß zur Einführung neuer Formen der Arbeitsorganisation

Werk Sindelfingen

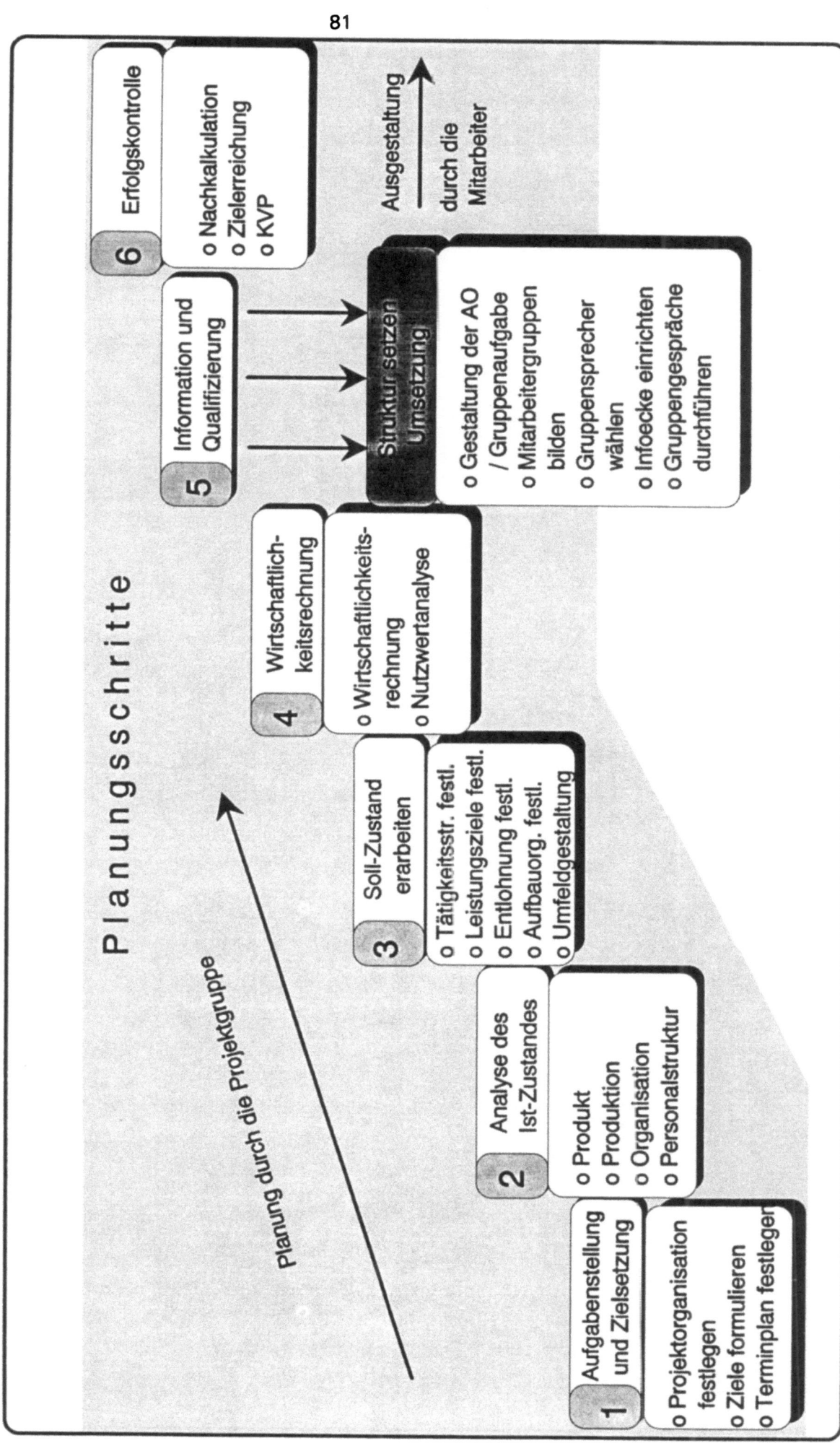

IAO-Forum
Kundenorientierte Produktion

Konsequente Kunden-Lieferanten-Beziehung für die Produktionslogistik und interne Materialversorgung

K. Schlaweck

Vorwort

Die kundenorientierte Produktion und der Einbezug externer Lieferanten kann nur ganzheitlich im Konsens aller Unternehmensbereiche erfolgen und ist maßgeblich für die Effizienz des innerbetrieblichen Materialflusses. Die Entwicklung solcher Abläufe bedarf mehrere Jahre und die Erfahrung im Umgang mit den unternehmensspezifischen Gegebenheiten und der Integrationsfähigkeit dieser. Die Umsetzung beginnt bereits mit der Produktentwicklung, der Bereitstellung der notwendigen Ressourcen, dem Know how sowie dem Technologieeinsatz und endet nicht bei den räumlichen Abhängigkeiten abteilungsbedingter Produktionsstufen in der Fabrik, sondern bei den Mitarbeitern, der Flexibilisierung. Ganzheitliche, langfristige Strategien sind notwendig, an denen der Markterfolg aufgehängt sein muß.

Konnten wir in der Vergangenheit auf dem Verbrauchermarkt fast alles was produziert wurde absetzen und dies zu einem Preis den wir bestimmten, also unseren Kosten angepaßt, so ergaben sich aus der Entwicklung hin zu einem Käufermarkt erhebliche Veränderungen für uns. Nun spielten plötzlich der Preis, Rabatte und somit die Kosten eine große Rolle für den Markterfolg unserer Produkte. Verstärkt wurde dies durch spezielle Kundenwünsche und die immer kürzeren Innovationszyklen der Konkurrenz denen wir folgen mußten.

Heute kann man kein Produkt mehr produzieren, das nicht Kundenwünschen entspricht. Kundenwünsche führen zu Differenzierungen beim Produkt und somit zu mehr Typen, Varianten und Komplexität beim Produkt, in der Produktion und den Abläufen. Dies wiederum bedarf höheren Kapitaleinsatz, Fläche, Personal und zusätzliche Abläufe, was zwangsläufig zu höheren Produktentstehungskosten führt. Die Kunst der Unternehmen liegt nun darin die Kosten durch geeignete Maßnahmen und Strategien in der Produktion und den innerbetrieblichen Abläufen erheblich zu reduzieren, um konkurrenzfähig zu bleiben.

1. Kundenorientiertes Denken

In Kenntniss dieser Gegbenheiten, die heißen:

Kundenwünsche	erfordern	Kundenorientierung
	erfordern	Typen- Variantenvielfalt
	erfordern	Komplexität
	erfordern	Produkte mit einem Höchstgrad an Kundenzufriedenheit in Funktion, Preis, Qualität und Lieferzeit (Liefertreue)

muß die Produktion so ausgelegt sein, daß ohne Mehrkosten bisheriger Produktionsformen ein kostenoptimales Produkt hergestellt werden kann. Dies ist die Kunst, die Produzenten heute abverlangt wird. Wer diesen Gesetzmäßigkeiten nicht folgen kann, verliert Marktanteile, verliert somit seine Reaktionsfähigkeit und muß sich auf Nischen anstatt dem Volumensgeschäft beschränken. Mit in den Prozeß werden immer stärker die Lieferanten einbezogen, die durch sinnvolle >Make-or-Buy Beziehungen< eine wertvolle Hilfe für das Unternehmen leisten. Dabei ist der Trend bei den Lieferanten selbst zu spüren, die hin zum Single Sourcing, Global Sourcing wollen und dies nicht für simple Einzelteile, nein hin zum Systemgeschäft (Baugruppen) mit höheren Wertschöpfungsanteilen.

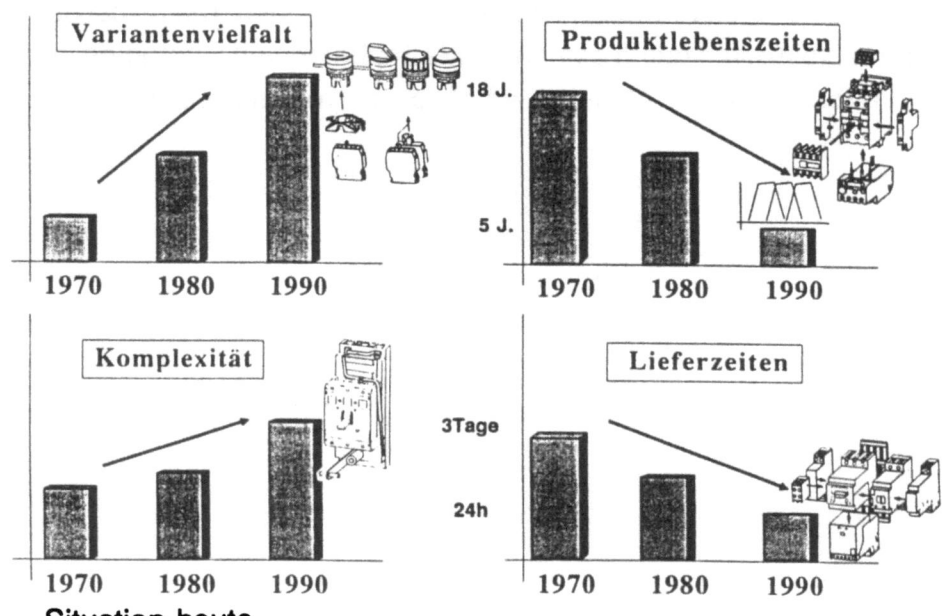

Bild 1 : Situation heute

Kundenorientiertes

Denken

und

Handeln

erfordert bestimmte Verhaltensweisen,

verpflichtet zu ständiger Verbesserung,

was zufriedene Kunden schafft

Bild 2 :   Kundenorientierung

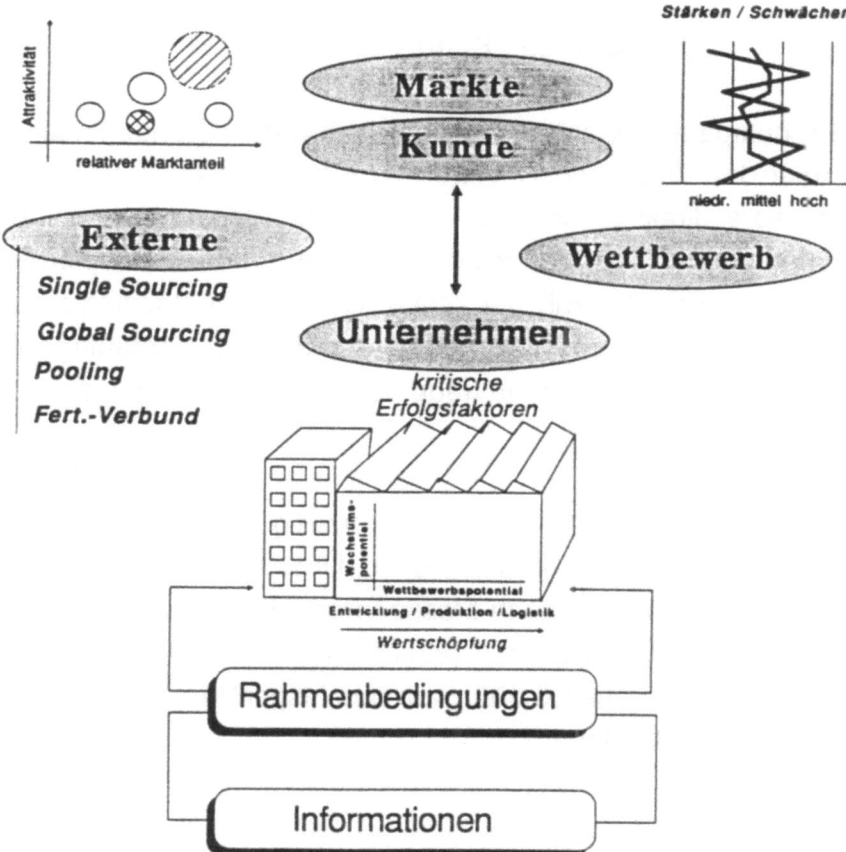

Bild 3 :   Marktbeeinflussung und Handlungsspielräume eines Unternehmens

2. Ausgangslage

Das Fließband -Fließfertigung- in der Fabrik war Ausdruck der Industrialisierung und der "rote Faden" in der Fabrik, man wußte durch die Arbeitsteilung (Taylorismus) und der Zeitbewertung der Arbeit was am Abend fertig wurde. Bestes Beispiel dieser Produktionform war das T-Modell von Henry Ford, ein Massenprodukt mit nur einer Ausführung >Massenproduzent<. Heutige Produktionen gleichen einem Haribo-Laden, wo nicht nur eine Variante vorherrscht, sondern Konfektionierung, Typen- und Variantenvielfalt gegeben sind. Auf die vom Kundenwusch geprägte Produktion gilt es sich auszurichten und nicht mit Reduzierungen und Sortimentsbereinigung zu reagieren. Weil kein Unternehmen auf Dauer Verluste einfahren kann sind hierzu Innovationen gefordert, denn die Natur beherrscht auch das Chaos.

Bei Klöckner Moeller gibt es 40.000 EDV-geführte Produkte, davon machen 14.000 etwa 90% des Umsatzes (ca.1,2 Millarden DM) aus; wovon er Inlandumsatzanteil ca 60% ausmacht. Die Typen- und Variantenanzahl aller Produkte gehen in die Millionen. Deshalb stand bei KM immer die Flexibilität (Lieferzeit 24h) und Qualität im Vordergrund. Der alte Grundastz bei Klöckner Moeller lautet:

Immer einen Schritt voraus.

Die gesamte Produktpalette -Geräte- wird innerhalb von 24 Stunden nach Kundenauftrag gefertigt und über das Vertriebsnetz verteilt. Der Kunde bestellt im Vertriebsbüro (VB) und kann Lagerware direkt mitnehmen. Kundenaufträge mit Konfektionierungen oder Sonderspannungen gehen über das VB direkt an das Werk. Das VB erhält die Lagergeräte seinerseits durch das Zentrallager (ZML) (ca. 1/2 Monatsumsatz auf Lager). Über das ZML wickeln die Werke ca. 40-80% der sogenannte Kontaufträge ab. Dies sind kundenunabhängige interne Geräteaufträge, losgelöst von einem direkten Kundenauftrag.

Die verordnete Flexibilität brachte KM damit frühzeitig zum Überdenken von bestehenden Strukturen (Fließband) zu ganzheitlichen Überlegungen in der Produktion. So werden sowohl Kleinstserien als auch Massenprodukte (Marktführerschaft) quasi nach einem Schema gefertigt. Dazu zählen Produkte von 1.000 Stück bis hin zu Schütze und Motorschutzschaltern 250.000-300.000 und Befehlsgeräte 700.000 Stück pro Monat (Einzelteile bis 12 Mill.Teile/Monat).

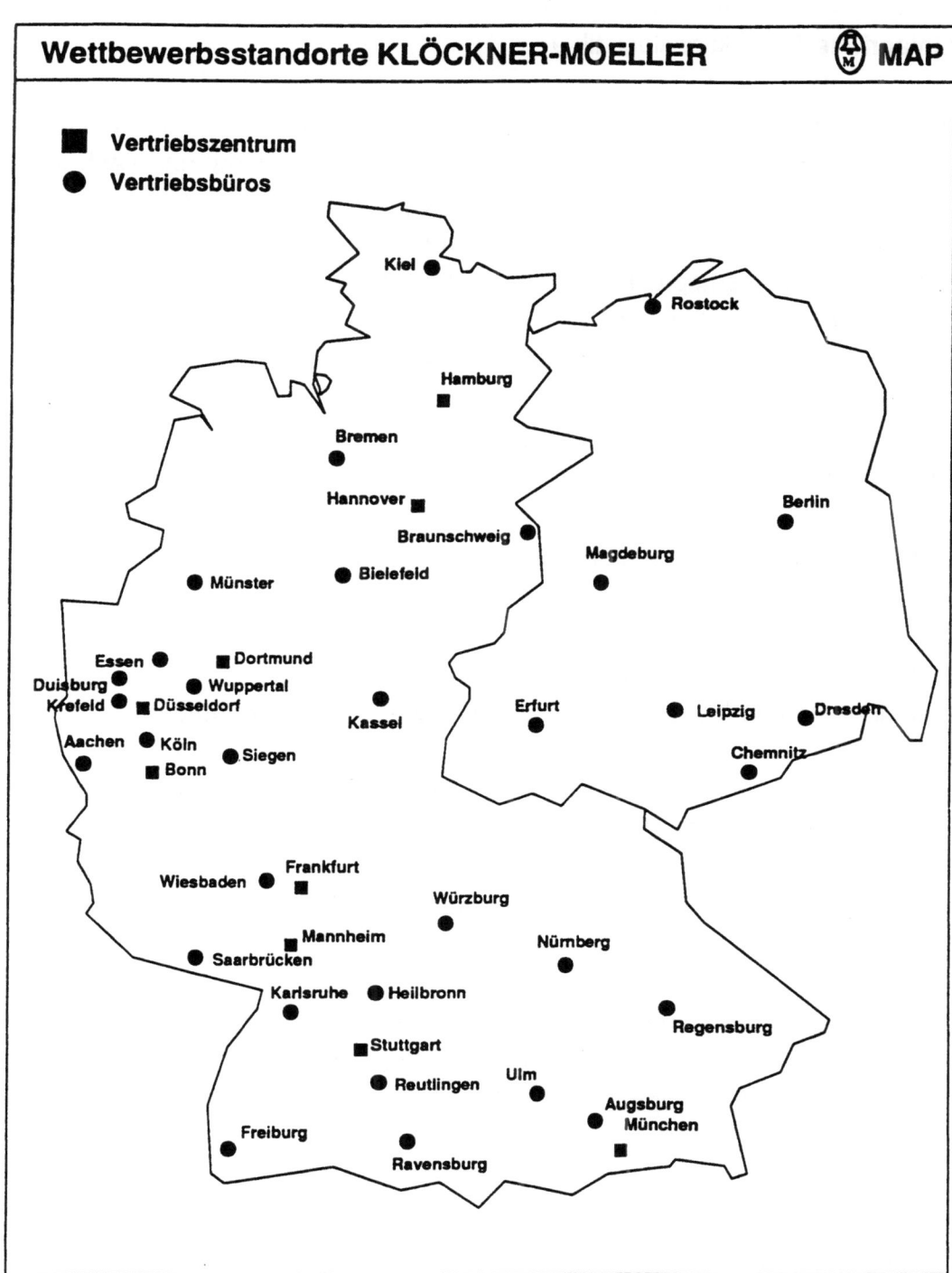

Bild 4 : Vertriebsnetz

Flexibilität, Qualität, angepaßte Kosten und innovative Produkte garantieren heute für den Standort Deutschland die große Überlebenschance im Kampf um Marktanteile und Erhaltung von Arbeitsplätzen, also einem starken, potenten Kampfgefährten in der Schlacht der Triade Europa/USA/Japan.

3. Ganzheitliche Strukturen für die Produktion und integrierte Produktionslogistik

lean production, ein Begriff aus der MIT-Studie, bezeichnet die andere Art einer Massenproduktion. lean sein, abgemagert, schlank oder auch schmal und flach gilt als die effektivste Art zu fertigen. lean ist ein Philosophie, die vom Lieferanten bis zum Kunden reicht. Sie kann nicht verordnet oder gekauft werden, sondern muß langfristig entwickelt und aufgebaut werden entsprechend dem Produkt, des Marktes und der Produktion. lean bedeutet auch die Integration aller, ein Einordnen, Miteinander zu Gunsten des Gesamtablaufes und dem Wohl des Unternehmens. Die Ausprägungen sind zu suchen in:

o der Kundenwunsch dominiert und ist Handlungsmaxime des Unternehmens -kundenorientiertes Denken und Handeln-

o Abkehr von der Arbeitsteilung, Spezialistentum, hin zum Team, Gruppe

o Abkehr von hierarchischen Befehlsstrukturen, hin zur Kompetenz und Verantwortung an die Basis der Wertschöpfung

o Vermeidung von Verschwendung an Überproduktion, Beständen, Puffern, Liegezeiten, Transporten und Sicherheiten

o konsequente Null-Fehler-Produktion durch ein "Produzieren" statt "Gutprüfen" eines Produktes

Beeindruckend sind die Zahlen, wenn man Betriebe auf mögliche Veränderungen von heute zu lean betrachtet. Durch diese Veränderungen sind lt. I.Lopez de Arriortua (Chefeinkäufer von GM-Europe -Picos "Gipfel")

o Produktivitätssteigerung	46-79%
o Verringerung der Arbeitsfläche	31%
o Reduzierung der DLZ	85%
o Senkung der Produktionskosten	20%
o Bestandsreduzierung	57%-95%
o Reduzierung der Investitionen	30%
o Reduzierung von Ausschuß/Nacharbeit	25%
o Reduzierung der Lager- /ZW-Lager und Puffer	45%
o Abbau von nicht wertschöpfenden Operationen	35%

möglich.

Nur muß man sich fragen, ist bei uns auch noch soviel aus der Produktion zu holen oder haben wir in der Vergangenheit unsere Hausaufgaben vielleicht besser gemacht als andere? Klöckner Moeller hat eigentlich die Produktionslogistik und interne Materialversorgung bereits in eine neue Form der Umgestaltung der Produktion in einfache, flache Strukturen gebracht. Diese Umgestaltung der Produktion begann bei uns bereits in den Jahren 71-74, wo der Grundstein zu einer neuen Produktionsform gelegt wurde. Wie bei allen Massenproduzenten beherrschte auch bei uns das Fließband die Fertigung. Doch im Zuge der >Humanisierung der Arbeitswelt< wurde dies gegen Arbeitsplätze (EAP) und Maschinenarbeitsplätze (MAP) abgelöst. Taylor mit seinen immer wiederkehrenden zeitkurzen Handgriffen wurde aufgegeben. Durch die Neuordnung wurde eine andere Arbeitsplatzgestaltung eingeführt und mehr Flexibilität in die Produktion gebracht. Die Nachteile der fehlenden Stückzahlkontrolle am Ende des Tages wurde durch die MTM-Bewertung und dem Führen der Erfahrungskurve gemindert. Damit wurden eigentlich die ersten Schritte nach lean getan,

o Arbeitsinhalte erweitern
o ganzheitliches Arbeiten incl. Qualitäts-Kontrolle
o Schulung des Personals
o Heranführung an die Selbstkontrolle -Qualität-
o Eigenverantwortung für den Arbeitsplatz
o Umgang mit Info-Systemen

Durch die tariflichen Veränderungen in der Arbeitszeitverordnung (Mitte der achziger Jahre) wurde dann die

o Flexibilisierung der Arbeitszeit und
o Mehrfachbesetzung eines Arbeitsplatzes

möglich, womit die Entkopplung der persönlichen von der betrieblichen Arbeitszeit und damit dem Lohngefüge von festen Vorgaben, wie Stückzahl/Akkortlohn erfolgte. Wir hatten und haben nur die bundesländerspezifischen Lohngruppen im Einsatz. Die flexible Arbeitszeit gestattet es uns flexibel auf den Kundenwunsch -Menge- zu reagieren, indem Arbeitsplätze länger oder kürzer besetzt bleiben oder Arbeiten in anderen Abteilungen vorgezogen werden.

Wir haben gerade die Produktion so gestaltet, daß wir kostenoptimal dort automatisiert haben wo es Sinn machte und sowohl die Stückzahlen als auch das Produkt es zuließen. Entsprechend haben wir in der Produktion heute bereits flache Strukturen und Gruppen- bzw. Fertigungsnester im Einsatz.

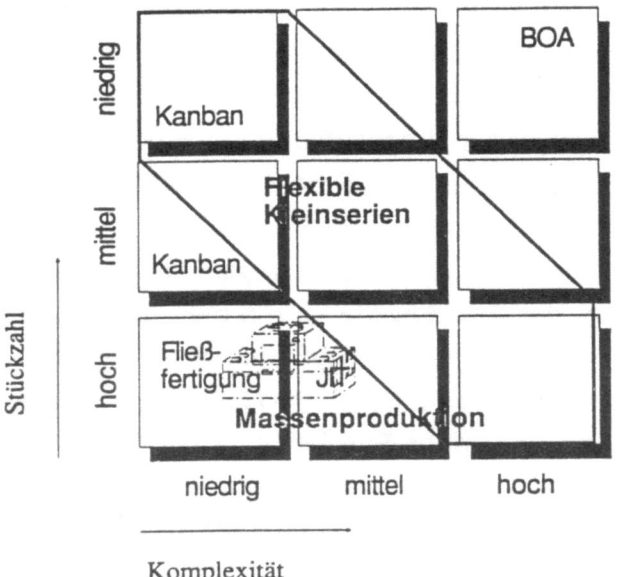

Bild 5 :   Produktions-Portfolio

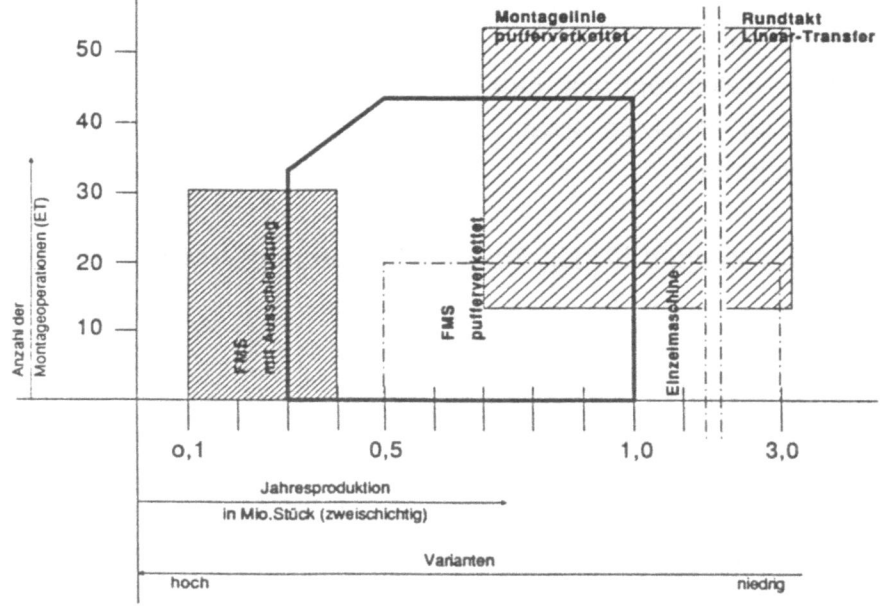

Bild 6 :   Systemkonzepte

Wir sind aber dennoch nicht so vermessen zu sagen, daß wir gerade in Hinsicht auf die MIT-Studie unser Gesamtziel erreicht haben. So stellen wir uns die Maxime, um lean oder besser noch schlanker zu werden, müssen wir die japanischen Produktionsmethoden nicht einfach kopieren sondern, wir müssen lernen die Systemzusammenhänge zu verstehen, lernen mit diesen umzugehen und mit den uns zu Verfügung stehenden Mitteln umzusetzen oder uns diese beschaffen. Dann wird auch Just in time, Kanban, Kaizen und Qualität >Null-Fehler-Produktion< bei uns noch mehr Erfolg bringen.

4. Problem erkannt ?

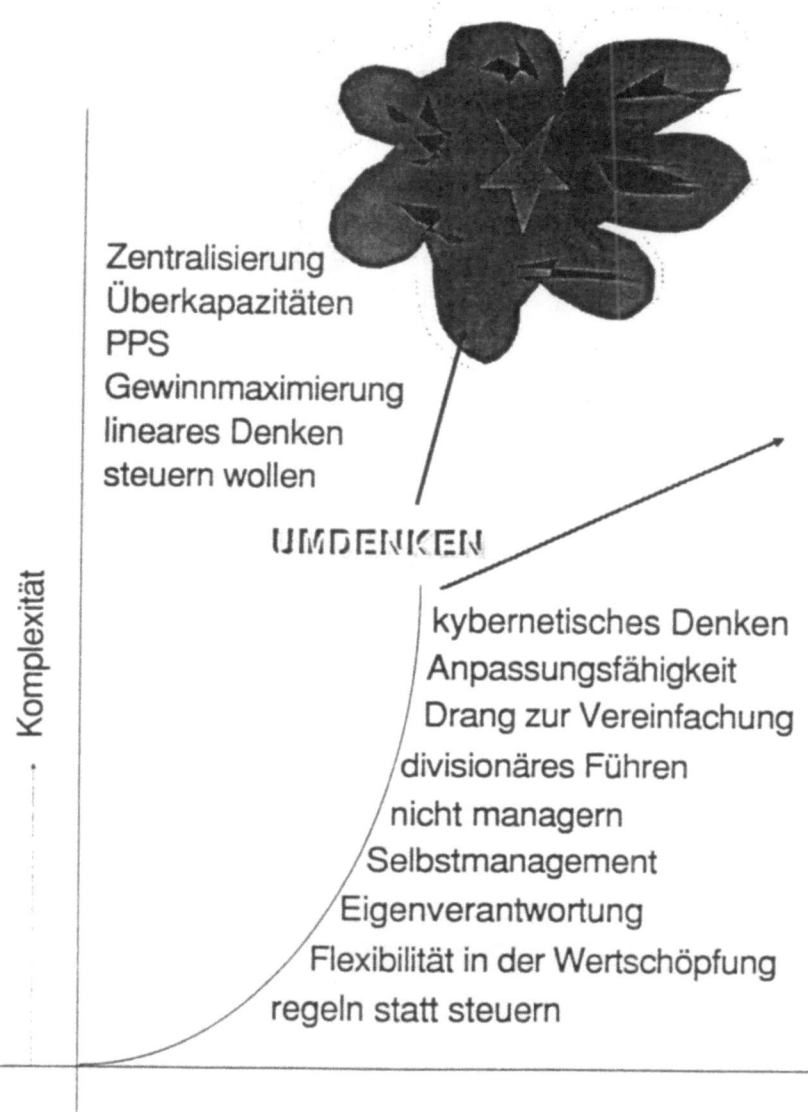

Bild 7 :   Komplexität durch Sortimentserweiterung

Weil die Abläufe in der Produktion immer komplexer geworden sind, und die Logistik eine integrierende Funktion besitzt, wurde versucht durch geeignete Maßnahmen wie Zentralisierung, kurzfristige Gewinnmaximierung und PPS die Komplexität durch >Steuern< wollen zu beherrschen. Da aber die große anfallende Informationsflut und Steuerungselemente nicht mehr handhabbar sind, mußten DV-gestützter Systeme und große Orgnisationen mit Hierarchien her. Hier muß ein > Umdenken < einsetzen, wir müssen versuchen durch Vereinfachung der Vorgänge die Handlungsmaxine wieder zurückzugewinnen und die Flexiblilität dorthin an die Basis zu verlegen, wo Wertschöpfung entsteht.

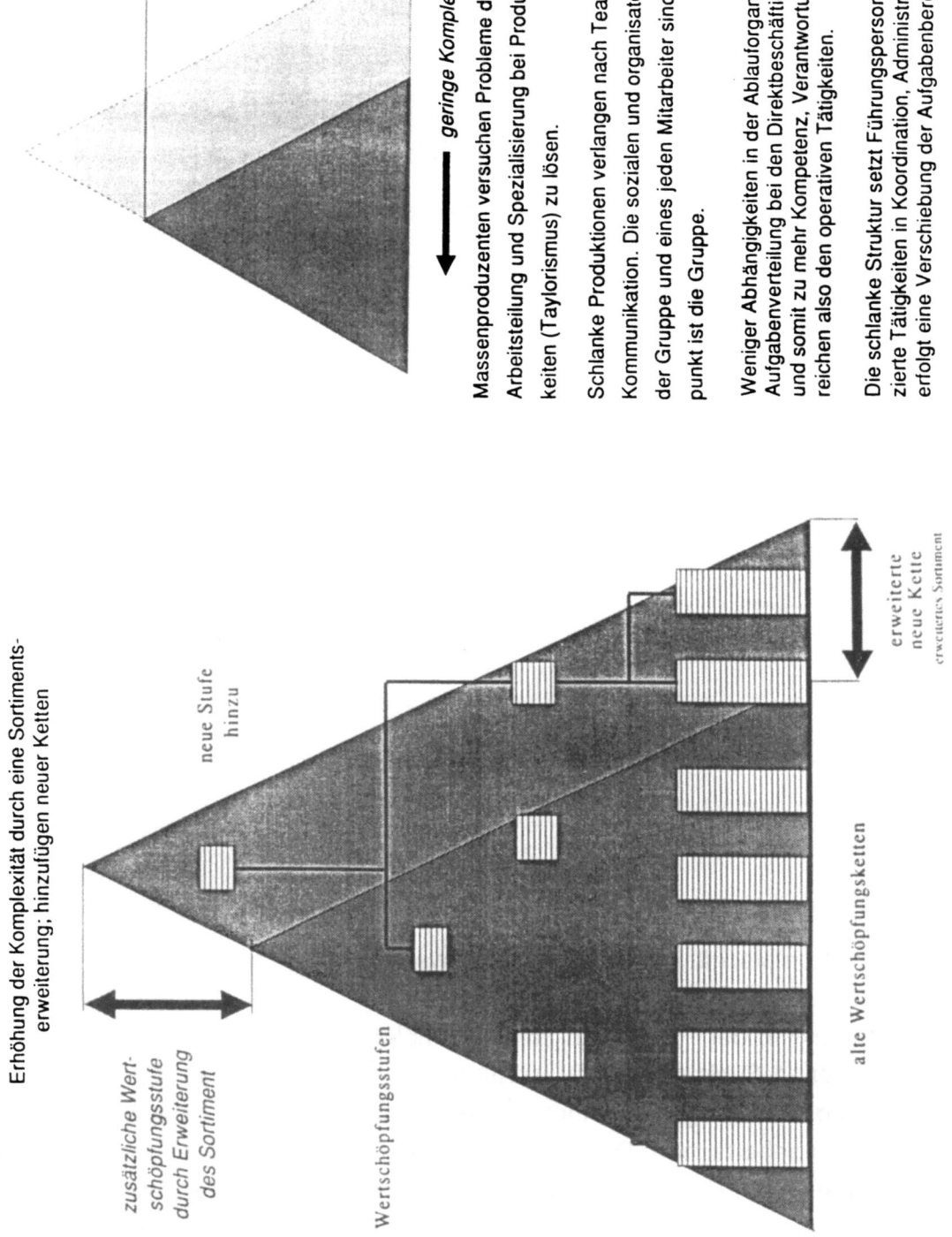

Bild 8 : Gefahren steigender Komplexität

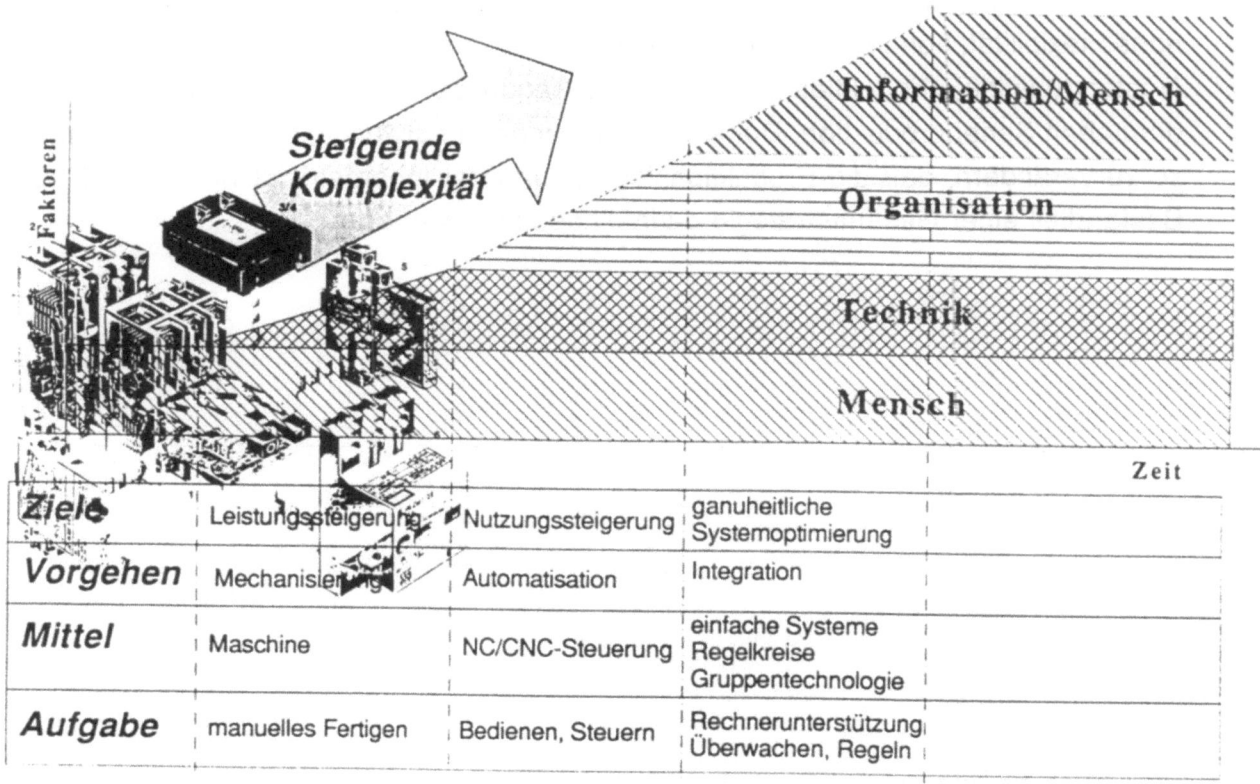

Bild 9 :   Komplexität der Produktionsysteme

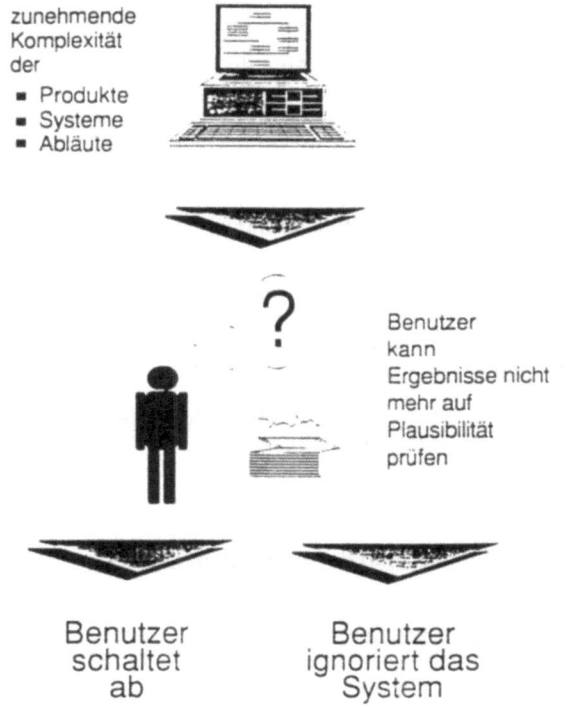

Bild 10 :   Komplexität der Systeme

Die traditionellen Zielkonflikte im Spannungsfeld der Produktion wie niedrige Bestände, hohe Flexibilität, hohe Auslastung, hohe Kapazitätsauslegung, kurze DLZ, wirtschaftliche (kostengünstige) Produktion stehen voll im Gegensatz zu einer variantenreichen, kundennahen Serienproduktion. Damit wird es zwingend notwendig den Produktionsprozeß so zu verändern, daß die Produktionslogistik und der innerbetriebliche Materialfluß als Bestandteil einer Gesamtstrategie darin eingebettet werden.

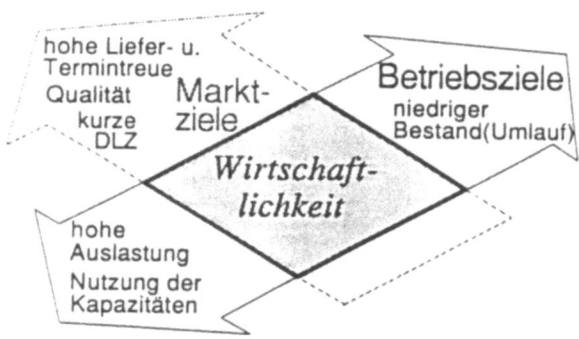

stehen voll im Gegensatz zu einer variantenreichen kundennahen Serienproduktion, deshalb

- reduziere Ausschuß wo er entstehet
- fertige nur was bereits verkauft ist
- lasse das Material fließen (Fließprinzip)
- schaffe produktionssynchrone Abläufe

die Folgen hieraus sind

— Termine sind nur in der Endmontage notwendig (termingenaue Produktion)

— detaillierte Planung und Terminierung wird überflüssig (wegen selbstregelnde Kreise)

— Engpässe werden vom Personal erkannt und behoben

— schaffe den selbsterklärenden Betrieb durch immer wiederkehrende durchgängige Info-Systeme

— minimiere den Bestand in den Durchlauflägern (Bestandregulierung durch Regelkreise)

— Steuerung von Aufträgen, Bestände und Transport sind nicht notwendig (PPS)

— gleichmäßige Auslastung der Produktion durch die Regelkreise

— Flexibilität im gesamten betrieblichen Ablauf

Bild 11 :   Zielkonflikte

- Entflechtung der Produktionsbeziehungen (klare Strukturen und Abhängigkeiten/Schnittstellen)
- feststehende Regelkreis sind der Wertschöpfung und dem Materialfluß angepaßt
- Flexibilität in der gesamten Wertschöpfungskette der Produktion
  - flexible Arbeitszeit bringt Anpassungsfähigkeit
  - Monatslohn auf Jahresstundenbasis
  - selbstständige Mitarbeiter heranbilden
  - Q-Sicherung -CAQ- und Selbstkontrolle durch SPC
  - Produktivitätssteigerung durch ständige Verbesserungen betreiben -KAIZEN- CIP/KVP Strategie der kleinen Schritte
  - Formen der Zusammenarbeit im TEAM, Gruppenarbeit suchen
  - Betrieb zum anfassen (selbsterklärende Strukturen) aufbauen
  - unternehmerisches Denken bei den Mitarbeitern fördern
  - Fähigkeiten der breiten Anwendung im gesamten Betrieb schaffen
- abgestimmte Arbeitsinhalte, Montagezyklen und einheitliche Montageoperationen lassen das Material fließen
- Arbeitsinseln, Arbeitsfelder, Fertigungsnester und Gruppenarbeit mit hoher Autonomie
- Vorausetzungen für manuelle und automatische Produktion muß gegeben sein (Produkt/Technologie)
- mehrstufige Linienfertigung durch verkettete Linien mit abgestimmten Produktionspuffern zu Regelkreise zusammenfassen (hoher Automatisierungsgrad)
- Fließfertigung durch U-förmige Anordnung der EAP's, MAP's und Anlagen erstellen (kurze Wege, Autonomie)

Bild 12 : Voraussetzungen

	traditionelle	*Arbeitsteilung*	flexible	
▭	so weitgehend wie möglich (Taylorismus)		so weit wie möglich	▭
▭	einfache Arbeiten für gringe Lohngruppen		qualifizierte Mitarbeiter (selbstständige, mitdenkende)	▭
▭	geringe Arbeitsinhalte		umfassender Arbeitsinhalt	▭
▭	viele Schnittstellen		wenige Schnittstellen	▭
		Auftragsausführung		
▭	losweisee		bedarfgerechte Losgröße	▭
▭	hintereinander		überlappend	▭
▭	Bringschuld/Holschuld/Kanban		Holschuld/ablauforientiert JIT/Kanban	▭
▭	nachgeschaltete zentrale Fertigungskontrolle		fertigungsintegrierte Q-Sicherung Qualität vor Ort erzeugen	▭
		Auftragszeit		
▭	min. je Arbeitsgang		min. je Auftrag/Los	▭
▭	maximale Ausbringung		maximale Nutzung je Zeitperiode	▭
▭	hohe Rüstzeiten		kurze Rüstzeiten	▭

Bild 13 : Fertigungsphilosophie

Aus der Betrachtung der zuvor genannten Voraussetzungen läßt sich eine Fertigungsphilosophie entwickeln, weg von der traditionellen hin zur flexiblen, mageren >lean<. Die Logistik einer flexiblen (kundennahe) Fertigungsphilosophie hat die Aufgabe, die Bereiche der Produktion,

o   die Arbeitsteilung
o   der Auftragsausführung   und
o   der Auftragszeit

sinnvoll und effektiv miteinander zu verbinden. Dies gilt besonders für die Neustrukturierung in der Produktion in Form der Gruppe (Gruppenarbeit, Fertigungsinsel, -nester), da hier gänzlich andere Aufgabenverteilungen vorliegen als in einer traditionell aufgebauten Produktionsabteilung. Die Gruppe übernimmt nun Teilaufgaben wie Organisation, Operationen und Kommunikation und somit den Kern der Auftragseinplanung, Auftragsdurchführung und Fehlerbehandlung. Desweiteren stellt sie sicher, daß in Form der Selbstregelung und Eigenverantwortung die Schnittstellen synchronisiert sind und der Bedarf abgeglichen wird. Gruppen sind somit von einem übergeordneten PPS (wenn es vorher existierte) losgelöst, weil der interne Arbeitsfortschritt entkoppelt wurde. Demnach können viele DV-gestützte Organisationssysteme nicht mehr durchgreifen, bzw. Daten austauschen. Solche System sind wertlos geworden. Zudem wollten all diese Systeme

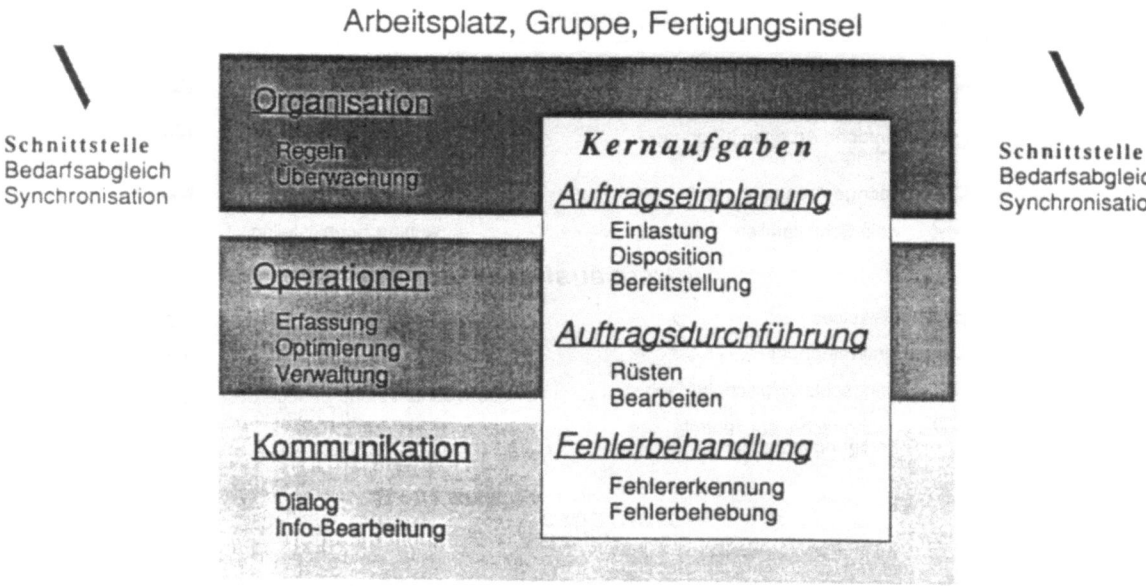

Bild 14 :   Anpassungsphasen zur Neustruktuierung

komplexe Prozesse steuern statt zu regeln und benötigten hierzu ständigen Abgleich. BDE, MDE und andere DV-Systeme funktionieren nur durch die Tastatureingabe der Menschen die diese bedienen, die Daten sind nur sogut wie die Eingaben (Rückmeldungen).Im Mittelpunkt stehen nun DV-Papiere, Laufscheine, Materialscheine, Arbeitsfortschritts- und Kapazitätsan gleiche, ein Haufen von Computerpapier, die die Arbeit des Menschen vorort diktieren. Aber gerade diese komplexen Abläufe kann der Mensch wesentlich besser ausführen und ist nicht auf Programmabläufe angewiesen, die meist nicht den betrieblichen Ablauf funktionsgerecht wiederspiegelten.

Die notwendigen umfassende Veränderungen in der Produktion zu einfachen **Strukturen (lean)** lassen sich nicht von heute auf morgen über das Knie brechen, dazu Bedarf es einer Anpassungszeit. Alle im Produktionsablauf einbezogenen Mitarbeiter müssen von der neuen Philosophie überzeugt sein und danach auch handeln dürfen. Alte Organisationsformen lassen sich auf dem Papier schnell ändern, Abläufe und Menschen erforden Zeit. Alte Zöpfe und personifizierte Abläufe lassen sich nur mit Schmerz neustrukturieren, auch dies sollte man mit einbeziehen. Machbare Ziele, kleine Schritte die große Veränderungen bringen, schnell kurzfristige Erfolge aufzeigen sind sinnvoll. Damit andere effektiver mitziehen können, ist es von Vorteil über eine kurzfristige, mittelfristige bis langfristige Anpassung Ziele zu definieren, die man auch erreichen kann.

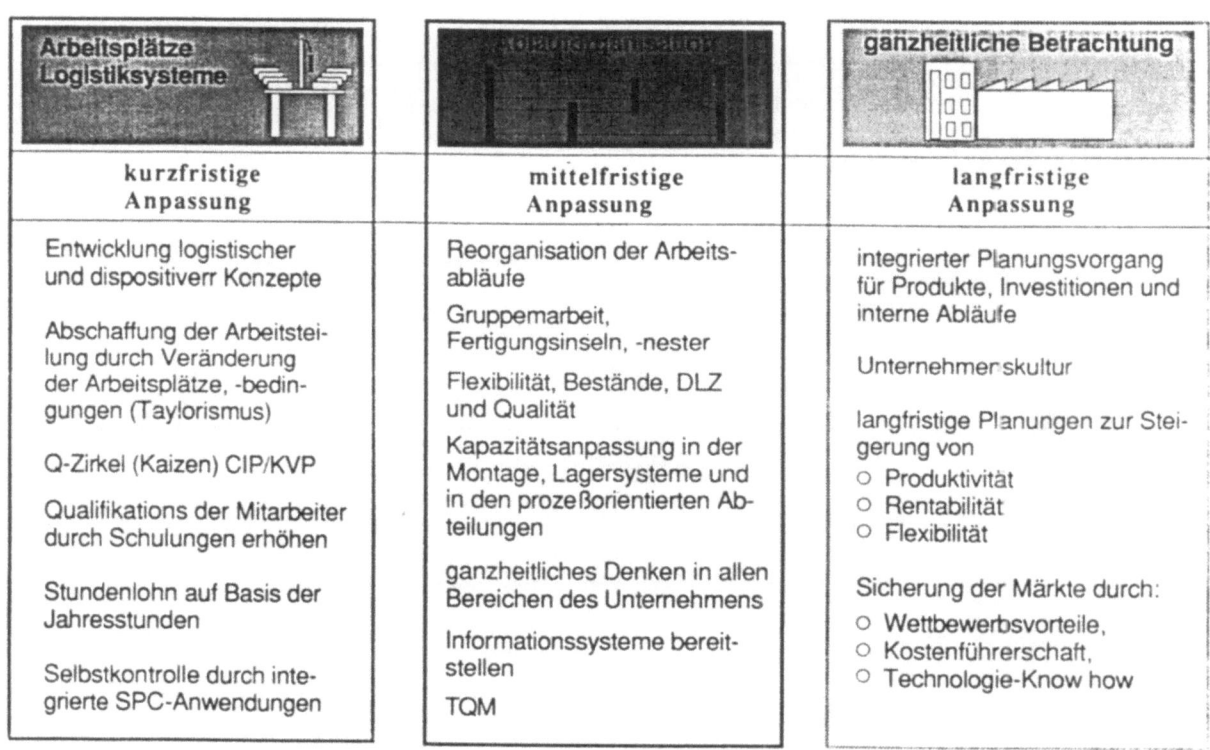

Bild 15 :   Logistikprozesse

Die kundennahe Produktion erfordert ein Umdenken, eine Umstruktuierung in der Produktion. Wir benötigen ein Logistiksystem, das genauso flexibel und effektiv arbeiten kann, wie es von dem Produktionssystem verlangt wird. Die Hardware für die physische Funktionen wie:

o Transportieren
o Lagern
o Puffern
o Umschlagen
o Sammeln
o Verteilen
o Kommissionieren

sind heute ausgereift und stehen jedem käuflich zu Verfügung. Wir müssen nur darauf aufpassen, daß diese über die gesamte Produktion einheitlich und handhabbar sind. Ihr Einsatz muß wirtschaftlich sein und sich den Gegebenheiten vor Ort einpassen können. Ebenso müssen diese den Führungsfunktionen der Strategie folgen können. Sie müssen alle wichtigen Informationen für die Gruppe bereitstellen können. Somit kann eine einfache und eigenständige
   o Planung o Organisation o Regeln/Steuern o Kontrollieren

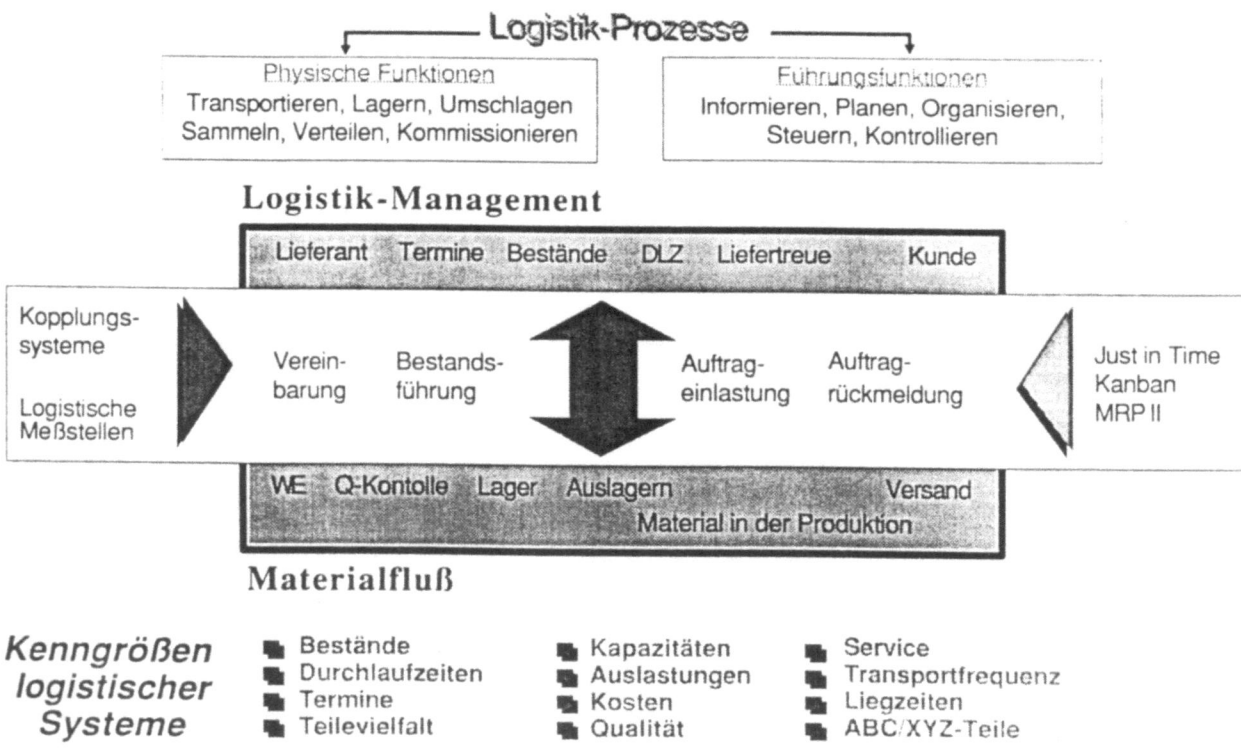

Bild 16 :   Aufgaben in der Produktionslogistik

durch die Gruppe erfolgen. Logistiksysteme müssen weiterhin die zukunftsorientierten Aufgaben wie

o   Montage- und produktionssynchrone Beschaffung
o   logistischen Kette (logistikorientiert)
o   Zielkonflikte in der Materialbereitstellung
o   geringe Bestände/kurze DLZ
o   Bestandsniveau zur Reaktionszeit (bedarfsgerecht)
o   Bestände und Wertschöpfung
o   JIT/Kanban-Steuerung bei KM (Holschuld)
o   Aufteilung der Produktion in eine kundenorientierte und prozeßorientierte Abschnitte

unterstützen, bzw. ausführen können.

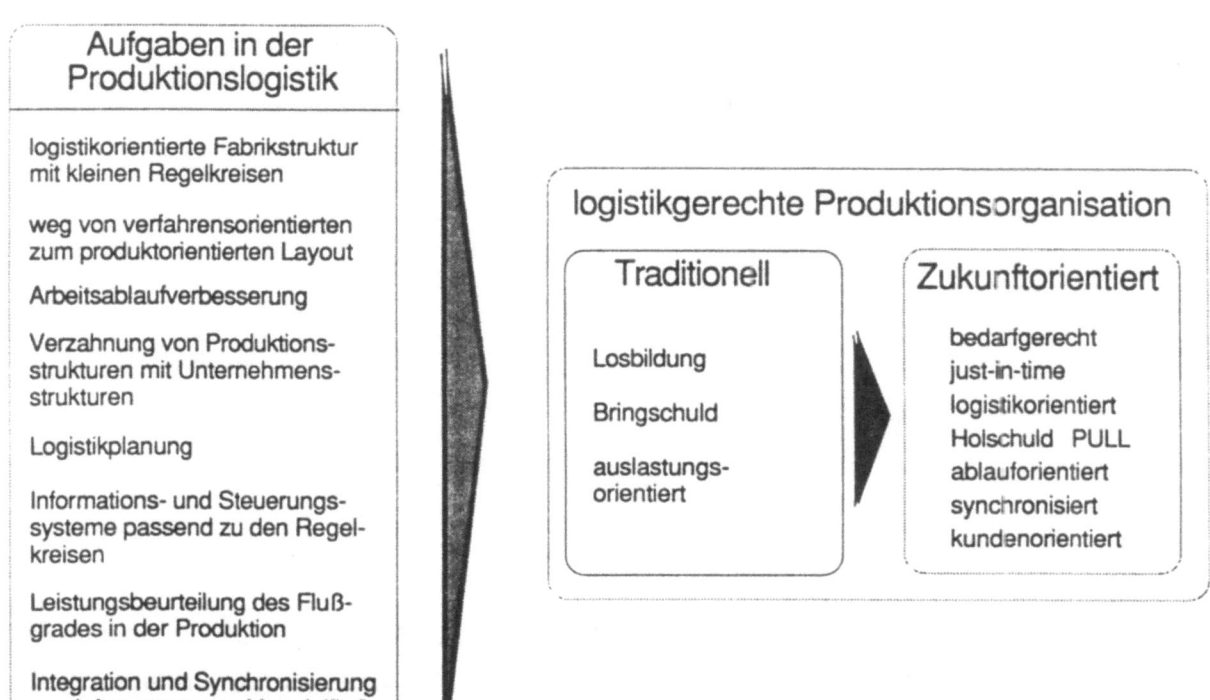

Bild 17 :   Logistikgerechte Produktorganisation

Entsprechend diesen Aufgaben wird bei Klöckner Moeller die Poduktionslogistik und der innere Materialfluß verstanden und geplant. Wie wir einfache Produktionsstrukturen auch einfache Logistikabläufe schaffen konnten und dennoch ausreichende Informationen zur Planung und Ausführung bereitstellten, soll nachfolgend kurz beschrieben werden.

Als Botschaft vorab:

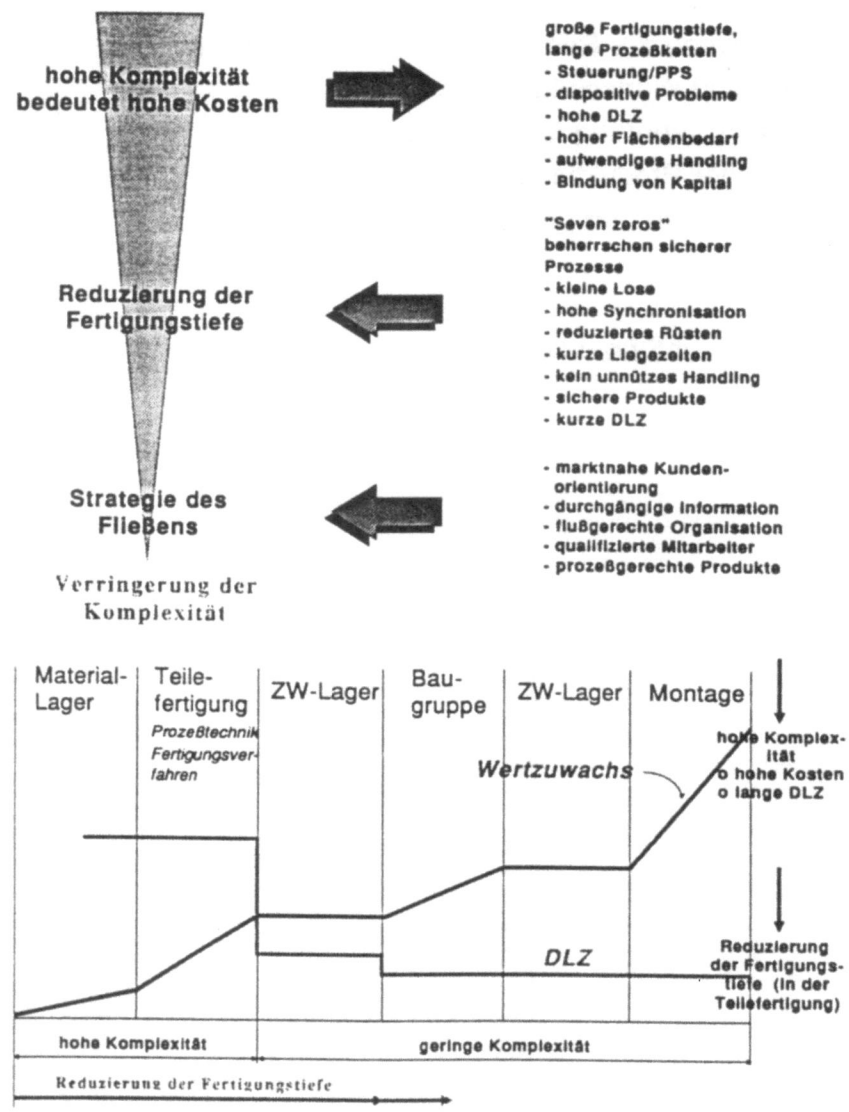

Bild 18 :   Keep it simple

Im nachfolgenden werden die wichtigsten Arbeitsinhalte für eine Neuordnung der Produktion und integrierten Logistik beschrieben. Es geht dabei um die Darstellung des Umdenkens, zur Bildung eines anderen Verständnisses in der Produktion. Wir wollen einen möglichen Weg aufzeigen zu einem papierlosen **"Regeln"** von Produktionsregelkreisen für autonome Gruppen, Fertigungsinseln und deren Abläufe, damit diese in Eigenverantwortung und Selbstständigkeit ein **"Selbststeuern"** erreichen können.

5. Planungsmittel zur Produktionslogistik

5.1 Verringerung der Fertigungstiefe -Make-or-Buy- (MoB)

Single- und Global Sourcing und Life-time Verträge sind heute keine Fremdwörter mehr, wenn es darum geht, mit dem Zulieferer Geschäfte abzuwickeln. Damit der Zulieferer mehr von solchen Beziehungen hat, sein Potential und Know how in die Waagschale werfen kann, bietet er Komplettsysteme an. Er will nicht mehr Lieferant für Teile oder die "Verlängerte Werkbank" sein. Das Ziel für Klöckner Moeller heißt, Kooperationen mit einem Zulieferer auf Basis von Produktivitäts- und Qualitätsaspekten aufzubauen, wie:

o   Null-Fehler-Anlieferung
o   produktionssynchrone Anlieferung
o   Fehlerbeseitigungskosten reduzieren
o   Produktkosten reduzieren
o   Entwicklungszeiten deutlich reduzieren
o   Produktinnovationen erhöhen

Hierzu gilt es die Einstiegsmöglichkeiten für eine Lieferantenbeziehung festzulegen, die wie folgt lauten kann:

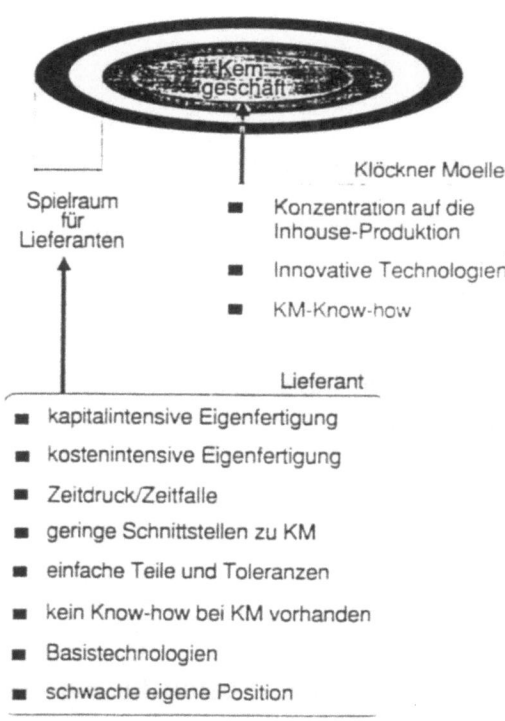

Bild 19 :   Einstiegsmöglichkeiten

Die **schlanke** Beschaffung geht davon aus, wie Montagewerk und Zulieferer unabhängig von rechtlichen und formalen Beziehungen reibungslos zusammenarbeiten können so, daß durch eine weitestmögliche Nutzung von Synergieeffekten die Qualität maximiert und die Kosten reduziert werden. Zulieferer der ersten Stufe sind durch ihre Leistungsfähigkeit bekannt und als integrierter Bestandteil des Produktentwicklungsteams in die Entwicklung einbezogen. Mit dem Zulieferer wird ein enger Informationsaustausch notwendig, da er ohne Detailinformationen auch über den Rest des Produktes keine Möglichkeiten zur Optimierung seiner Teile hat. Grundverträge und langjährige Verpflichtungen zur Zusammenarbeit garantieren, daß sensible Informationen aus Wettbewerbsgründen nicht nach außen dringen.

Mit Make or Buy, der Reduzierung der Fertigungstiefe, können Unsicherheiten in Termin, Menge und Bestände abgebaut werden. Eine große Fertigungstiefe, eine Typen- und Teilevielfalt erfordern einen großen Handlungsbedarf in der Produktionslogistik. Die Komplexität in der Fertigung steigt durch die große Fertigungstiefe und den damit verbundenen langen Prozeßketten und geht häufig zu Lasten der Produktivität. Dies erfordert aufwendige

o Prognosen
o aufwendige DV-Systeme PPS
o techn. dispositive Probleme bei Änderungen
o hohen Flächenbedarf
o lange DLZ
o aufwendiges Materialhandling

Zur Bestimmung der Fertigungstiefe und dem MoB sind ausführliche Analysen durchzuführen wie:

o Konzentration auf das Kerngeschäft
o Technologieportfolio
o Strategisches Verhalten im technologischer MoB-Fall
o Intensitätsgrad von Schlüsseltechnologien
o "Make or Buy" und "Keep or Sell"
o Komplexitätsgrad/Kerngeschäft
o logistische Ketten
o Wertschöpfungsketten

und viele mehr. Bezogen auf die Logistik, müssen alle Kosten für die beanspruchten Leistungen, auch die der indirekten vorliegen, um entsprechend den Marktanforderungen -Kundennutzen- Optimierungen vornehmen zu können.

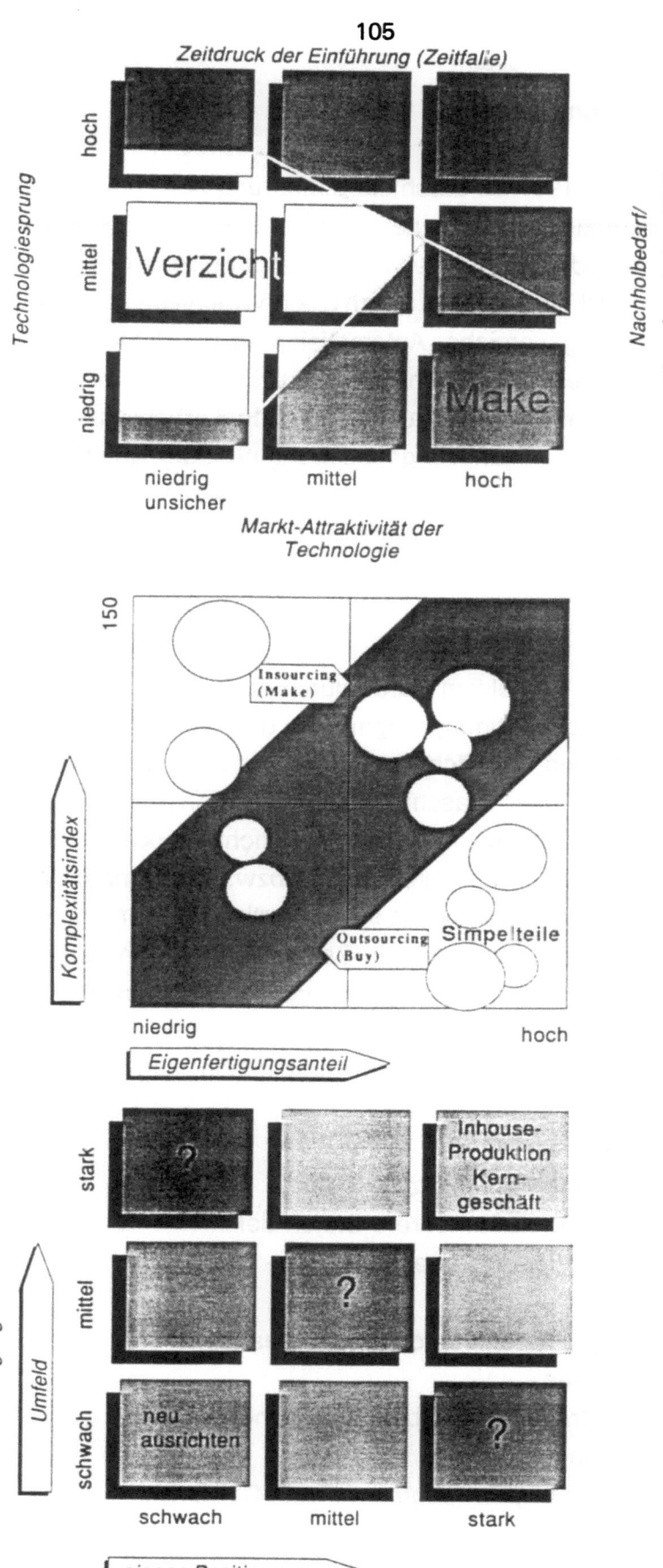

Bild 20 : MoB-Entscheidungsanalysen (Beispiele)

5.2 Fertigungssegmentierung

Ein wichtiger Schritt wurde 1987-88 durch die Einführung der Fertigungssegmentierung getan. Fertigungssegmentierung bedeutet, Entflechtung der Kapazitäten durch die ganzheitliche Betrachtung der logistischen Kette und der Gliederung in organisatorische Einheiten nach Produkt und Technologie. Durch diese Vereinfachung, Zusammenfassung produktbezogener Fertigungsbereiche, Automatisierung und Integration des gesamten Fertigungs- und Ablaufprozesses, entsteht ein Produktionsumfeld mit hoher Transparenz und Übersichtlichkeit. Die gesamte Umstruktuierung bringt erhebliche Kostenvorteile. Wir sind der Meinung, daß eine Fertigungssegmentierung nur dann abgeschlossen ist, wenn vorhandene Strukturen ganzheitlich abgeschlossen sind, wenn neben dem Fertigungsbereich auch die Bereiche der Verwaltung -Administration- in diesen Strukturwandel mit erfaßt wurden, da hier eine wesentliche Verringerung der Kommunikationsprobleme erreicht werden kann.

Die Umstruktuierung in der Produktion wurde durch Aufgabe der verfahrensorientierten Arbeiten durch Schaffung von Fertigungssegmenten durchgeführt. Diese Art der Produktion kommt der Fließfertigung am nächsten, die wir durch das Fließband kannten. Die einzelnen Montagegruppen oder Maschinen mit Verfahrenstechnologien (Schweißen, Bimetallwickeln, Spulenwickeln, usw.) wurden in Flußrichtung oder im U-Profil aufgebaut und durch sinnvolle Materialflußelemente ergänzt, bzw. miteinander verknüpft (umfaßt mehrere Stufen der Leistungsprozesse). In einem Fertigungssegment werden somit art- und technologiegleiche Baugruppen oder ein Gerät mit all seinen Varianten erstellt. Die Mitarbeiter sind voll in das Segment integriert und übernehmen alle anfallenden Aufgaben (Gruppentechnologie). Eine segmentierte Produktion ist auf die Marktsituation (Kunden) und Marktvorhaben (Produkt-Markt-Kombination) abgestimmt. Dabei müssen Berücksichtigung finden:

1. Produktion orientiert sich auf den Markt
2. Produktion ist auf Unternehmensziele fixiert
3. Produktionssegment umfaßt mehrere Stufen der Leistungsherstellung (ideal die gesamte Wertschöpfungskette)
4. Produktionssegment ist hoch autonom und besitzt minimale Schnittstellen
5. objektbezogene Betrachtung ergibt einen geringeren Koordinationsaufwand
6. Kostenverantwortung liegt im Segment (Profit-Center)
7. Lerneffekte werden durch Wiederholungen im Segment erreicht (Lernkurve/Kostensenkung)
8. Reduktion der Logistikstufen innerhalb des Segmentes

Vorteile:

o Bedarfs- oder montagegerechte Losgrößen reduzieren den Lagerbestand, erhalten aber die schnelle Reaktionsmöglichkeit bei Bedarfsschwankungen
o Lagerbestandsreduzierung in Höhe von 40-60%, d.h. Reduzierung des Umlaufvermögens
o Reduzierung der Durchlaufzeit führt zur Senkung der Lieferzeiten und Erhöhung der Wettbewerbsfähigkeit
o Verkürzung der Durchlaufzeit durch Reduzierung der Haupt- und Rüstzeiten, somit der Liegezeit und dem Lagerbestand
o Optimierung der Ablauf- und Bereitstellungsorganisation
o Verringerung der Fertigungsfläche 20-30%
o Reduzierung der Fertigungskosten 15-20%

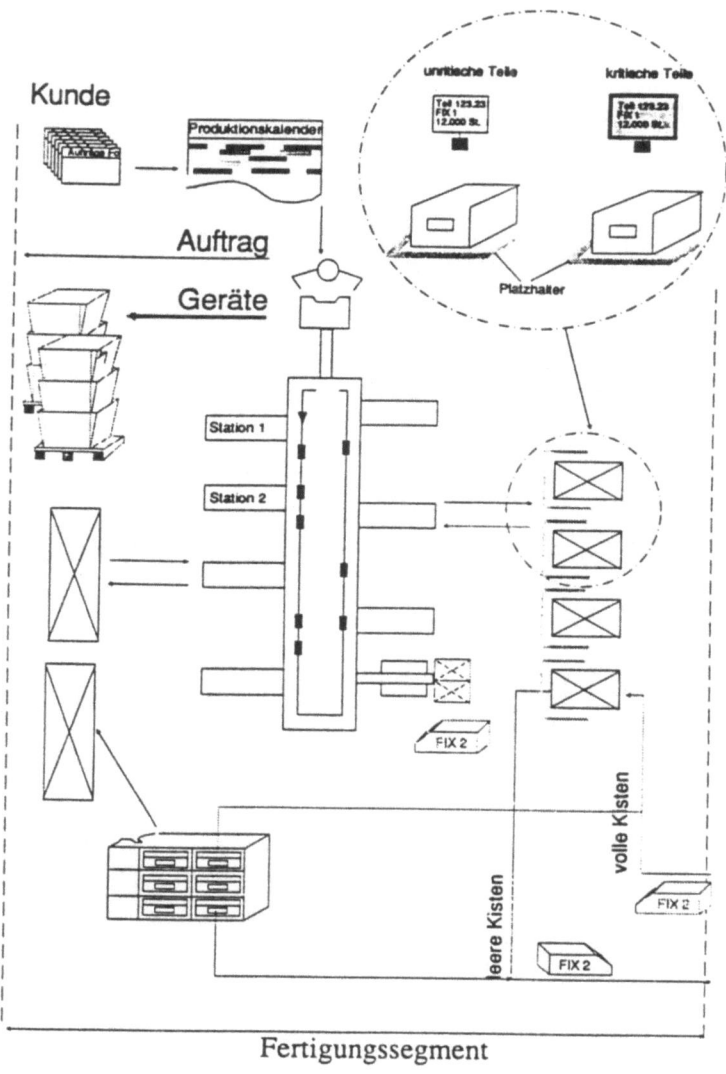

Bild 21 : Fertigungssegment

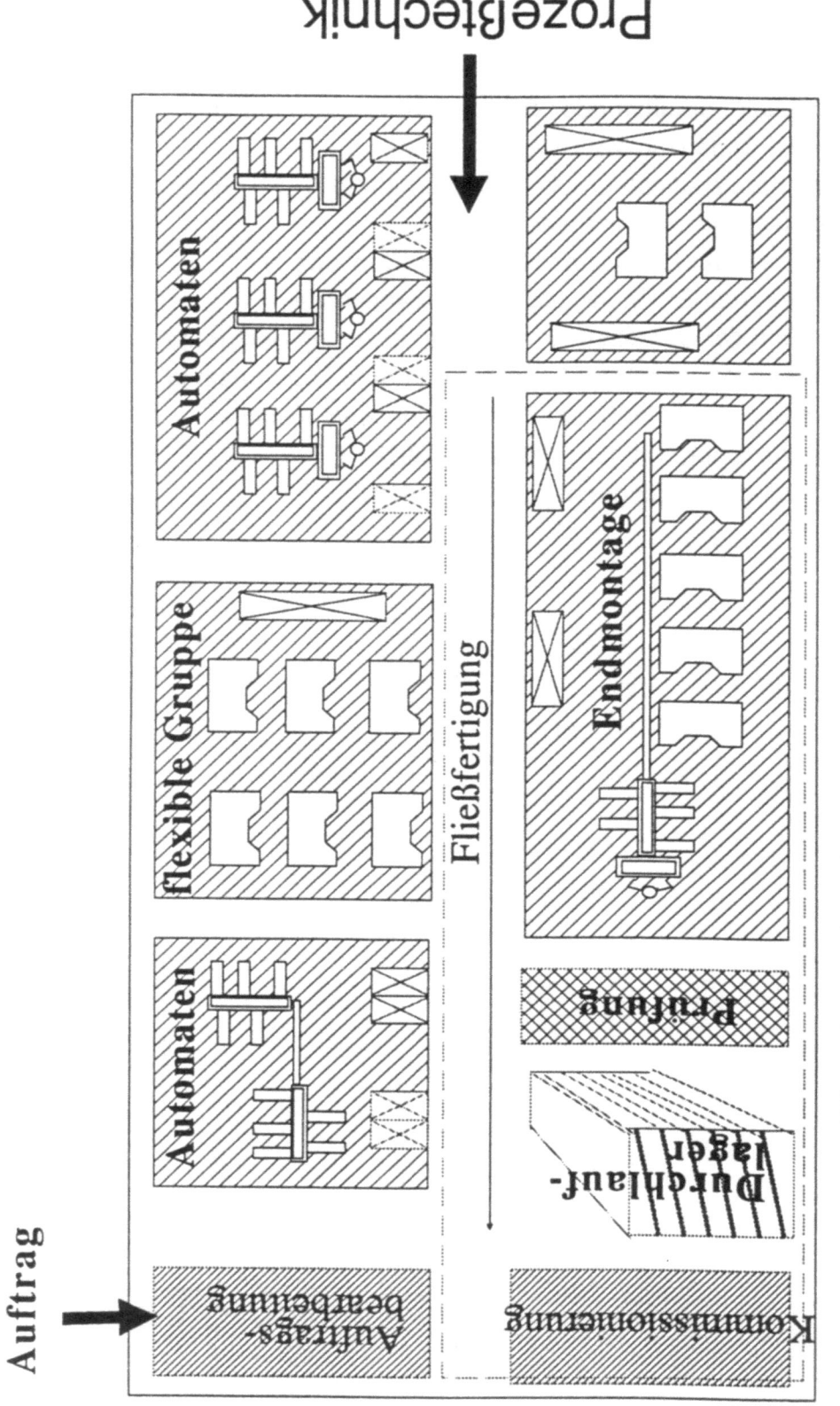

Bild 22 : Lay out-Entwurf

5.3 Produktionssynchrone Verknüpfung

Bei unserer produktbezogenen(Objekt)/prozeßorientierten Massenfertigung werden unterschiedliche Bearbeitungen an nur einem Produkt, Typen oder Varianten durchgeführt. Entsprechend dem Arbeitsfortschritt des Produktes sind im Segment die einzelnen Fertigungsgruppen bzw. -nester angeordnet und ihre Leistung so aufeinander abgestimmt, daß eine montage- u. produktionssynchrone Verknüpfung entsteht. Dabei ist zu beachten, daß alle Elemente mit einbezogen werden, d.h. eine ganzheitliche Planung erfolgt. Die Vorteile sind:

o   die Komplettbearbeitung eines Produktes auf einer Anlage
o   geringer Steuerungsaufwand, da Abläufe automatisch, hintereinander durchgeführt werden
o   geringe Transportwege
o   geringer Umlaufbestand, wegen der direkten Weiterverarbeitung bis zur Baugruppe oder Endprodukt
o   Rückmeldungen bei Qualitätsproblemen sind eindeutig zuordnenbar
o   direkte Identifikation der Mitarbeiter mit dem Produkt

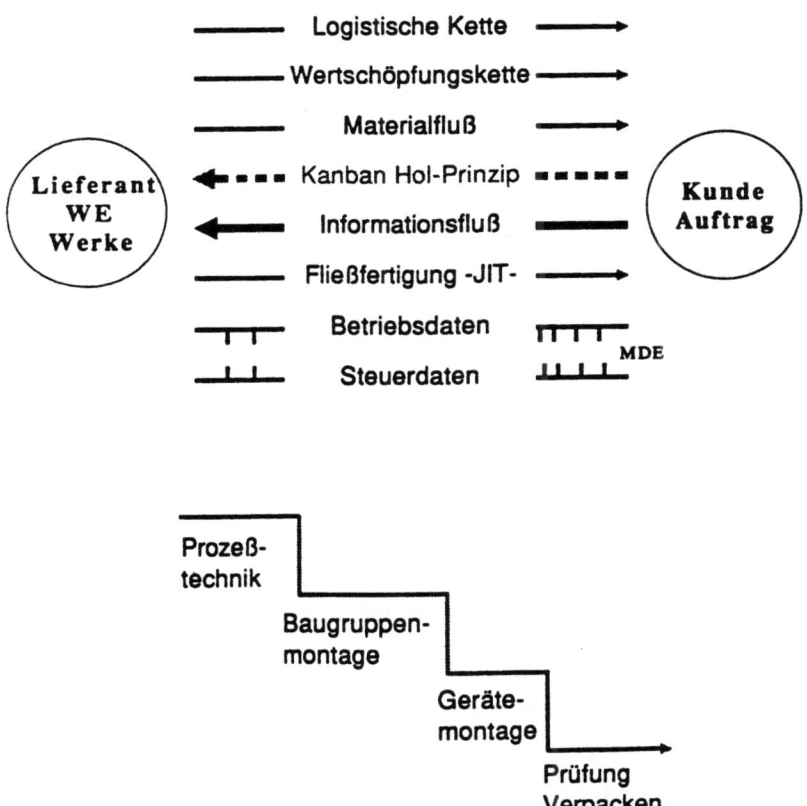

Bild 23 :   Produktionssynchrone Verknüpfung

Die Vorteile einer produktionssynchronen Beschaffung zwischen Lieferanten und Kunde (auch eine untergeordnete Gruppe in der Produktion kann Lieferant als auch Kunde sein) liegen auf der Hand. Siehe nachfolgendes Bild.

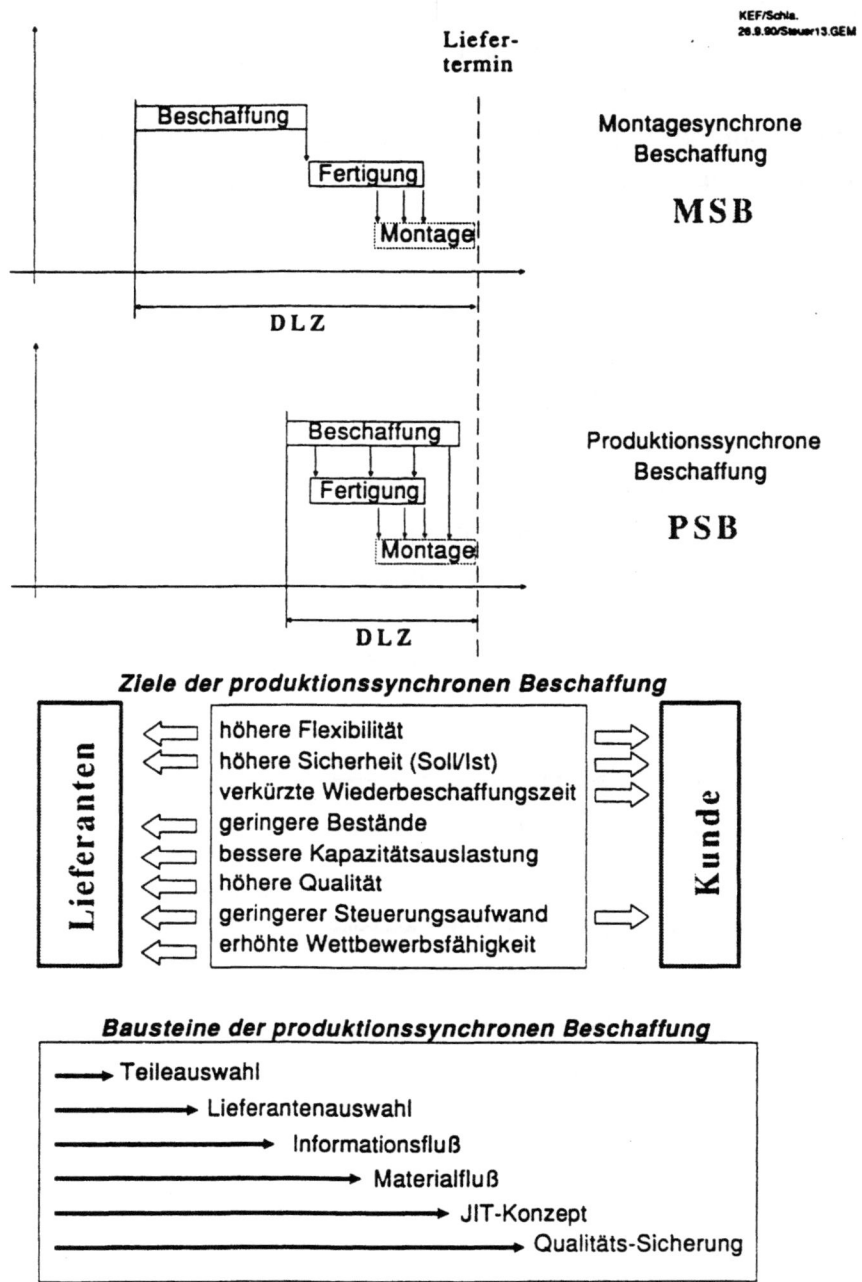

Bild 24 : Ziele der produktionssynchronen Beschaffung

Die produktionssynchrone Fertigung ist geprägt durch eine Fließfertigung (bei Autiomaten durch eine mehrstufige Linienfertigung) innerhalb der logistischen Kette, also von der Teileherstellung bis zur Auslieferung. Die interne JIT-Fertigung und flußoptimierte Produktionsabläufe ermöglichen aufeinander abgestimmte Produktionsstufen mit kostenoptimalen Mitteleinsatz.

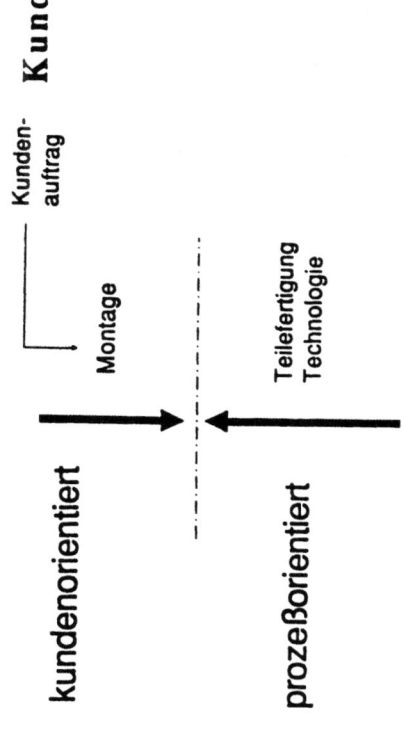

Die Ablauforganisation muß auf den Kunden ausgerichtet sein. Auf unsere Produktion zugeschnitten heißt dies, das wir diese in zwei Abschnitte einzuteilen haben:

a) Montage
b) Teileherstellung und Technologie

Unsere Montage ist auf den Kundenauftrag abgestimmt, der schnell und kostenoptimal diese durchläuft. Wir müssen hier flexibel sein. Die Baugruppenfertigung, die Teileherstellung und unsere Technologiefertigung ist auf hohe Auslastung und Kapazität abgestimmt. Im Fertigungsverbund werden mit den Schwesterwerken die Produktionsmittel optimal genutzt und die Kostenreduzierungen weitergegeben. Produktionsmittel mit kurzlebigen Technologien können somit stärker genutzt werden und dementsprechend besitzen diese eine kürzere Wiederbeschaffungszeit. KM kann somit auf eine höhere Technologiestufe einsteigen, die produktiver und kostengünstiger ist. Das Technologie-Know-how braucht auch nur an dem notwendigen Standort aufgebaut werden, so daß der Ressourceneinsatz optimiert wird.

Bild 25 : Kundenorientierung

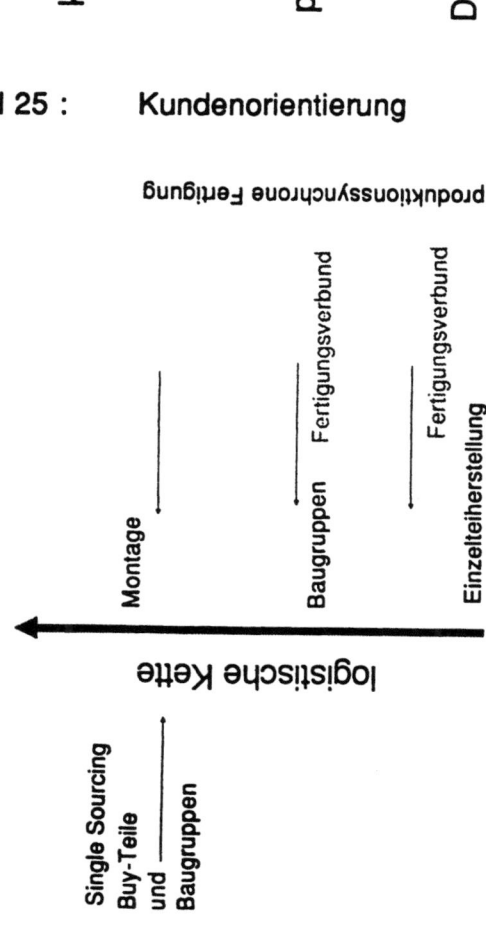

Die produktionssynchrone Fertigung ist geprägt durch eine Fließfertigung innerhalb der logistischen Kette, also von der Teileherstellung bis zur Auslieferung an den Kunden.

Die interne JIT-Fertigung und flußoptimierte Produktionsabläufe, ermöglichen aufeinander abgestimmte Produktionsstufen mit kostenoptimalen Mitteleinsatz.

Abgestimmte Produktionsstufen mit den nachfolgenden Abteilungen -Kanban- ermöglichen eine papierlose Ablauforganisation (Logistik), schnelle ausreichende Materialbereitstellung zum richtigen Zeitpunkt, geringe Bestände und somit kurze Durchlaufzeiten.

Die Gruppenarbeit ermöglicht die Ausspielung der Verantwortungsbereiche (Proficenter), schafft kurze Informationswege und führt zu übergreifende Koordinationen.

Bild 26 : Produktionssynchrone Fertigung

Abgestimmte Produktionsstufen -Kanban- ermöglichen eine papierlose Ablauforganisation (Produktionslogistik), schnelle ausreichende Materialbereitstellungen zum richtigen Zeitpunkt, geringe Bestände und somit kurze DLZ.

Die Gruppenarbeit ermöglicht die Übernahme der Verantwortung und Bildung von Profitcenter, schafft kurze Informationswege und führt zu übergreifenden Koordinationen.

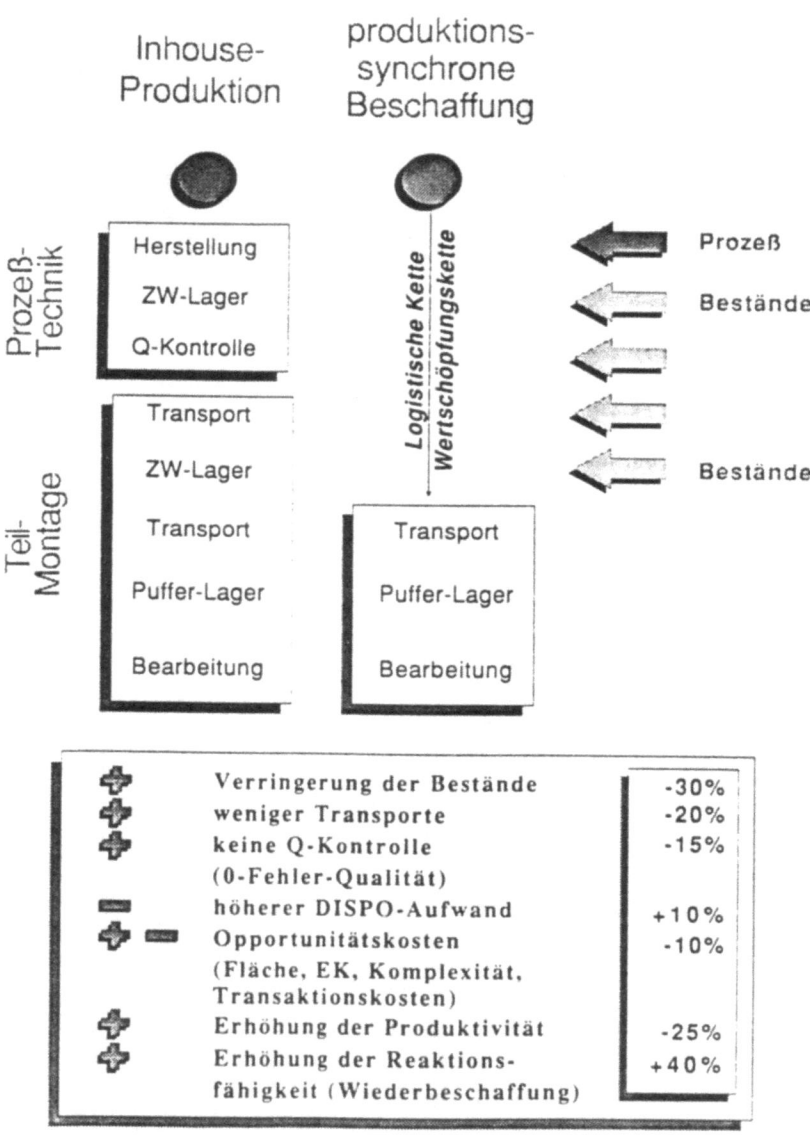

Bild 27 :   PsB-Materialfluß

5.4 Fließfertigung

Bei hoher Produktvariantenzahl und mittleren Serien besteht ein Problem darin, das Material bei wechselnder Produktion fließen zu lassen. Grundsätzliche Überlegungen, wie die Übertragung des Flußprinzips auf eine Losgrößenfertigung (Zusammenfassung von Losen) erfolgen soll, sind gefragt. Dabei kann nicht nur ein Glied der Wertschöpfungskette im Gesamtsystem geändert werden, um den Output der Produktion zu steigern, sondern es müssen alle Glieder der logistischen Kette in Betracht gezogen werden. Es muß eine ganzheitliche Integration der Produktion erreicht werden. Die Schaffung von Integration, d.h. die Durchgängigkeit von Material- und Informationsfluß analog der logistischen Kette, der Wertschöpfung führt zur schnelleren Auftragsbearbeitung und zu einem schnelleren Fließen des Materials. Gelingt es nun durch gezielte Rationalisierungsmaßnahmen die Rüst- und Liegezeiten zu reduzieren, so schlägt dies voll auf die Durchlaufzeit(DLZ) durch, aber auch auf eine bestandsreduzierte Lagerhaltung in der Produktion. Durch die Verkürzung der rüstbedingten Liegezeiten kann man die Produktion schneller und rentabler auf kleinere Losgrößen umstellen. Ein weiterer Schritt ist die Zulieferseite auf eine produktionssynchrone Beschaffung -Just in time- umzustellen, was ebenfalls Bestände und somit das Umlaufvermögen reduziert. Die Neuordnung der Produktionsstruktuierung auf eine Flußoptimierung erfolgte, um geringe Überkapazitäten, kurze Durchlaufzeiten und geringe Bestände zu erhalten. Die flußorientierte Produktion ist im Grunde eine angepaßte Weiterentwicklung bisheriger Organisationsformen wobei folgende Schritte zu erfüllen sind :

- o Bildung überschaubarer Produktionseinheiten
- o Schaffung logistischer Ketten vom Wareneingang bis zum Versand
- o Bildung von kleinen Arbeitsbereichen mit Eigenverantwortung
- o Sicherstellung von Zielvereinbarungen
    -Terminziele
    -Kostenziele
    -Qualität
- o Entkopplung der Arbeitszeit Mitarbeiter/Maschine
- o Anpassung der Belegschaft an die flexible Arbeitszeit
- o Identifikation mit der geleisteten Arbeit

5.5 Wertschöpfung

Ein wichtiger Punkt für die Kenngrößen im inneren Materialfluß zeigt der Verlauf der Bestände zur Wertschöpfung auf. Entsprechend den Regelkreisen in der Produktion -innerbetrieblicher Materialfluß- wird die Wertschöpfung ermittelt. Unser Ziel ist es, möglich spät erst in die hohe Wertschöpfung zu gehen. Damit halten wir uns die Bestandskosten gering.

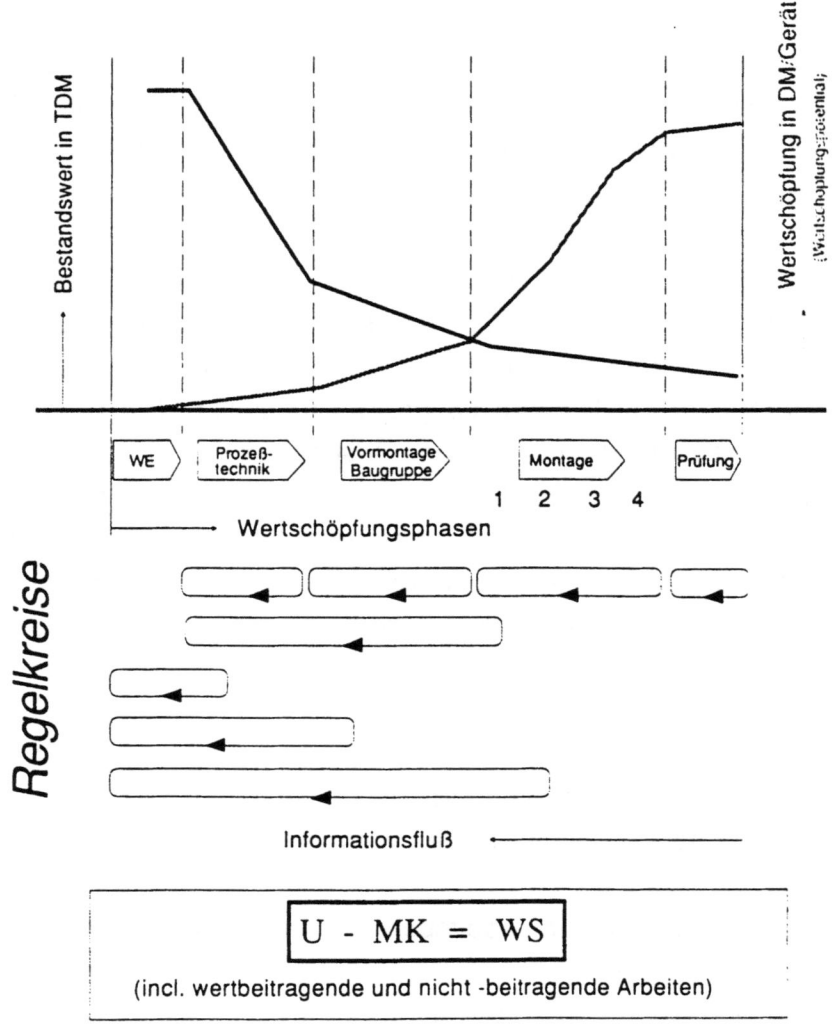

Bild 28 :   Wertschöpfung

Somit sind Bestände mit einer Range von 5 Tagen in der Prozeßtechnik (Teilefertigung) noch tragbar, weil der veredelte Wert noch relativ gering ist. Ab der Baugruppenfertigung gehen wir je nach Herstellungsart (Automat) und Varianten auf nur eine Stunde bzw. eine halbe Schicht. Ein weiterer wichtiger Punkt ist bei der logistischen Auslegung der, daß alle nicht wertschöpfenden Tätigkeiten (Verschwendung) zu vermeiden sind. Grauzonen möglich gering gehalten werden. Verschwendung sind demnach, Transportzeiten, Liegzeiten, Rüsten, Bereitstellungen, Lagern usw.

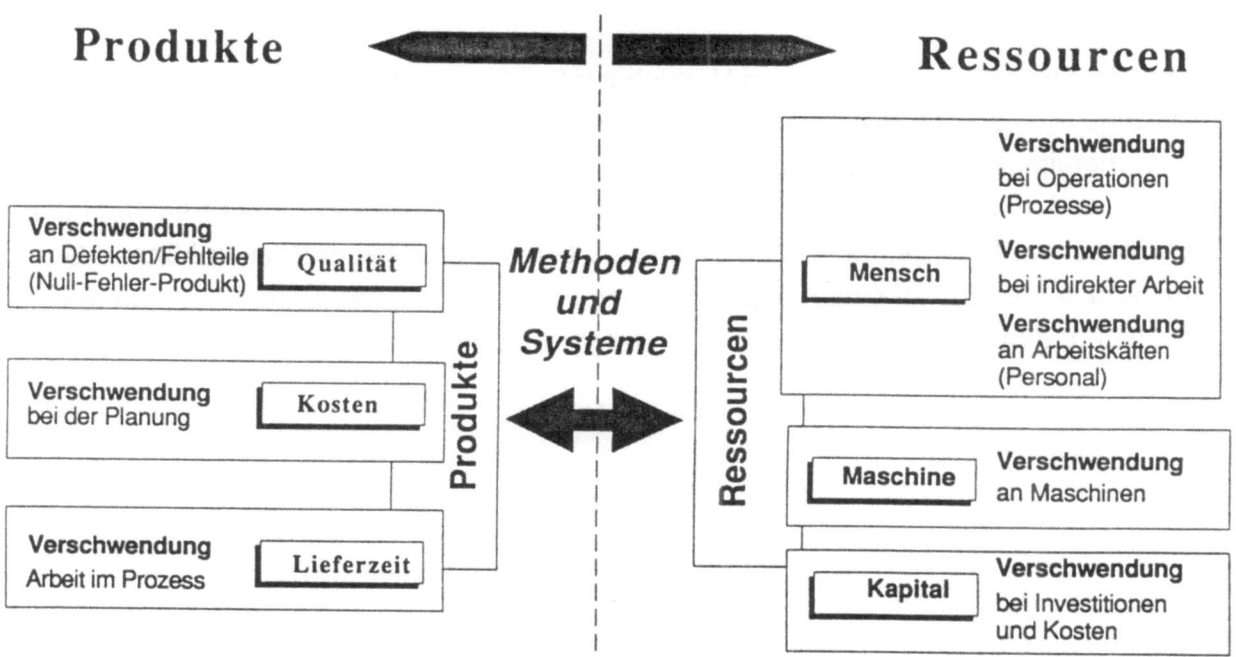

Bild 29 :   Vermeidung von Verschwendung

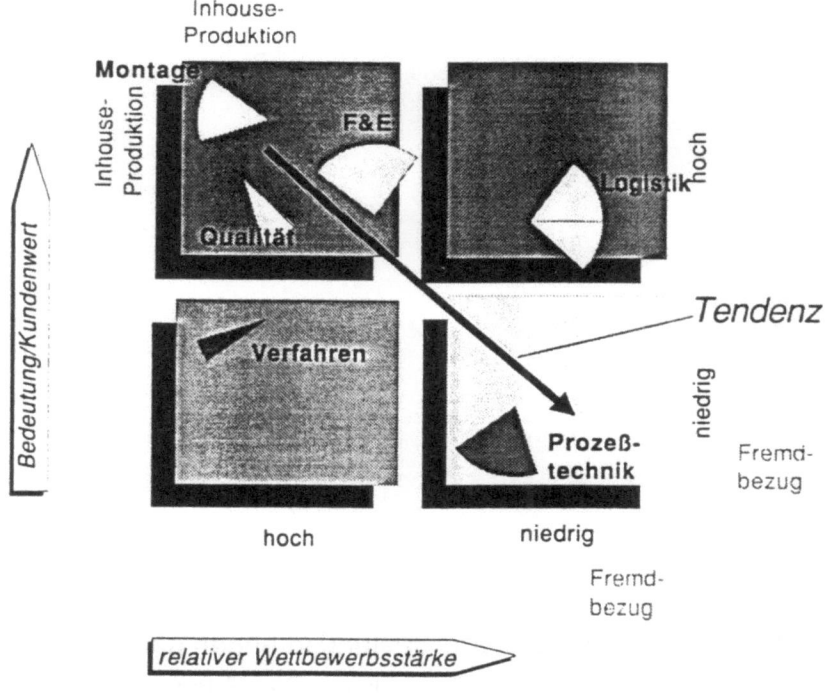

Bild 30 :   Wertschöpfungs-Portfolio (Bestandteile)

5.6 Materialbereitstellung

Die Zielkonflikte von Einkauf und Vertrieb zur Produktion müssen abgebaut werden. Der Vertrieb muß so organisiert sein, daß die Produktion gleichmäßig produzieren kann, das kostenoptimale Produktionsabläufe entstehen und eingehalten werden. Wir haben erkannt, daß 10% Auftragsschwankungen im Monat uns Kosten von mehreren 100.000DM verursachen. Dies betrifft auch den Einkauf. Durch geschicktes Pooling können Grundmaterialien (Granulat, Coils) einmal kostengünstig eingekauft werden und zum anderen zeitlich abgerufen werden, so wie sich der Verbrauch in der Produktion einstellt.

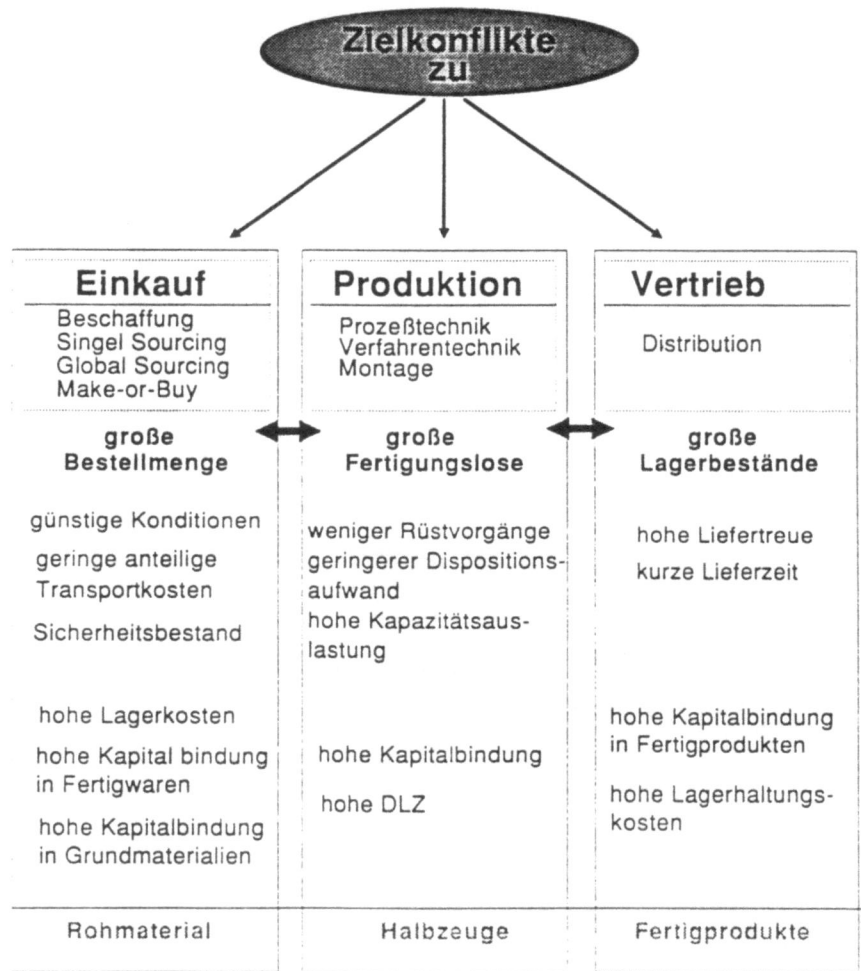

Bild 31 :   Zielkonflikte

Ein Planungsinstrument für die Bestimmung von Bestandsmengen und damit zur Lagergrößenauslegung ist die kombinierte ABC/XYZ Analyse. Die Erfassung der Bestandskosten kann für die Wertschöpfungsanalyse direkt weiterverwendet werden.

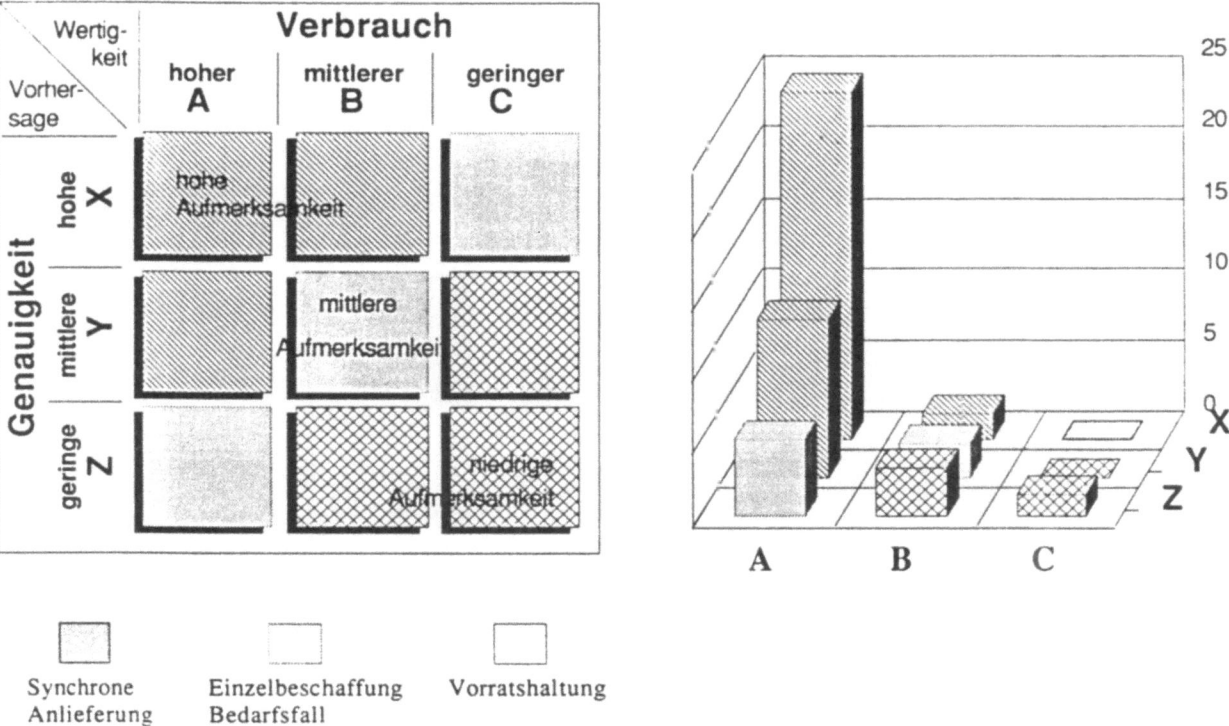

Bild 32 : ABC/XYZ Analyse

Für uns heißt die Formel über die gesamten Produktionsstufen:

Material laufen lassen und nicht lagern,

weil dies

Bestände bringt und Kapital bindet

weil dies

die DLZ (Durchlaufzeit) erhöht.

Dies erfordert eine zeitliche und mengenmäßige Abstimmung aller am Produktionsprozeß beteiligter Stufen, Anlagen und Maschinen (Nutzungsgrad, Kapazitätsauslastung). Wir haben erkannt, daß ein hoher Lagerbestand nicht zu einer 100%tigen Lieferbereitschaft führt. Eine hohe Lieferbereitschaft erfordert überproportionale Bestände, die keiner mehr bezahlen kann.

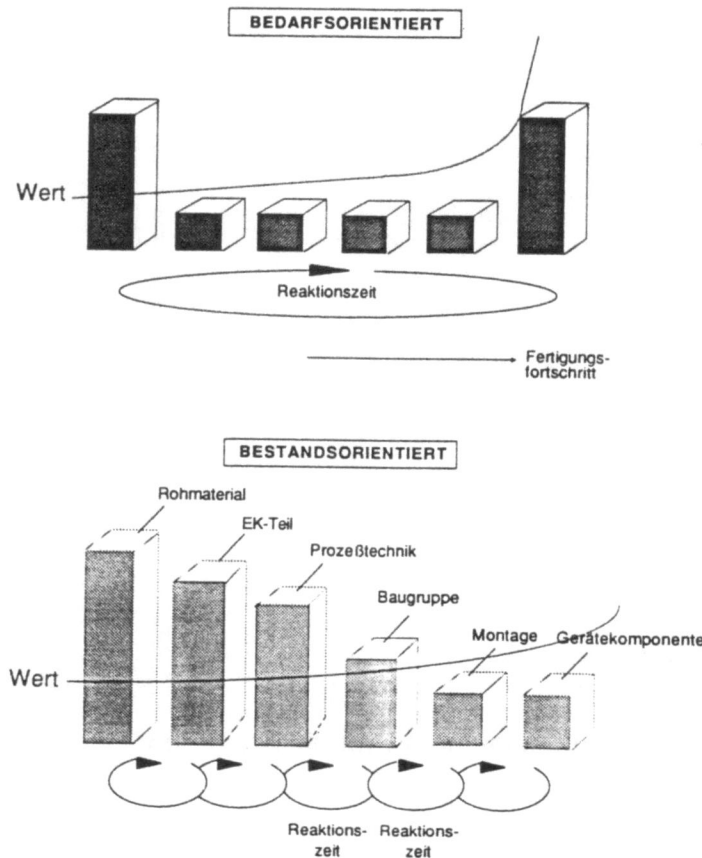

Bild 33 :   Bestandsniveau

Ein weiterer Punkt ist das Bestandsniveau und die Reaktionszeit im Produktionsfortschritt. Wir haben deshalb die Produktion nicht bedarfsorientiert ausgelegt, sondern bestandsorientiert. WARUM ? Wenn wir entsprechend dem Auftragseingang uns Endprodukte im Fertiggerätelager hinlegen, müssen wir über die Produktionsstufen ebenso entsprechende vorgefertigte Komponeten (Halbfabrikate) bereithalten. Dies kostet Geld, weil hier bereits Wertschöpfung eingeflossen ist. Deshalb ist die Bestandsorientierung über die vielen Regelkreise besser, denn wir können entsprechend den Informationen täglich angepaßte Lose fertigen und dies nach Kundenwunsch und nicht mehr auf ein Produktprogramm abgestimmt. Somit können geringe Bestände in allen Produktionsstufen erreicht werden. Durch die Begrenzung der Kistenanzahl ist eine Bestandsminimierung ebenso möglich (siehe Kanban).

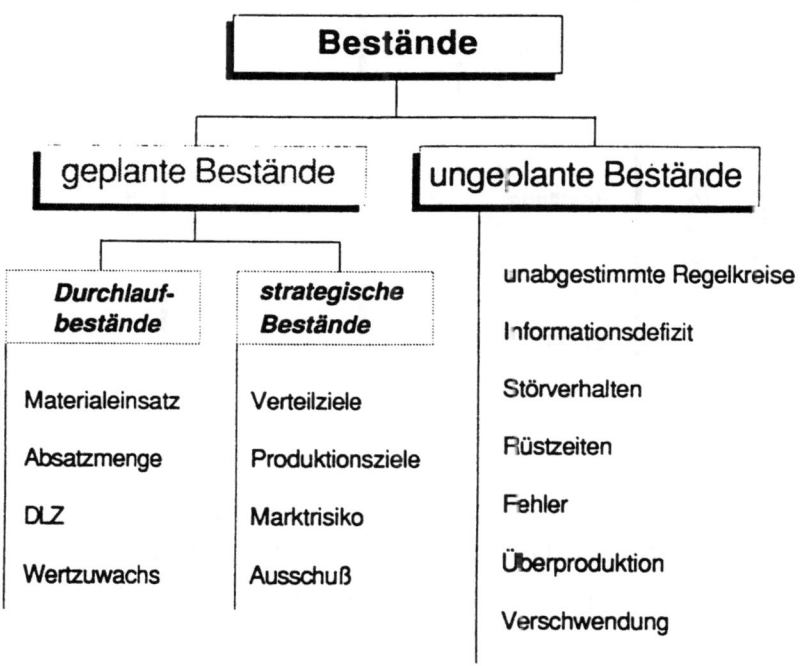

Bild 34 : Bestände

Bestände können sich vielfältig ergeben, einmal als geplante, im voraus bestimmte Durchlaufbestände in der Produktion und als strategische Bestände für die gezielte Materialbereitstellung für den Vertrieb aber auch in der Produktion (Risiko). Die Höhe der Bestände werden beeinflußt durch die Disopsition (Losgröße, Auslastung, Kapazität, Lieferbereitschaft), der Werksstruktur(Durchlaufzeit, Just-in-Time, bedarf- oder bestandgerechte Materialversorgung, verbrauchsgesteuert). Darüberhinaus gibt es aber noch ungeplante Bestände die sich in der Produktion, durch Störungen, Fehler und mangelnde Bewältigung der Zielkonflikte ergeben. Geht man her und baut Bestände ab, so werden meist Störquellen aufgedeckt. Da die Durchlaufzeit die Höhe der Bestände bestimmt, stellt diese Einflußgröße den hauptsächlichen Ansatzpunkt für Maßnahmen zur Bestandsreduzierung dar. Nun gilt es diese Störquellen hinsichtlich der Durchlaufzeiterhöhung zu ermitteln. Das Ziel ist es, nur noch soviel an Bestand zu besitzen wie nötig und dies nach Möglichkeit für nur einen Regelkreis (siehe logistische Kette).

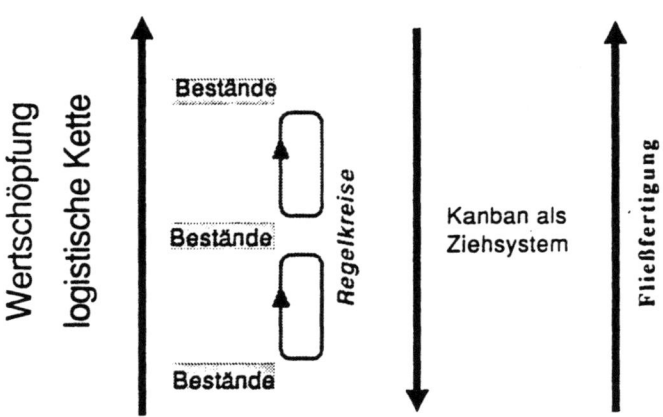

Geringe Bestände können durch die produktionssynchronen Abläufe, der Fließfertigung und dem Kanban mit begrenzter Kistenzahl erreicht werden.

Die kurze Durchlaufzeit wir durch die Faktoren:
o logistikgerechte Produktionssysteme
o Optimierung der Arbeitsabläufe und deren Synchronisation
o und der integrierten Informationstechnik für die Gruppen (Profitcenter) erreicht

Bild 35 : Bestände zur logistischen Kette

Bestände können nicht allein durch die einmalige Durchführung einer Bestandssenkung reduziert werden, weil es dann zu Engpässen kommt und die Lieferfähigkeit in Gefahr gerät. Auch der bloße Einsatz eines PPS-Systems kann nicht dazu beitragen. Zur Bestandsreduzierung müssen Organisationsformen und produktionsspezifische Anforderungen gegeben sein. Dabei hat sich gezeigt, daß Fließprinzipien mit einem Minimum an Beständen auskommen, wobei zu beachten ist:

o Reduktion der Dispositionsstufen
o Reduktion von Entscheidungsebenen
o Verkürzung der Planungszyklen
o Reduktion der Zwischenläger
o besserer Informationsfluß und Datenbereitstellung -Monitoring-
o Lagerhaltungsvorgabe
o Senkung der Teileanzahl pro Produkt, der Sortimentsbreite und Variantenanzahl

5.7 Just-in-Time

JIT ist eine amerikanische Antwort auf das japanische Kanban-System und nur für Serien- und Massenproduktion geeignet. Es kommt gut mit flexiblen Kapazitäten und Losgrößen zurecht, weil die Lieferanten und untergeordnete Zulieferer-Abteilungen mit einbezogen sind. JIT (Just-in-Time) will die <u>nicht wertschöpferischen</u> Tätigkeiten auf ein Minimum beschränken. JIT ist nicht nur ein Konzept zur Gestaltung von Produktionsbereichen, sondern ermöglicht die Rationalisierung von Teilbereichen in der logistischen Kette. Dadurch können Wettbewerbsvorteile aufgebaut werden.

Auslöser für die Anwendung von JIT-Prinzipien sind konkrete Anforderungen der Kunden an die Lieferflexibilität, Liefertreue und Lieferzeit, aber auch die Mängeln innerhalb des innerbetrieblichen Ablaufes. Häufige Problempunkte sind zudem, zu hohe Bestände, zu lange Durchlaufzeiten, zu hoher Rüstaufwand, zu geringe Arbeits- und Maschinenproduktivität, zu hoher Dispositionsaufwand und zu hoher Änderungs- und Koordinationsaufwand.

Die Fertigung nach dem Hol-Prinzip "Just-in-Time" erlaubt im Gegensatz zu der Fertigung mit Sicherheitsbestand "Just-in-Case" eine schnellere Anpassung an den Markt (sprich Kunden) bei geringeren Beständen. JIT ist kein Planungsinstrument im Sinne höherer Genauigkeit und geringerer Planungsfehler. JIT ist die Realisierung von Ziel-/Planwerten für bereitzustellendes Material, für einen bestimmten Produktionabschnitt. JIT ist kein PPS-System, im Gegenteil JIT benötigt Unterstützung durch die Produktionsplanung, -steuerung und dem Bestandsmanagement. Die wesentlichen Punkte hier sind :

o   Zentrale Materialfluß- und Produktionssteuerung
o   Material und Fertigung werden nach Bedarf zentral gesteuert
o   Somit werden je nach Bedarfssituation die Kapazitäten und Losgrößen gesteuert
o   Grundsätzlich sind die Lieferanten (extern/intern) mit in die Planung mit einbezogen
o   Was hohe Qualität und Liefertreue erfordert
o   Es erfolgt keine Kapazitätsauslastung um jeden Preis

Wir verstehen JIT als eine Methode, die zur Vermeidung jeglicher Verschwendung helfen soll. Mit JIT meinen wir die zeitliche und mengenmäßige Bereitstellung von Material und Dienstleistungen. Die Zeit kann etwa eine Stunde als auch mehrere Tage betragen und muß die interne als auch externe Materialversorgung mit einschließen.

So sind bei Just-in-Time zwei Formen zu berücksichtigen,

    1. Just-in-Time-Prinzipien im eigenen Produktionsablauf
    2. Just-in-Time-Prinzipien zwischen Zulieferer und Abnehmer

Beide Formen bedürfen unterschiedlicher Planungs- und Steuerungsaufgaben.

Zu 1. In dem Produktionsablauf sind organisatorische Voraussetzungen notwendig, ohne die eine Just-in-Time-Steuerung nicht möglich ist. Es sind zum berücksichtigen:

- konsequente Planung des Materialflusses
- Arbeitsplätze, Anlagen, Maschinen sollen im Fertigungsfluß nach dem Fließprinzip aufgestellt sein
- Einheitliche Transportbehälter, Paletten und Lagerbehälter (LHM-Lagerhilfsmittel) sind zu planen und bereitzustellen
- Abkehr vom Prinzip der maximalen Auslastung einer Anlage, da Bestände gespeicherte Kapazitäten sind
- Rüstzeitminimierung
- Vermeidung großer Losgrößen
- keine losgebundenen Aufträge
- Steigerung der Zuverlässigkeit der Anlagen (Störzeitminimierung durch Steigerung der Effizienz in der Instandhaltung -integrierte Instandhaltung)
- Erzeugung von Qualität vor Ort (Integration der Q-Sicherung -SPC-)
- Steuerung vom Verbraucher zum Produzenten (Hol-Prinzip -dezentral/zentral-, Kanban)
- ständige Information über den Verbrauch (bedarfsgerechte Steuereung)
- Fortschrittszahlensystem nach außen

Zu 2. Beim Just-in-Time Ansatz in Form von produktionssynchroner Beschaffung, bzw. Anlieferung von Teilen durch einen Lieferanten, müssen die Mengen in einem engen, gemeinsamen Kontakt von Produktionsbetrieb und Zulieferer kurz- und mittelfristig abgestimmt werden. Extreme Änderungen zur Steigerung oder Senkung des Bedarfs, setzen eine erhöhte Typen- und Mengenflexibilität mit der verstärkter Einbindung von Kapazitäten bei dem jeweiligen Zulieferer voraus. Die im Produktions- und Zulieferverbund geforderte Änderungsbereitschaft, setzt einen höheren Koordinationsaufwand voraus. Dies erfolgt über eine extreme Informationsvernetzung mit festen Spielregeln. JIT-Anwendungen in der Automobielbranche reichen heute bereits bis zur sequenziellen Anlieferung von Teilen oder Baugruppen.

Die optimale Versorgungssteuerung erfordert eine genaue detailierte Betrachtung des Bedarfs- und der Verbrauchverhaltens und somit eine Zuordnung zu bestimmte Steuerungsverfahren. Es werden hier unterschieden in :

o   prognoseorientierter Bedarfsermittlung
     Lieferabruf
o   Auftragsorientierter Bedarfsermittlung
     mit JIT-Steuerung
     -Abruf tagesgenau
     -Abruf stundengenau
     -Abruf produktionssynchron -taktgenau-
     -Abruf montagesynchron

Der Materialbedarf wird aus den vorliegenden Kundenaufträgen bzw. Prognosen (Monatsprogramm) abgeleitet, wie:

Lieferabruf + Feinabruf
Lieferabruf + Feinabruf + Versandabruf (Stundengenau)
Lieferabruf + Feinabruf + produktionssynchroner Abruf

Der Abruf erfolgt per FAX/Telefon direkt zwischen den beiden Schnittstellenpartnern, der Gruppe im Bestellerwerk und der im Herstellerwerk (Fertigungsverbund). Wir sind hier noch in der Suche nach dem geeignesten System, räumen aber dem Fortschrittszahlensystem den Vorteil ein. Im Werk wird die produktionssynchrone Anlieferung ähnlich dem

System der Regelkreise -Kanban- gesteuert. Aus den Herstellzeiten untergeordneter Baugruppen kennen wir den Bereitstellzeitraum. Damit bei Störungen der Unterbaugruppen die Versorgungssicherheit gewährleistet bleibt, gibt es in der Endmontage ein Puffer. Dieses Puffer dient lediglich für die Überbrückung von unvorhergesehenen Ausfallzeiten und dient der Produktion nicht als Zwischenlager. Warum?; weil die Baugruppen die vorletzte Stufe in umserer Produktion sind und der Wertschöpfungsanteil schon weit vorgeschritten ist.

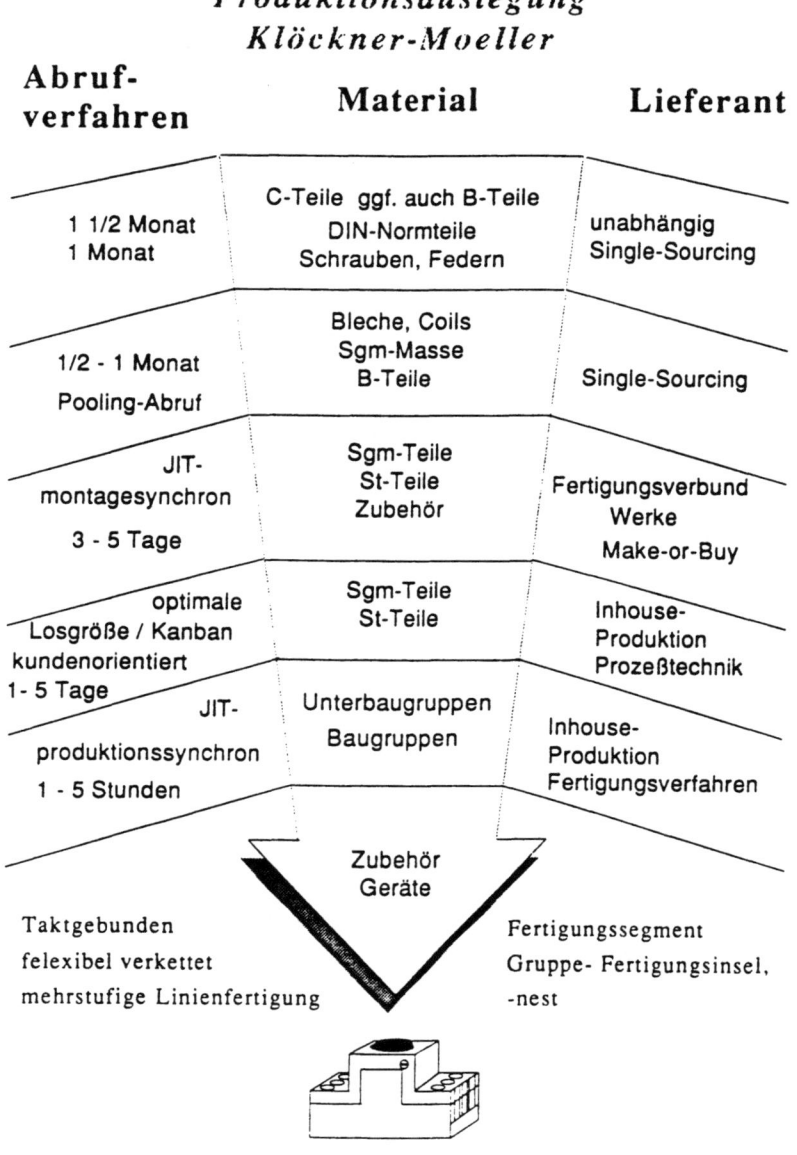

Bild 36 :   Produktionsauslegung -JIT bei KM-

Für den Einkauf ergeben sich unterschiedliche Ausprägungen. Für C-Teile (teilweise auch B-teile) DIN und Normteile, Federn, Kontakte und Rohstoffe (Granulat/Metallwaren) ergeben sich keine besonderen Bedingungen, wenn der Bestellumfang nicht die Kosten und Lagergröße sprengt. Durch unsere hohen Stückzahlen pro Monat sind wir gezwungen dann Abrufmengen zu definieren, die zeitlich innerhalb von 2 Tagen ab Abruf dann in die Produktion laufen. Bei Lieferungen im Fertigungsverbund besitzen wir vom Zeithorizont (Range) eine Wochenlieferung (Planung), können aber durch unseren Rundverkehr eigentlich täglich abrufen; wenn es Sinn macht.

Die Inhouse-Belieferung aus der Prozeßtechnik erfolgt nach dem kundenverbrauch, d.h. der Rückführung der leeren Behälter aus dem Kanban-System. Entsprechend vorgegebener optimaler Lose kann der Maschinenbediener die Werkzeuge auf die Maschinen nehmen und die Teile fertigen. Er kann entsprechend den Losvorgaben aber nur soviele Kisten wie lt. Los angegeben oder wie Behälter vorhanden füllen.

In der Prozeßtechnik z.Bsp. >Spritzen< planen wir die Kapazitäten grob ein, machen aber keinen direkten Kapazitätsausgleich oder eine -belegung, weil durch das roulierende Produktionsprogramm eine Werkzeugbelegung auf der selben Maschinen bzw. Maschinentyp erfolgt. Die Feinplanung überlassen wir dem dortigen Personal, weil die die Probleme besser kennen und im Griff haben. Je nach Werk stehen ein MDE-System oder andere Hilfsmittel zu Verfügung, um mit den entsprechend Informationen eine eigenständige Planung vornehmen können (wie bereits erklärt) Losgröße, Zeitpunkt der Teileherstellung usw.

Bei den Baugruppenzulieferung -Endmontage- erfolgt eine produktionssynchron, zeitliche dem Produktionstakt angeglichene Anlieferung, entsprechend dem z.Zt. gefahrenen Poduktprogramm. Da wir im Fertigungssegment produzieren müssen die Baugruppen die in den Gruppen, Fertigungsnest herstellt werden montagesynchron der Endmontage zugeführt werden.

5.8 Kanban

Kanban ist für uns das Ordnungs- und Informationssystem, mit dem wir unter Einbezug bereits beschriebener Systeme unsere Produktion **regeln**. Im Vergleich möglicher Systeme kann man die Vorteilhaftigkeit von Kanban erkennen. Mit Kanban läßt sich nicht nur Material transportieren, sondern auch Bestände regulieren, Losgrößen bestimmen, Varianten kundenorientiert herstellen und die gesamte Produktion danach ausrichten.

System	wesentliche Ansätze	Losgröße	Fertigungs-verfahren	Vor-montage	End-montage	auftrags-neutral	auftrags-spezifisch	
MRP II	Erweiterung der Materialplanung (Requirement Planning) Ressourcen-Planung Absatzplan		○			●	○	
JIT	zentrale Steuerung (BRING-Prinzip) flexible Kapazitäten Losgrößenfertigung Einbindung der Lieferanten	= 1		●	●	○	●	PPS Kostenoptimal, auftragsneutral
Kanban	HOL-, statt BRING-Prinzip flexible Kapazitäten Losgrößenfertigung dezentrale Steuerung	Tages-verbrauch	●	●	●	●		
OPT	Absatzplan-Optimierung Auftragsminimierung nach Engpässen gesamte, globale Optimum			○	○	○	●	
BOA	Entlastung von Engpässen Reduzierung der Umlauf-Bestände	= 1	●	○	○	○	●	
Fortschritts-zahlen	Bedarf-kumulierte-Bestellung Sollvorgaben nach Stufen Dispo-Freiheit je nach Stufen	Tages-verbrauch		○	○	●		

Bild 37 : Systemvergleich

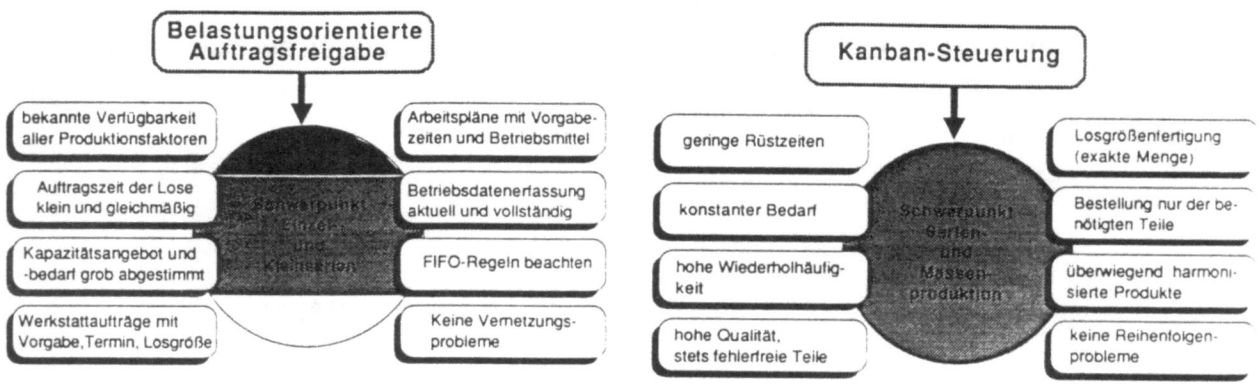

Bild 38 : Kanban-Steuerung

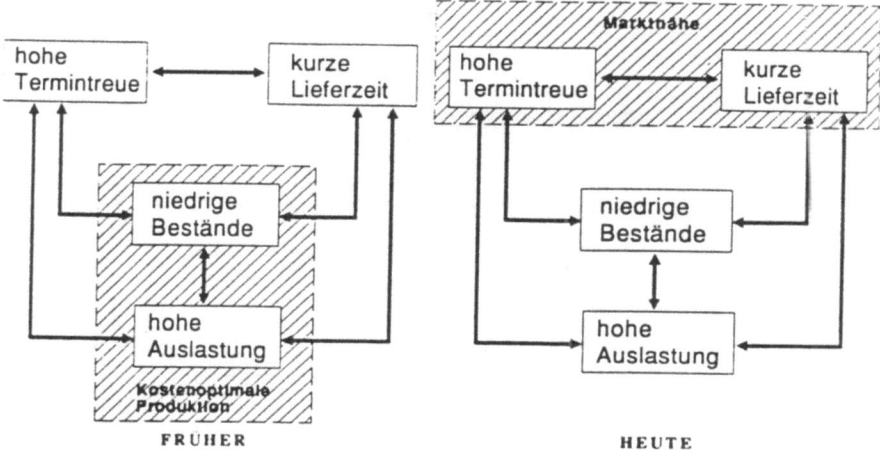

Bild 39 : Veränderte Anforderungen früher/heute

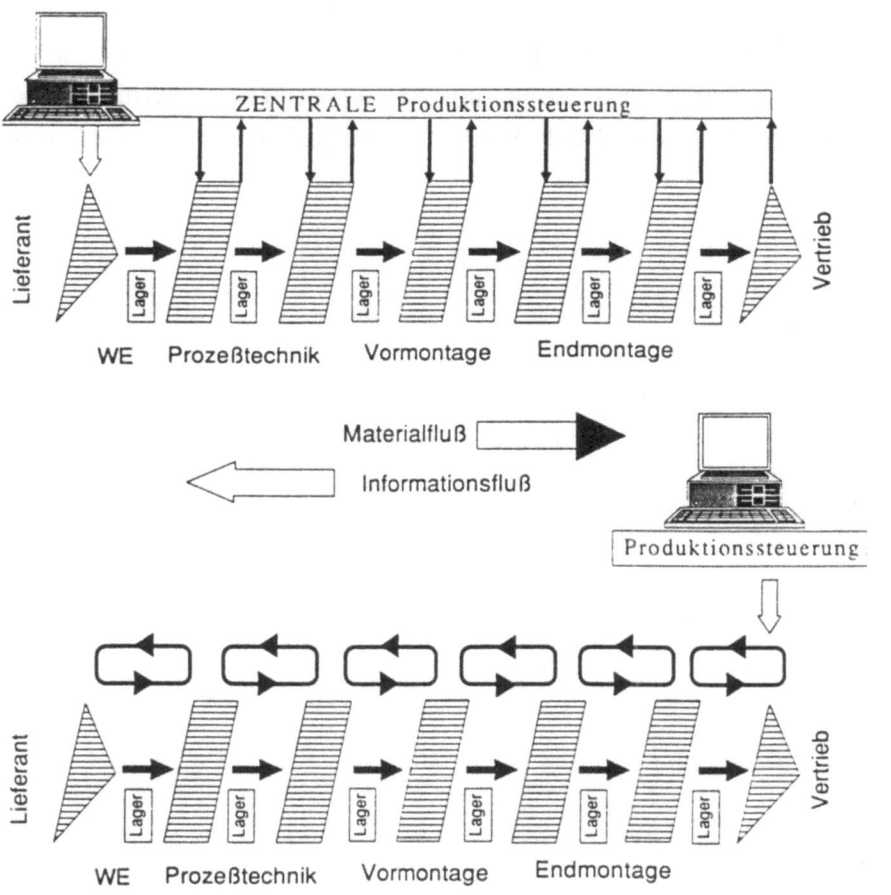

Bild 40 : Produktionssteuerung -Regelkreise kontro PPS-

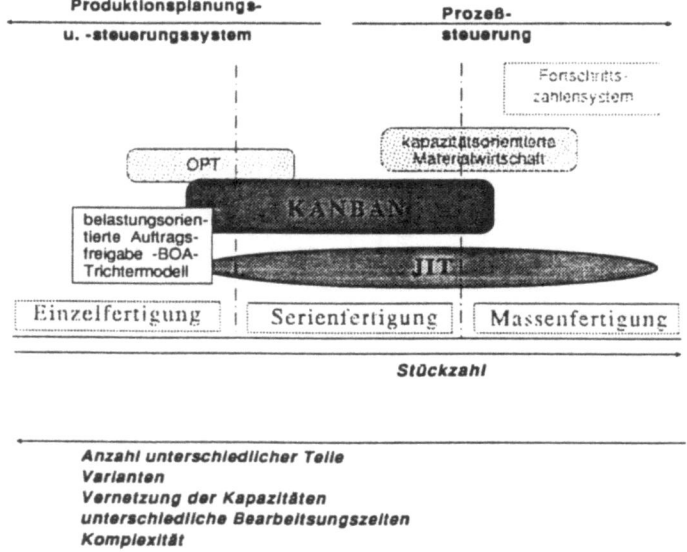

Bild 41 :   Planung- und Steuerungs-System >KANBAN<

Kanban regelt die Bestandsmenge im Lager, durch die Begrenzung der Behälteranzahl. Kanban gibt durch die Anzeige **rot / grün** im Teilelager an, ob die Behälter voll oder leer sind. Diese Anzeige generiert somit gleichzeitig Aufträge, nämlich rote Behälter müssen von der vorhergehenden Abteilung/Gruppe aufgefüllt werden. Befinden sich nur

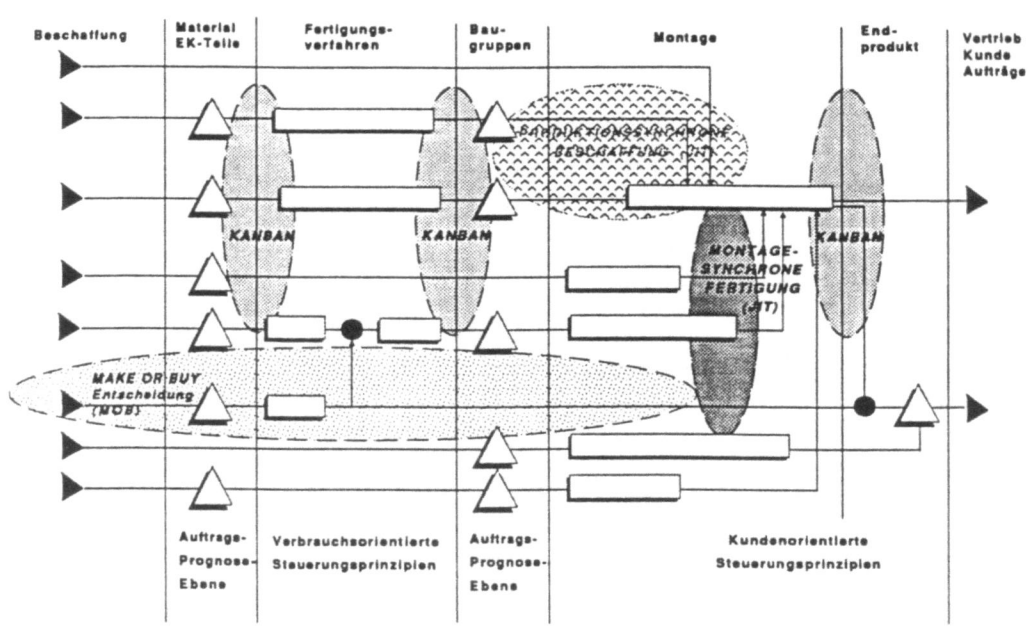

Bild 42 :   Kanban im System

grüne Behälter im Lager, wurde nichts entnommen und die untergeordnete Gruppe kann andere Aufgaben durchführen (Arbeitsplatz wechsel) oder entsprechend der flexiblen Arbeitszeit nach Hause gehen. Behälter erstellter Baugruppen werden in ein anderes Lager eingeordnet, mit der "grünen" Seite nach vorne.

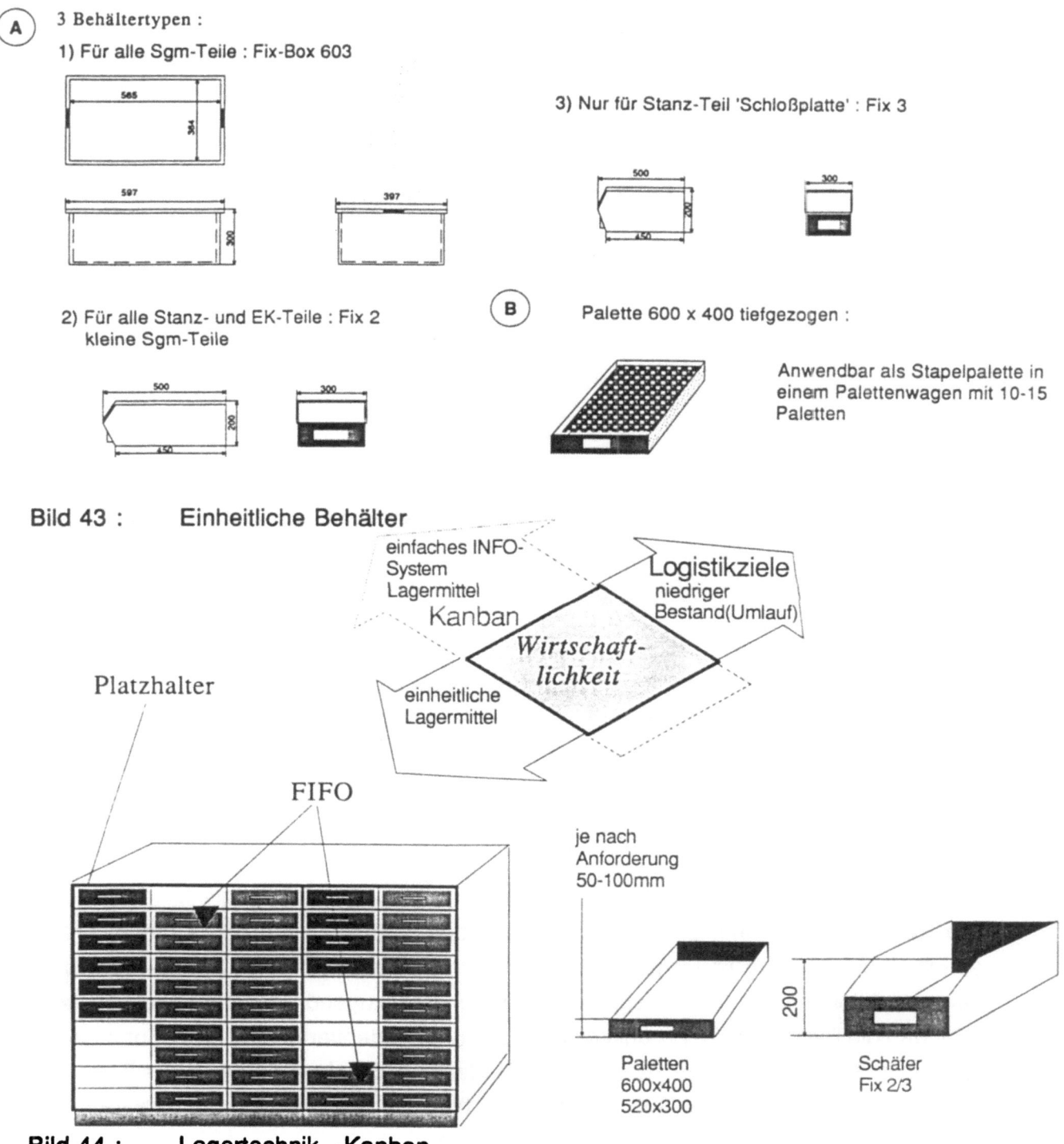

Bild 43 : Einheitliche Behälter

Bild 44 : Lagertechnik -Kanban-

Dieses gesamte System bedient die Fertigung. Produktionssynchron kann somit die gesamte Produktion ablaufen.

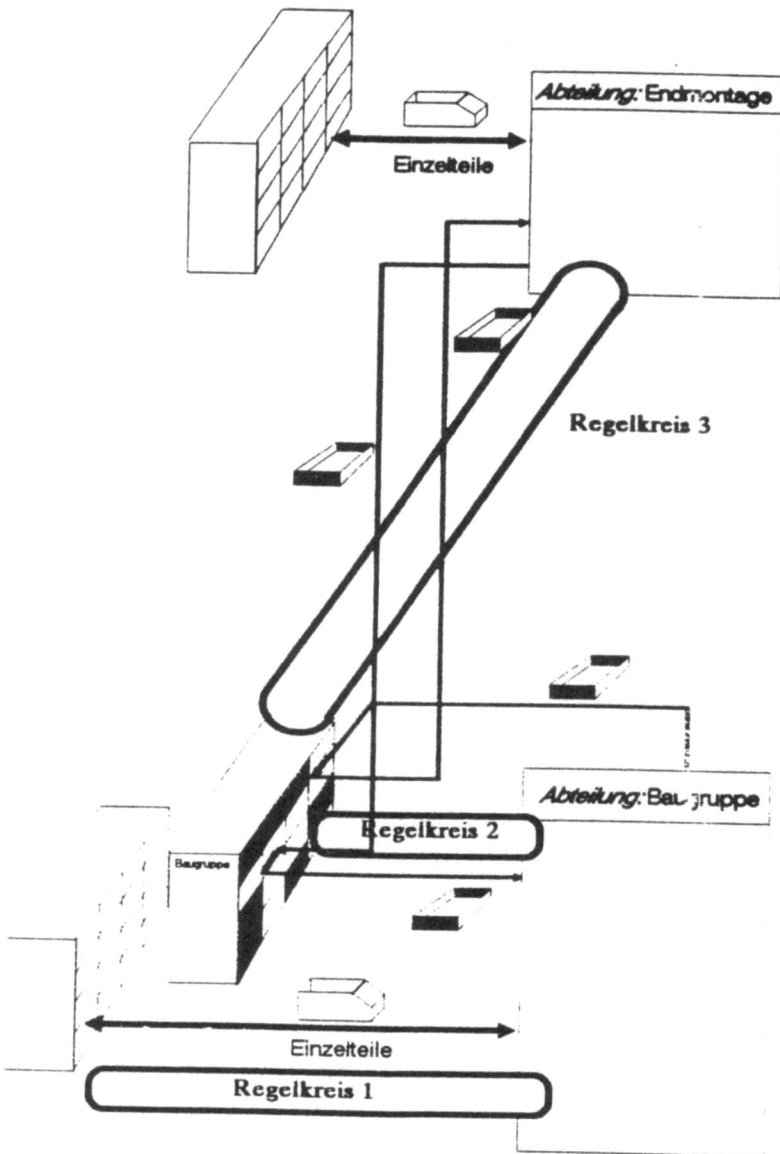

Bild 45 :   Ablauforganisation in der Produktion

Die Kundenorientierung, d.h. die Ausrichtung der Produktion auf den Kundenwunsch, sprich Kundenauftrag ist losgetrennt von der Produktionsform einer Serien- oder Massenproduktion mit all ihren Varianten. Kanban und zugehörige Informationssysteme erlauben die Einteilung der Produktion in einen kundenorientierten und prozeßorientierten Abschnitt. Unsere Montage ist auf den Kundenwunsch abgestimmt, der schnell und kostenoptimal diesen durchläuft. Wir müssen hier sehr flexibel sein um alle Varianten auch innerhalb von 24 Stunden liefern zu können.

In der Prozeßorientierung werden die Maschinen mit hoher Auslastung und Kapazität gefahren. Durch die Nutzung der Maschinen im 3 Schichtbetrieb und "Mannlosen Schicht", ergeben sich hohe Nutzungszeiten bei geringstem Personaleinsatz. Rüstzeiten werden durch Schnellspannsysteme klein gehalten. Das Problem für Kanban-Steuerungen ergibt sich aus der Auslegung der optimalen Losgröße zu den Beständen, DLZ - Range- und den Kostenzielen.

Auch die Synergie der Produktionsmittel mit den Schwesterwerken wird im Fertigungsverbund optimal genutzt und somit eine Kostenreduzierung erreicht. Auf diese Art können die Produktionsmittel mit den kurzlebigen Technologien optimal genutzt und eingesetzt werden, was kürzere Wiederbeschaffungszeiten bringt und somit eine bessere Nutzung vorhandener Technologien auf Dauer. Das notwendige Technologie-Know-how braucht auch nur an einem Standort aufgebaut und weiterentwickelt werden, was den Ressourceneinsatz optimiert.

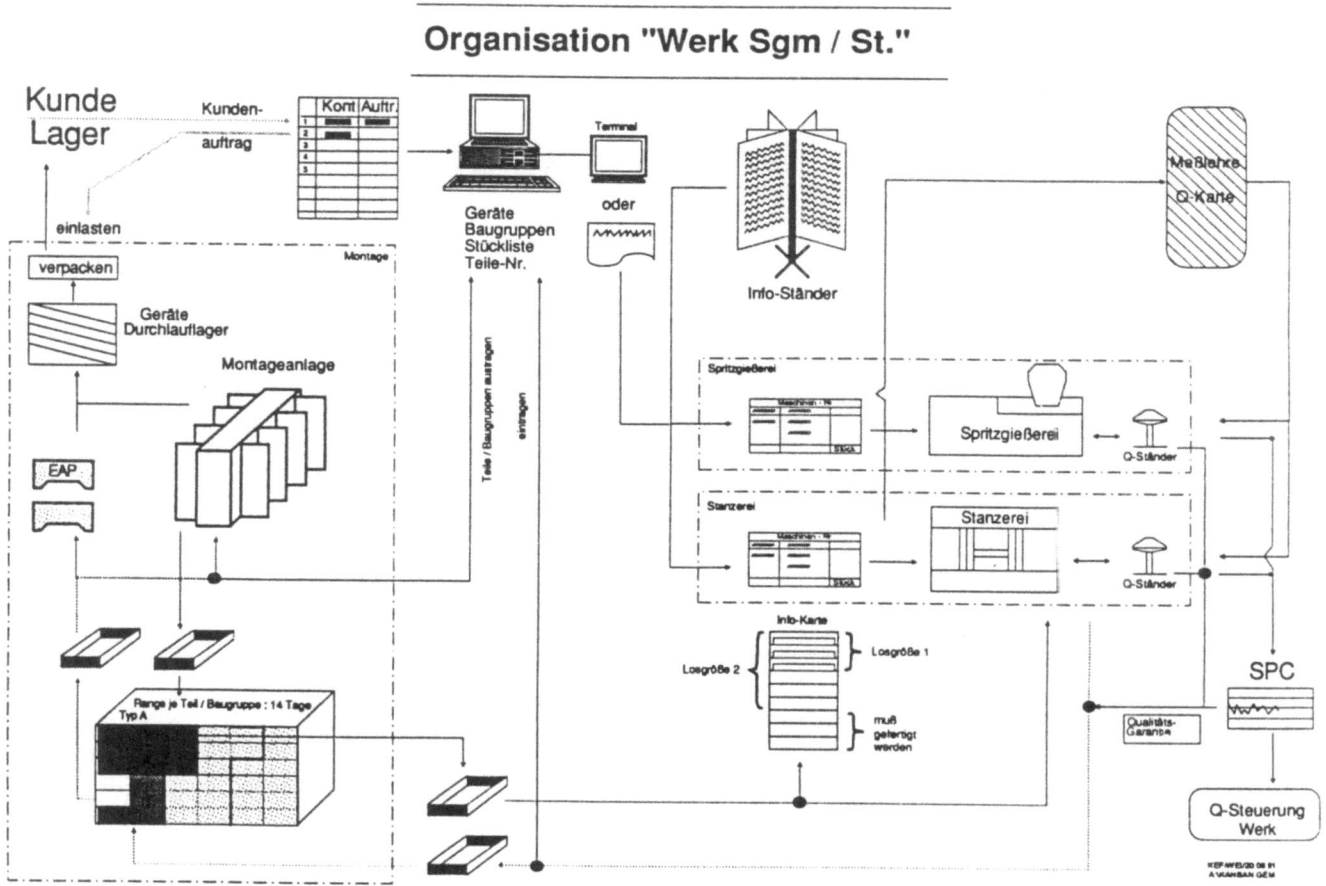

Bild 46 : Kanban bei prozeßorientierten Strukturen

6. Layout-Planung

Zur Unterstützung sind mehrere DV-gestützte Planungssysteme im Einsatz, wie Dosimis 3, FAD, Laplas. Wir gestalten und simulieren so die komplexen betrieblichen Abläufe. Für die verschiedenen Steuerungsstrategien erhalten so hilfreiche Antworten zur optimalen Auslegung des MF-Layout und den parallelen Abläufen. In Verbindung mit dem Werk und den späteren Gruppen wird die Planung mit der Dienstleistungsabteilung **Fertigungsplanung** durchgeführt. Hier sind wir wie man so schon sagt lean, weil eine komplette Integration von Dienstleistern stattfindet. Der hohe zu ermittelnde Zahlenumfang und die ausführlichen Planungsschritte, Alternativbildungen und integrierten Wirtschaftlichkeitsberechnungen können dem Werk nicht in der Tiefe zuzumuten werden. Informationen werden zentral genutzt und sinnvoll auf andere Werke übertragen. Die "Ausführenden" bleiben die Gruppenmitglieder im Werk, denn Sie müssen später mit den Maschinen, Anlagen und Systemen leben und sind für die kostenoptimale Produktion verantwortlich.

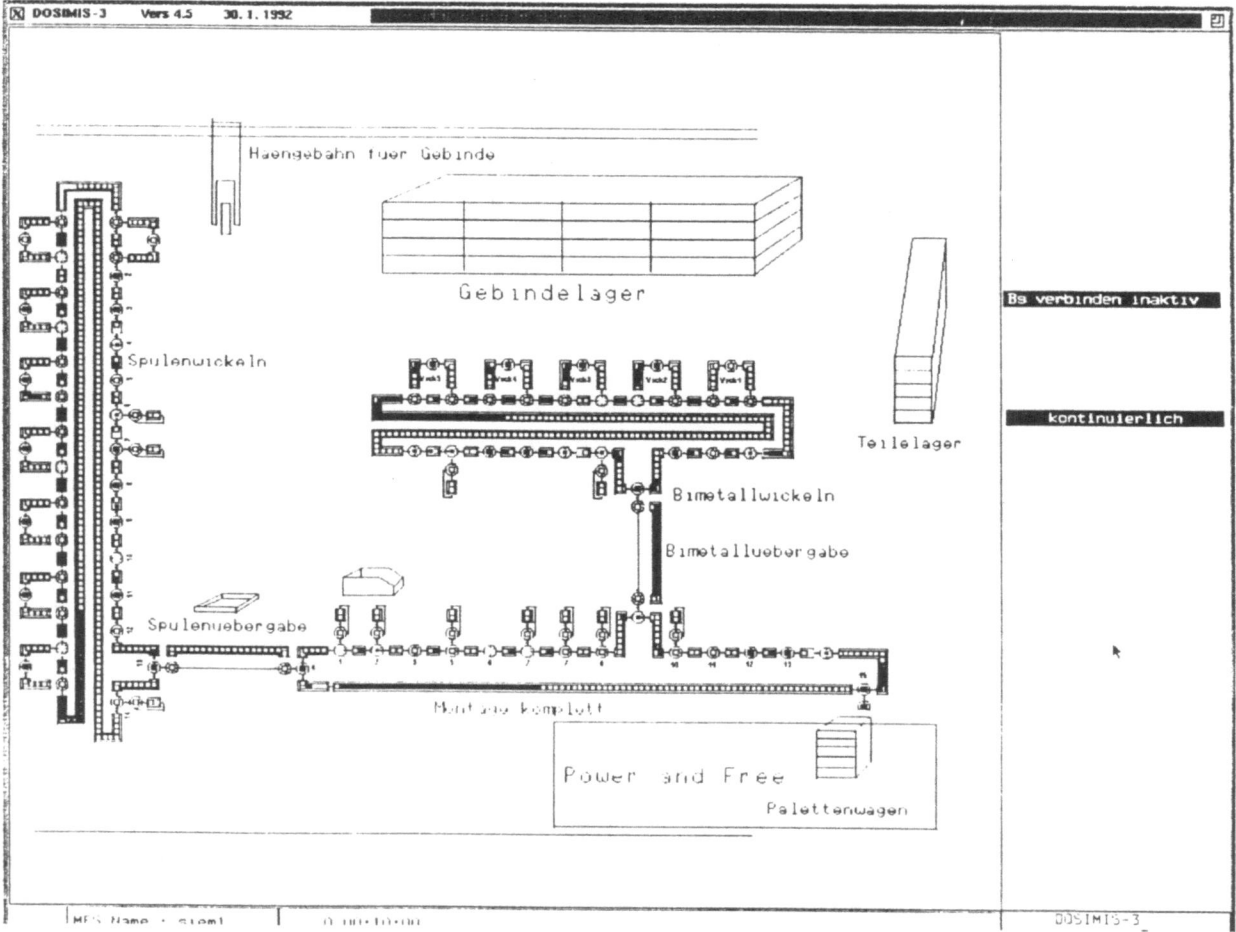

Bild 47 :   Materialfußplanung -Dosimis 3-

7. Ausblick/Entwicklungstendenz

Mit diesen vorgestellten Instrumenten läßt sich eine papierlose Produktion verwirklichen, in der Gruppen, Fertigungsinseln und -nester in selbststeuernden Regelkreisen eingebunden sind. Die Produktionslogistik und der innerbetrieblichen MF sind voll in die Abläufe integriert, sie sind ein tragender Bestandteil unserer Produktion. Probleme stellen sich auch hier ein, besonders da wo Schnittstellen nicht genau beschrieben sind. Aber wenn die Mannschaft mit Teamgeist arbeitet, werden auch diese Probleme gemeistert.

Die Frage nach dem EDV-System im Einsatz ist berechtigt? Natürlich haben wir auch EDV in der Produktion. Es wird zu Beginn des Geschäftsjahres ein Produktionsprogramm geplant, mit einem Zeithorizonten von einem Jahr, drei Monate und einem Monat. Diese Informationen stehen der Gruppe bereit, bzw. plant diese mit -PC-. Die Kapazitäten der Produktionsmittel und des Personals sind bekannt. Die aufgebauten Regelkreise sind selbststeuernd und selbsterklärend, alle Informationen sind in den einzelnen Systembausteinen eingearbeitet. Es hat sich gezeigt, daß die Informationen von der Auftragsbearbeitung -Kommissionierung/Endmontage- bis hin zur Prozeßtechnik je nach Baugruppe und Einzelteil zwischen 4-10 Tagen laufen. Dies war uns zu lang, deshalb hinterlegten wir dem Gesamtsystem ein DV-gestütztes Baukastensystem in Form einer Geräte-, Baugruppen- und Stücklistenauflösung, mit der die gesamte Materialwirtschaft abgedeckt ist. Bei Einlastung von Aufträgen werden die Materialien automatisch dem Datensystem abgezogen. So erhalten alle Stellen bereits frühzeitig die Information darüber, wann und in welcher Menge Material (Einzelteile, Kaufteile, Baugruppen) bereitgestellt sein muß. Ein Ausdruck aus dem Programm, auf dem die Teilenummern rot dargestellt werden sind fehlend, bei blauer Darstellung ist der Sicherheitsbestand unterschritten; grün bedeutet keine Problemteile. Die Farben sind analog dem Kanban-System gestaltet. Der Ausdruck wir in der Gruppe aufgehangen und dient nur der Information.

Wir denken jedoch nach, welche Hilfmittel wir weiterhin entwickeln müssen, damit die Gruppen optimal mit Information versorgt werden können, damit Schnittstellenprobleme keine Chance mehr haben, damit Überproduktion, fehlerhafte Teile, nicht ausreichende Mengen usw vermieden werden können. Hier stellt sich die Frage, ist ein Leitsystem ein hilfreiches Instrument für die Informationsbereitstellung?

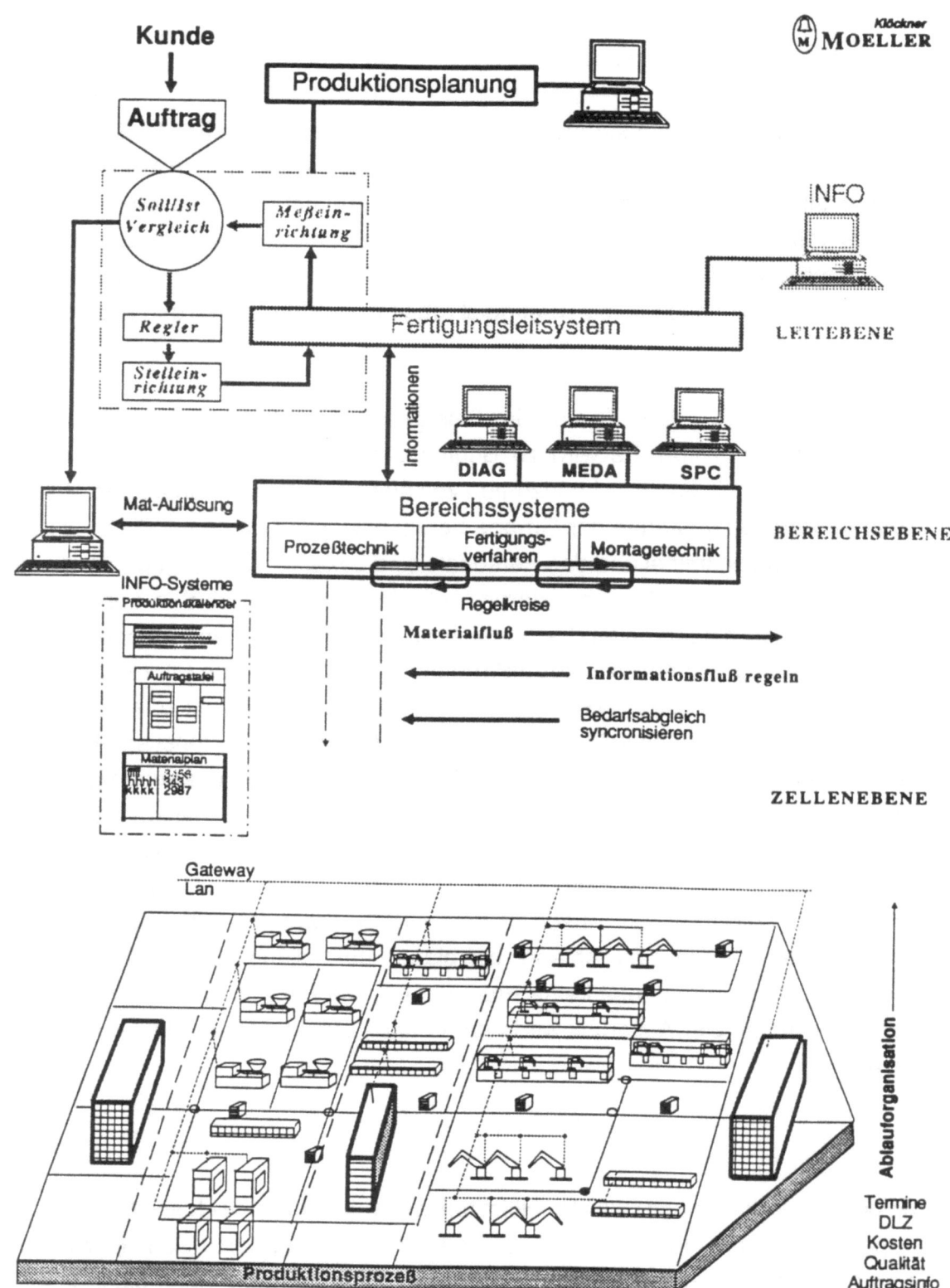

Bild 48: Informationsfluß mit Leitebene

IAO-Forum
**Kundenorientierte
Produktion**

**Kundenorientierte
Produktion in dezentralen
Organisationseinheiten
– Vom Ansatz zur Erfahrung**

G. Singl

Kundenorientierte Produktion

in dezentralen Organisationseinheiten

vom Ansatz zur Erfahrung

I n h a l t

1. **Wer ist Renk ?**
   - Unternehmen
   - Zahlen
   - Produkte
   - Produktionsrandbedingungen

2. **Ansätze zur Teilautonomie**
   - marktorientierter Ansatz
   - gesellschaftlich orientierter Ansatz
   - technokratischer Ansatz

3. **Zielsetzungen der Teilautonomie**
   - Durchlaufzeit senken
   - Kosten senken
   - Qualität steigern

4. **Umstrukturierung**

4.1 **Vorfeldmaßnahmen**
   - Information und Beteiligung
   - Mitarbeiterqualifikation
   - Dezentralisierung von Betriebsmitteln
   - Werkstattinformationssystem

4.2 Unterstützungsmaßnahmen

- Arbeits- und Betriebszeiterweiterung
- Koplettbearbeitung
- Transport- und Lagerorganisation
- Vorrüsten
- DNC - MDE - Betrieb
- Berichtswesen
- Prämienentlohnung

4.3 Realisierung

- Inselstruktur
- Umzug
- Layout

5. Effekte der Umstrukturierung

- Erfahrungen
- Termin
- Kosten
- Qualität

6. Teilautonome Produktion - der halbe Weg zum Ziel

- Integration der operativen Arbeitsvorbereitung
- Einbeziehung von Entwicklung und Konstruktion
- Qualitätslenkung statt Qualitätssicherung
- Logistik als Querschnittsfunktion

7. Schlußbemerkung

8. Bildernachweis

9. Literaturverzeichnis

1. **Wer ist RENK ?**

Die RENK - AG ist Teilkonzern der MAN - Obergesellschaft mit Sitz in Augsburg und gliedert sich in die Geschäftsbereiche Fahrzeuggetriebe und Prüf- und Regelsysteme.
Die wichtigsten Beteiligungen des Renk- Teilkonzerns sind die Renk- Tacke GmbH mit Werken in Augsburg und Rheine, Renk- Würfel in Hannover, SEE und SESM in Frankreich, die Maag- Getriebe- GmbH in Zürich und Renk- Resita in Rumänien.

Der Renk- Teilkonzern beschäftigte im Geschäftsjahr 1990/91 2362 Mitarbeiter, bei einem Umsatz von 387 Mio. DM
Meine weiteren Ausführungen beziehen sich auf die RENK AG Standort Augsburg.

Die wichtigsten Produkte sind hydrodynamische Schalt-, Wende- und Lenkgetriebe für Kettenfahrzeuge wie beispielsweise den Kampfpanzer Leopard II , Automatgetriebe für schwere Zugmaschinen, Sattelschlepper, Fughafenfeuerlöscher und Busse. Prüfstandsanlagen für Fahrzeug- und Luftfahrtindustrie runden die Produktpalette ab.
Ein Fahrzeuggetriebe ist komplex aufgebaut und besteht aus 600 bis 1500 Zeichnungsteilen mit unterschiedlichsten Fertigungsanforderungen.

Kleinste Serien, kundenspezifische Lösungen und hohe Prototypanteile stellen die Randbedingungen für die Produktion.
Bedarfs- und projektabhängige Disposition sind annähernd gleichgewichtig.
Die Terminstellungen sind so eng, daß klassische , arbeitsteilige Organisationsformen überfordert sind.

SG 03 - 082

2. **Ansätze zur Teilautonomie**

Die Märkte haben sich vom Verkäufer- zum Käufermarkt verändert. Bei zunehmender Marktsättigung gewinnen Innovation, Funktionalitätsverbesserung und damit Komplexitätssteigerung an Bedeutung. Im Zielkonflikt dazu stehen die Forderungen nach kurzen Lieferzeiten und hohem Reaktionsvermögen.

Andererseits sind gesellschaftliche Veränderungen im Gange, die man global mit Individualisierung beschreiben kann.
Gebildete und selbstbewußte Menschen verlangen Dispositions- und Entscheidungsspielraum im beruflichen wie privaten Bereich.
Überlagert sind finanzielle Unabhängigkeiten, ausgedrückt durch Schlagworte wie Doppelverdienermentalität und Erbengeneration, aber auch eine zunehmend ökologisch geprägte Veränderung des Anspruchdenkens. Daneben ist die ungünstige demographische Entwicklung zu berücksichtigen.

Zwischen den marktbestimmenden Größen des Kundenverhaltens
und Wettbewerbs und den gesellschaftsbestimmenden Faktoren
Zeitgeist und Wertewandel haben sich die Unternehmen den
enger werdenden Räumen anzupassen.

SG 03 - 103

Anders dargestellt stehen den Marktanforderungen Produkte
mit anforderungsrelevanten Eigenschaften gegenüber und es
ist Aufgabe der Unternehmen Anforderung und Eigenschaften
zur Deckung zu bringen.
Dazu stehen dem Unternehmen im wesentlichen seine Mitarbeiter, seine Produktionsmittel und seine Aufbau- und Ablauforganisation zur Verfügung.
Einstellungen und Handlungsweisen der Mitarbeiter zu verändern ist eine Führungsherausforderung aber möglich.
Produktionsmittel sind nur im Rahmen von Investitionszyklen
veränderbar.
Die Veränderung der Aufbau- und Ablauforganisation dagegen
ist in der Regel rasch und kostengünstig machbar.

Renk hat im Produktionsbereich umfassend und tiefgreifend
umstrukturiert und ist derzeit in der Phase die vor- und
nachgelagerten Bereiche organisatorisch zu verändern.

3. **Zielsetzungen der Teilautonomie**

Erste Priorität in der Zielsetzung hatte die deutliche
Reduzierung der Durchlaufzeiten in der Produktion und
eine hohe Reaktionsfähigkeit der Produktion gegenüber
dem Markt.

Dabei sollten die Stellenkosten und die Fertigungskosten
der Produktion gesenkt werden.

Der ohnehin hohe Qualitätsstandard sollte nach Möglichkeit
verbessert werden. Erklärtes Ziel war es Qualität von Neuaufträgen vom ersten Werkstück an sicherzustellen.

SG 03 - 091

Die drei Forderungen lassen auf den ersten Blick massive
Zielkonflikte erwarten.
Bei näherer Betrachtung der vorhandenen Potentiale wird
jedoch klar, daß es zur Einlösung der Forderungen gleich
gerichtete Lösungsansätze gibt:

Teilautonomie statt Arbeitsteiligkeit

- flache Hirarchien
- vertikale Organisation
- ganzheitliche Aufgabenerfüllung

SG 03 - 002
SG 03 - 003

oder noch kürzer formuliert

- ersetzen der Organisationskomplexität
  durch ein mitarbeiterzentriertes Modell.

4. Umstrukturierung

Im Jahre 1985 begann man im Hause RENK mit einem Beratungsunternehmen teilefamilienorientierte Fertigungsinseln systematisch zu planen.

Zwei Jahre später wurde eine erste Pilotinsel installiert und weitere zwei Jahre später die Fertigung ganzheitlich umstrukturiert.

Im Rahmen der Pilotanwendung Wandlerinsel wurden die systeminternen und systemexternen Wirkungsweisen der Teilautonomie studiert, notwendige Maßnahmen abgeleitet und instrumentalisiert.

4.1 Vorfeldmaßnahmen

Die wichtigste Vorfeldmaßnahme ist die Gewinnung der direkt und indirekt betroffenen Mitarbeiter für das teilautonome Prinzip.
Es gilt durch Information mit den Mitteln der Führung und Beteiligung Ängste und Befürchtungen der Mitarbeiter abzubauen, um so die notwendige Akzeptanz zu erhalten.

SG 03 - 061

Die wichtigsten Beteiligungsinstrumente sind Circles, Lernstatt sowie Einzel- und Gruppengespräche.

Das teilautonome Prinzip führt zu Kompetenz - und Verantwortungszuwachs in der Produktion

SG 03 - 009

Die Mitarbeiter müssen darauf in fachlicher, organisatorischer und sozialer Hinsicht vorbereitet werden.

SG 03 - 047

Dazu müssen die Qualifikationsprofile für Inselleiter und Inselmitarbeiter definiert, die Qualifikationsdefizite mitarbeiterbezogen festgestellt und Schulungs- u. Entwicklungsprogramme erstellt werden.
Die Qualifizierungsinstrumente sind Schulungen, Unterweisungen, Patenschaften und Learning by Doing.

Die Befugniserweiterung der Werkstatt ist durch Dezentralisierung von Betriebsmitteln und die Erweiterung der Betriebsausstattung zu unterstützen.

Kontroll- und Steuerungssysteme sind konsequent in Informationssysteme umzuwandeln.

Bei RENK wurde ein Werkstattinformationssystem mit der zentralen Komponente PPS - BDE eingerichtet und um die Komponenten Arbeitsplanverwaltung, NC- Verwaltung, BEMI- Verwaltung, Materialverwaltung, Personalverwaltung, Anlagenverwaltung und Betriebsabrechnung ergänzt.

SG 02 - 114

4.2 Unterstützungsmaßnahmen

Die nachfolgenden Maßnahmen können mit Flexililisierung umschrieben werden und sollen die nachteiligen Auswirkungen der Teilautonomie abmildern oder ganz kompensieren.

SG 03 - 072

Teilautonome Gruppen reagieren empfindlicher auf Personal- und Anlagenausfall. Die klassischen Möglichkeiten des Kapazitätsabgleichs sind eingeschränkt.
Infrastruktureinrichtungen können ungleich schwerer ausgelastet werden.
Die Dezentralisierung von Betriebs- und Meßmitteln erfordert einen höheren Kapitaleinsatz.
Jobenlargement und Jobenrichment können die Anlagenproduktivität beeinträchtigen.

SG 03 - 079

Die Erweiterung der Arbeits- und Betriebszeiten mit den
Instrumentarien, Gleitzeit, Schichtarbeit, Bereitschaft,
Mehrarbeit und Zeitvertrag eröffnen im Rahmen der Arbeits-
zeitordnung, der Tarifverträge und der IRWAZ - Regelungen
vielfache Möglichkeiten der Kapazitätsanpassung. Die Attrak-
tivität solcher Modelle kann monitär, durch freiere Zeit-
disposition der Mitarbeiter und durch das zeitlich erweiterte
Angebot von Sozialleistungen gesteigert werden. Die Akzeptanz
der Werkstattführungskräfte kann durch eine Vereinfachung der
Personalzeit- und- statusverwaltung, am besten durch maschi-
nelle Zeiterfassung gewonnen werden.

SG 03 - 051

Die Komplettbearbeitung ist ein hervorragendes Mittel Teilautonomie zu unterstützen. Die Reduktion von Arbeitsschritten
erhöht die Übersichtlichkeit in der Produktion, senkt den
Steuerungsaufwand im direkten und indirekten Bereich, ver-
meidet infrastrukturelle Technologien und schafft durch
Hauptzeitverlängerung den für Jobenlargement und Jobenrichment notwendigen Spielraum der Mitarbeiter.

SG 02 - 81

Die Komplettbearbeitung resultiert aus Fertigungsablauf-
gestaltung und wird durch Konzeption und Konfiguration
von Maschinen und Betriebsmitteln unterstützt.

Die Transport- und Lagerorganisation regelt den hallen-
externen und halleninternen Transport, die Beziehung Lager-
platz zu den Lagerfunktionen

- Transport an
- Maschine oder Arbeitsplatz
- Maschinenzubehör
- Betriebsmittel
- Hilfs- und Betriebsstoffe
- Transport ab

und den Ablauf der Information bzw. der Informations-
träger. Sie schafft die Voraussetzung für schnellen und
sicheren Zugriff auf Werkstücke, Maschinenzubehör,
Betriebsmittel und Hilfs- und Betriebsstoffe aller
Mitarbeiter ohne Intimkenntnisse der Werkstatt.

Das Vorrüsten ist die Beplanung einer Arbeitsfolge,
wenn diese noch zwei Arbeitsschritte vom Arbeitssystem
entfernt ist. Sie beinhaltet die Bereitstellung aller
Hard- und Softwarebetriebsmittel und deren Prüfung
auf Vollzähligkeit und Funktionalität vor dem Arbeits-
raum der Maschine während der Hauptzeit der Vorgänger-
aufträge.

SG 01 - 093

Der DNC - MDE - Betrieb leistet den Zugriff auf alle
Maschinensteuerprogramme, Werkzeugeinrichteblätter und
NC - Pläne rund um die Uhr und unabhängig von den Vor-
leistungsbereichen. Er ermöglicht die rasche Anpassung
der NC - Programme ohne lästige Protokollführung durch
Klartexthinweise an den Programmierer. Die Programm-
historie hilft häufig Programmablauf, Schnittwertan-
passung und Werkzeugänderung bei Rohteilschwankungen
und Festigkeitsunterschieden rasch und risikoarm vorzu-
nehmen.

Die erwünschte Flexibilität erfordert die Erweiterung
der Dispositions- und Entscheidungsfreiräume aller Mitarbeiter in der Produktion.
Diese Freiräume könnten nicht nur im Sinne des Betriebes
genutzt werden. Deshalb ist es notwendig den Mitarbeitern
und den Vorgesetzten aktuelle, übersichtliche und einfach
lesbare Informationen über

- Human- und Anlagenproduktivität
- Gemeinkosten
- Mehrkosten
- Termintreue
- Durchlaufzeit
- Qualitätsabweichungen
- Individual- und Gruppenleistung

zu geben.

Eine gute Möglichkeit Unternehmens- und Mitarbeiterziele
zur Deckung zu bringen ist es den Erfüllungsgrad der

- Produktivität
- Termintreuere
- Qualität

an die Entlohnung zu koppeln. Eine Prämienentlohnung
welche die individuelle und gruppenbezogene Beeinfluß-
barkeit der Lohnparameter berücksichtigt, unterstützt
die Ausschöpfung der Flexibilitätspotentiale.

(Vergleich der Entlohnungsformen)

4.3 Realisierung

Die Werkstättenfertigung RENK bestehend aus 21 verrich-
tungsorientierten Fertigungskostenstellen wurde in sieben
Fertigungsinseln aufgeteilt.

Neben den teilefamilienorientierten Fertigungsinseln

- Gehäuse
- Wellen u. Kegelräder
- Kleine Zahnräder
- Große Zahnräder
- Scheiben u. Würfel
- Wandler

wurde eine Prototypfertigung nach dem Prinzip gleicher Marktanforderungen eingerichtet.

(Neustrukturierung der Produktion)

Die räumliche Neugliederung wurde durch ein Neubauprojekt wesentlich erleichtert.

Vom Umzug waren 75 Mitarbeiter, 53 Maschinen und 18 Arbeitsplätze aus drei Hallen betroffen. Der Umzug wurde während der Haupturlaubszeit in 8 Arbeitstagen abgewickelt. Mit zwei Ausnahmen war keine Maschine länger als zwei Arbeitstage außer Betrieb.
Der Umzug wurde mit einem Spezialunternehmen vorbereitet und durchgeführt. Neben den externen Spezialisten für Industrieumzüge waren am Maschinenauf- und -abbau die Nebenbetriebe mit den Untergliederungen, Schlosserregie, Elektroregie, Maschineninstandhaltung und Werkstransport beteiligt.

Die Arbeitsplatzausstattung, Betriebsmittel, Meßmittel, Hilfs- und Betriebsstoffe, Lagereinrichtungen und nicht zuletzt die Werkstücke wurden vom Werkstattpersonal selbst umumgezogen.

Die in der Fertigung befindlichen Werkstattaufträge wurden in einer Übergangszeit nicht nach Kostenstellenbezeichnungen, sondern nach der Inventarnummer der Maschine gesteuert. Dabei half eine DV - gestützte Matrix der Inventarnummern zu den neuen Kostenstellenbezeichnungen.
Mit der gleichen Matrix wurden die bestehenden Standardarbeitspläne auf die neuen Kostenstellenbezeichnungen umgestellt.
Das PPS- BDE - System, die Kostenstellen und Kostenträgerrechnung und die Lohnverrechnung wurden ebenfalls maschinell umgestellt.

An einem Layoutausschnitt, welcher die Inseln Wellen und Kegelräder sowie Kleine und Große Zahnräder zeigt kann man die klare Trennung der Funktionen Fertigen, Transportieren und Lagern, zentrale und dezentrale Qualitätskontrolle, Werkzeug- und Betriebsmittelbereitstellung und Büro und Soziales erkennen.

Bei genauerem Hinsehen kann man in den jeweiligen Insellayouts die dreigliedrige Struktur der Vor -, Zwischen - und Fertigbearbeitung ausmachen. Diese sind im Materialfluß angeordnet, beinhalten zumeist drei verschiedene Technologien, erleichtern wegen ihrer Überschaubarkeit die Gruppenarbeit und sind mit Mitarbeitern besetzt, welche sich ersetzen können.
Zum Handeln größerer Gewichte sind die Inseln von leichten,- flexiblen Portalkransystemen flächendeckend überzogen.
Die Maschinen und Arbeitsplätze stehen in Stahlblechwannen um das Eindringen von Ölen und Kühlschmierstoffen in den Hallenboden auszuschließen.
Die Inselleiterbüros dienen als Informations- und Entscheidungszentren.

Zeiterfassung, PPS - BDE - Funktion, sowie arbeitsplatz- und mitarbeiterbezogene Ablagen sind in und um das Büro angeordnet.
Die Inselleiterbüros sind aufgestelzt um darunter inselbezogene Arbeitsmittel in Schubfachschränken unterzubringen.
Aus Kommunikations- und Kostengründen teilen sich zwei Inselleiter ein Büro.

OP 02 - 054

5. Effekte der Umstrukturierung

Nach nun zwei Jahren Produktion in teilautonomen Arbeitsgruppen kann man von sich selbst tragenden Prozessen sprechen. Sowohl die Inselleiter als auch die Inselmitarbeiter füllen ihr erweitertes Aufgabengebiet zur Zufriedenheit aus. Die verbliebenen Hilfsstellen haben sich mit dem Kompetenzzuwachs der Produktion arangiert und man sieht sich als Leistungspartner.

Die Fremdsteuerung ging von der Logistik über die Fertigungsleitung an die Inselleitung und von dort bereits zu weiten Teilen an die Inselmitarbeiter über und ist auf diesem Wege Schritt für Schritt zu einer echten Selbststeuerung geworden.

SG 03 - 123

Der Umgang mit kostenstellenbelastenden Aufwendungen und Gemeinkosten der Stelle entspricht heute fast ausnahmslos wieder einem normalen Käuferverhalten, welches mit dem im privaten Bereich verglichen werden kann.

SG 03 - 124

Die Beherrschung von Stückkostenabweichungen ist aufgrund
der geteilten Kostenverantwortung zwischen Arbeitsvorbereitung und Produktion noch deutlich verbesserbar.

SG 03 - 125

Qualitätsabweichungen rufen nicht mehr nur die Qualitätssicherung auf den Plan, sondern werden vom Inselpersonal
ernsthaft und nachhaltig hinsichtlich ihrer Ursachen und
den Möglichkeiten der künftigen Vermeidung untersucht.

SG 03 - 122

Die Erwartungen hinsichtlich Durchlaufzeitverkürzung
und Termintreue haben sich voll erfüllt.

(Materialfluß)
(Informationsfluß)

Die Durchlaufzeiten haben sich fast halbiert und liegen
durchschnittlich bei 3,5 bis 4 Arbeitstagen je Arbeitsfolge einschließlich der Bearbeitungszeiten.

Dabei ist zu berücksichtigen, daß mehr als 60 % Neuauftragsanteil ein hohes Störpotenstial hinsichtlich Beistellung von Hard- und Softwarebetriebsmitteln und einen nicht
unerheblichen Zeitaufwand für NC - Programmanläufe darstellen.

Die Termintreue ist annähernd hundertprozentig.
Sogar ungünstigste Terminstellungen werden in der Regel
sicher erreicht. Zwischen 60 und 80 Aufträge können ohne
nennenswerten Mehraufwand mit durchschnittlich 1,5 Arbeitstagen je Arbeitsfolge bewegt werden.

SG 03 - 167

Die Entwicklung der Stellenkosten ist ebenfalls positiv,
wenngleich eine quantifizierte Aussage in Prozent bzw.
Mark und Pfennig aufgrund veränderter Auftragsrandbedingungen
und der Einführung einer variablen Plankostenrechnung nicht
exakt möglich ist.
Indizien dafür sind jedoch der radikale Abbau sogenannter
Unproduktiver in der Werkstatt und in den Hilfsstellen,
der Rückgang der Gemeinkostenzeiten der Produktiven und die
verbesserte Sachkostendisziplin in den Fertigungsinseln.

SG 03 - 019

Die Humannutzung konnte erheblich verbessert werden und
bekam durch die Aufhebung der Trennung in " denkende " und
" ausführende " Mitarbeiter eine andere Qualität.
Die Nutzung kostenintensiver Anlagen konnte deutlich gesteigert werden. Der Mindernutzung infrastruktureller Einrichtungen wurde durch teilweise Ausmusterung dergleichen
begegnet.

Kostensteigernd wirkte die Dezentralisierung von Meßmitteln, Werkzeugen, Spannmitteln und Handarbeitsmitteln.

SG 03 - 044

Die Stückkosten werden wesentlich von den Stellenkosten den Restumlagen und den Rüst- und Stückzeiten beeinflußt. Nachdem sich die Stellenkosten positiv entwickelt haben, die Restumlagenbereiche bisher von der Umstrukturierung nicht tangiert waren und die Rüst- und Stückzeiten gehalten wurden, ergibt sich eine Reduzierung der Stückkosten in der Produktion.

Es muß jedoch beachtet werden, daß sich die Konplexitätskosten nicht beliebig senken lassen und die Produktionsmittelkosten mit zunehmender Autonomie aufgrund rückläufiger technischer und kapazitiver Nutzung steigen.

Die Folge ist ein Stückkostenoptimum über der Autonomie in Abhängigkeit der jeweiligen betrieblichen Bedinungen.

SG 03 - 171

Die Qualität kann nicht nur über der Autonomie sondern muß auch über der Zeit betrachtet werden.
Bei der Einführung der Pilotinsel wurde ein deutlcher Anstieg der Fertigungsfehler in den ersten vier Monaten festgestellt, der sich aber nach einem Jahr bereits unter dem Ausgangsniveau eingependelt hatte.

Dieser Verlauf ist in Anbetracht des Aufgabenzuwachses von Werkstattführungskräften und Inselmitarbeitern nicht weiter verwunderlich.

Trotz erheblicher Anstrengungen konnte diese Tendenz bei der ganzheitlichen Umstrukturierung in Fertigungsinseln zwar verbessert, aber nicht grundlegend verändert werden.
Eleminiert man die Umstellungsprobleme kann man von einer Verbesserung der Qualitätsergebnisse in teilautonomen Arbeitsgruppen ausgehen.

SG 03 - 174

6. Teilautonome Produktion - der halbe Weg zum Ziel

Betrachtet man die Zeit- und Kostenanteile der Produktion bei der Entwicklung, Planung, Herstellung und Markteinführung neuer Produkte so wird deutlich, daß nennenswerte Marktvorteile nur durch die Reduzierung der Arbeitsteiligkeit in und zwischen den Bereichen Entwicklung, Konstruktion, Arbeitsvorbereitung, Materialwirtschaft und Produktion erreicht werden können.

Je höher der Konstruktionsanteil am Umsatz, umso weniger besteht die Möglichkeit die Nachteile funktionaler Organisation durch Projektarbeit auszugleichen. Es wird schlicht und einfach zu einem Mengenproblem.
Anders ausgedrückt nehmen die Vorteile flacher, vertikaler Organisationsformen mit steigender Produktinnovation und Produktvarianz, bei zunehmender Kundenanpassung und sinkender Produktlebensdauer zu.
Schon heute beschränken klassische und arbeitsteilig handelnde, zentralistisch entscheidende, vor- und nachgelagerte Funktionen die Reaktionsfähigkeit und Flexibilität teilautonomer Arbeitsgruppen in der Produktion.

Bei RENK vollzieht sich die Organisationsänderung der Arbeitsvorbereitung in zwei Schritten.
Zuerst wurde die Arbeitsteiligkeit innerhalb der Arbeitsvorbereitung aufgehoben und aus den Mitarbeitern der Gruppen.

- Arbeitsplanung
- NC - Planung
- Betriebsmittelkonstruktion
- Arbeitswirtschaft

die Planungsinseln

- Wellen und Zahnräder
- Scheiben, Würfel und Wandler
- Gehäuse

gebildet.

Die Planung erfolgt parallel, wird eng abgestimmt und es werden Wissensbrücken zwischen den Spezialdisziplinen geschlagen. Mittelfristig sollen sich die Mitarbeiter der Planungsinseln ersetzen können.

Im zweiten Schritt werden Planungs-, und Fertigungsinseln einen gemeinsamen Vorgesetzten haben und nach Möglichkeit räumlich zusammengeführt.

SG 03 - 045

Entwicklung und Konstruktion sind erst auf Produktebene vertikalisierbar.
Auf Baugruppen - und Teilefamilenebene bleibt nur die Möglichkeit der Projektorganisation ergänzt um Entwicklungsbegleitung, Konstruktionsberatung, Richtlinien für Gestaltung und Vermaßung und nicht zuletzt der Wertanalyse.

SG 03 - 181

Das Qualitätswesen wird das operative Feld räumen; die Prüfplanung wird integraler Bestandteil der Arbeitsplanung und das Messen und Prüfen ist im Rahmen eigenverantwortlicher Fertigung in die Verantwortung der Produktion übergegangen.
Die Prüfmittelverwaltung geht in der BEMI - Verwaltung auf und die Prüfmittelüberwachung ist ein normaler Instandhaltungsvorgang. Die Planung und der Kauf von Meßmaschinen, Prüfeinrichtungen, Qualitätssystemen und Prüfständen kann von der Investitionsplanung wahrgenommen werden.
Die Funktionsprüfung von Baugruppen und Produkten kann im Rahmen der Montage erfolgen.
Die Wareneingänge können vom Einkauf geprüft werden, wenn die Warenvereinnahmung diesem unterstellt und die Mitarbeiter meß- und prüftechnisch geschult werden.
Damit entstehen im operativen Feld wieder funktionsfähige Regelkreise mit klarer, ungeteilter Verantwortlichkeit.

Das Qualitätswesen wird sich künftig nicht mehr nur als produktionsorientierte Ausführungsüberwachung verstehen, sondern vom Vertrieb bis zum Service Vorgaben entwickeln und deren Einhaltung kontrollieren.

SG 03 - 183

Die Instrumentarien werden sein

- Qualitätsstrategie
- Fähigkeitsuntersuchung
- Auditierung
- Schulung
- Statistik

SG 03 - 182

Die Logistik mit den Aufgabengebieten

- Disposition
- Einkauf
- Lagerwirtschaft
- Grob- und Feinplanung

ist überwiegend administrativ ausgerichtet.
Die Auffassung, daß Grob- und Feinplanung nicht erst in der Fertigung einsetzen, sondern vom Produktlastenheft bis zu den Serviceunterlagen reichen, hat sich allgemein durchgesetzt.
Die Produktbindung ist gering und eine Vertikalisierung scheint wenig sinnvoll.
Die Logistik ist als Querschnittsfunktion richtig organisiert.

7. Schlußbemerkung

Teilautonomie ist ein hervorragendes Mittel " schlanker " zu produzieren.

Die Methode lautet alle zur Produktion notwendigen Hard- und Softwareressourcen unter einer Verantwortung zusammenzuziehen, Fremdbestimmung durch Selbstbestimmung zu ersetzen und Organisationskonformität durch zielgerichtete Eigeninitiative abzulösen.

Dazu ist es notwendig auch den Mitarbeiter in der Produktion nicht nur als ausführendes Organ anzusehen, sondern seine intellektuellen und emotionalen Fähigkeiten anzunehmen und einzusetzen.

Der Schlüssel für die Erschließung des Mitarbeiters aber ist die Motivation.

SG 03 - 066

9. Bildernachweis

*	Produktionsrandbedingungen	SG 03 - 082
*	Markt und Gesellschaft	SG 03 - 103
*	Ziele und Potentiale	SG 03 - 091
*	Funktionale Organisationsstruktur	SG 03 - 002
*	Vertikale Organisationsstruktur	SG 03 - 003
*	Psychische Blockade	SG 03 - 061
*	Kompetenz und Verantwortung	SG 03 - 009
*	Mitarbeiterqualifikation	SG 03 - 047
*	Werkstattinformationssystem	SG 02 - 114
*	Nachteilige Auswirkungen der Teilautonomie	SG 03 - 072
*	Flexibilisierung	SG 03 - 079
*	Arbeits- und Betriebszeitwesen	SG 03 - 051
*	Komplettbearbeitung	SG 02 - 081
*	Vorrüsten	SG 01 - 093
*	Vergleich der Entlohnungsformen	
*	Neustrukturierung der Produktion	
*	Layout Halle 13 neu	OP 02 - 054
*	Terminverantwortung in FI	SG 03 - 123
*	Stellenkostenverantwortung in FI	SG 03 - 124
*	Fertigungskostenverantwortung in FI	SG 03 - 125
*	Qualitätsverantwortung in FI	SG 03 - 122
*	Materialfluß	
*	Informationsfluß	
*	Terminergebnisse	SG 03 - 167
*	Komplexitätskostenvergleich	SG 03 - 019
*	Human- und Anlagenproduktivität	SG 03 - 044
*	Kostenergebnisse	SG 03 - 171
*	Qualitätsergebnisse	SG 03 - 174
*	Integration der Arbeitsvorbereitung	SG 03 - 045
*	Einbeziehung von Entwicklung und Konstruktion	SG 03 - 181
*	Qualitätslenkung	SG 03 - 183
*	Qualitätsinstrumentarien	SG 03 - 182
*	Motivation	SG 03 - 066

10. Literaturverzeichnis

* Strategische Optionen der Organisations- und Personalentwicklung bei CIM
  Institut für Sozialwissenschaftliche Forschung e. V.
  München KFK - PFT 148

* Wettbewerbsfaktor Zeit in Produktionsunternehmen
  Institut für Werkzeugmaschinen und Betriebswissenschaften; Technische Universität München, Münchner Kolloquium ' 91

* Bewertung und Gestaltung von Rüstarbeit- ein arbeitswissenschaftlicher Ansatz
  Dipl.- Wirtsch.- Ing. Sebastian Wirth, Hamburg VDI - Verlag Reihe 16 : Technik und Wirtschaft Nr. 57

* Flexible Fertigungsorganisation am Beispiel von Fertigungsinseln
  Ausschuß für wirtschaftliche Fertigung e. V.

* Personalentwicklung in Fertigungsinseln
  Renk AG - Augsburg
  Institut für Psychologie der Universität München

* Rüstoptimierung - Ergebnisse des A W F - Industriearbeitskreises
  Ausschuß für wirtschaftliche Fertigung e. V.

* Wirtschaftliche Fertigungsorganisation am Beispiel von Fertigungsinseln - Fachtagung
  Ausschuß für wirtschaftliche Fertigung e.V.

- Losgrößen 10 - 100 Stück
- ⌀ Losgröße > 25 Stück
- Neuauftragsanteil > 60 %
- ⌀ 0,7 Aufträge pro CNC-Maschine u. Schicht
- Fertigungszeitanteil CNC > 70 %

- Inselorganisation
- Mitarbeitender Gruppenführer
- Keine Einsteller
- Werkerselbstprüfung
- Betriebsmittel teilweise dezentralisiert
- Werkstattselbststeuerung

- Leistungslohn (noch Akkord)

Produktionsrandbedingungen — SG 03-082

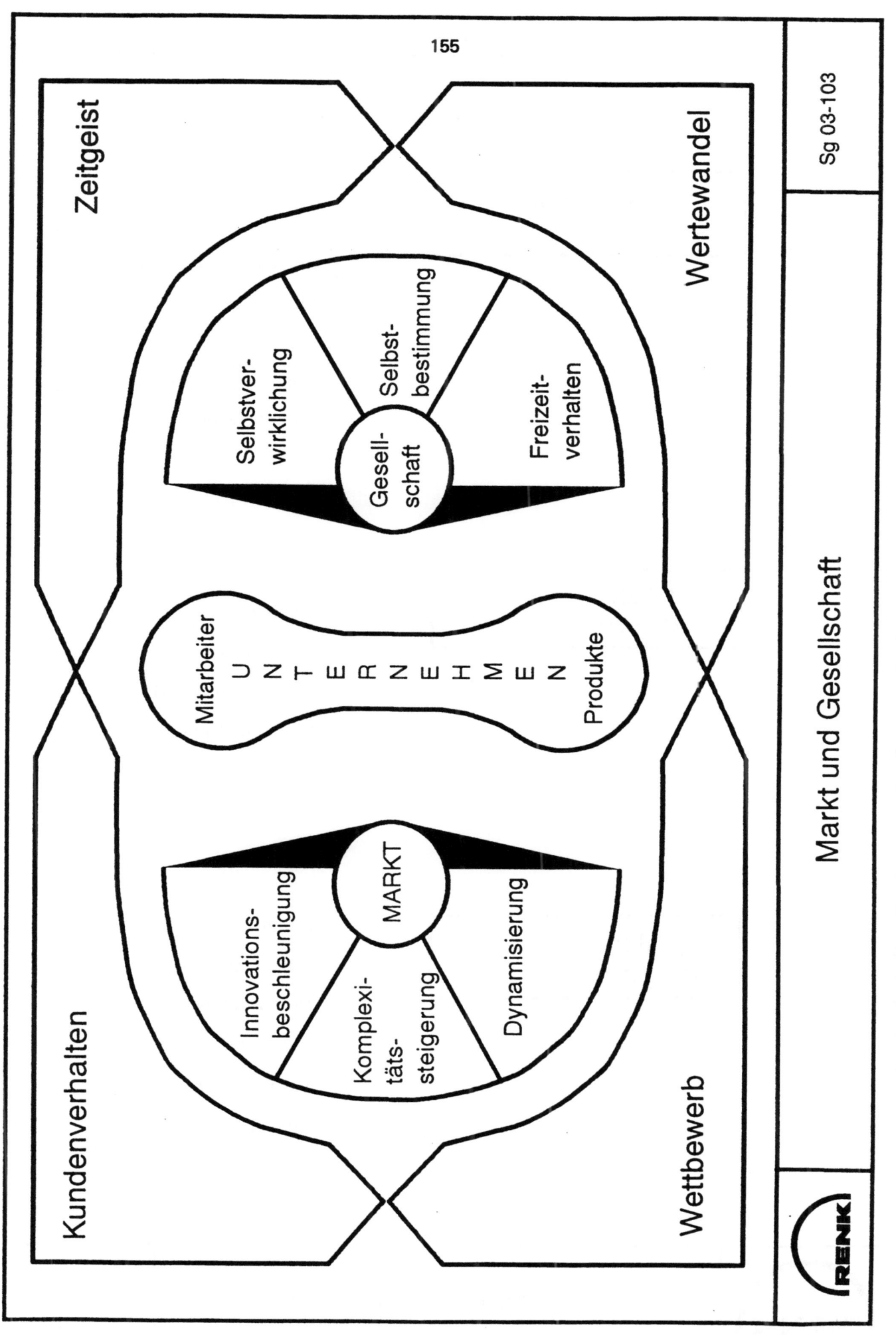

Markt und Gesellschaft

Durchlaufzeit senken	Liegezeiten
	Transportzeiten
	Entscheidungszeiten
	Störzeiten
	Wartezeiten
	Rüst- u. Stückzeiten
	Kontrollzeiten
Kosten senken	Komplexitätskosten
	Gemeinkosten
	Ausfallkosten
	Rüst- u. Stückkosten
	Qualitätskosten
Qualität steigern	Fremdkontrolle
	Arbeitsfolgedenken
	Produktkenntnis
	Funktionskenntnis
	Verantwortung
	Entlohnung

Ziele und Potentiale — SG 03-091

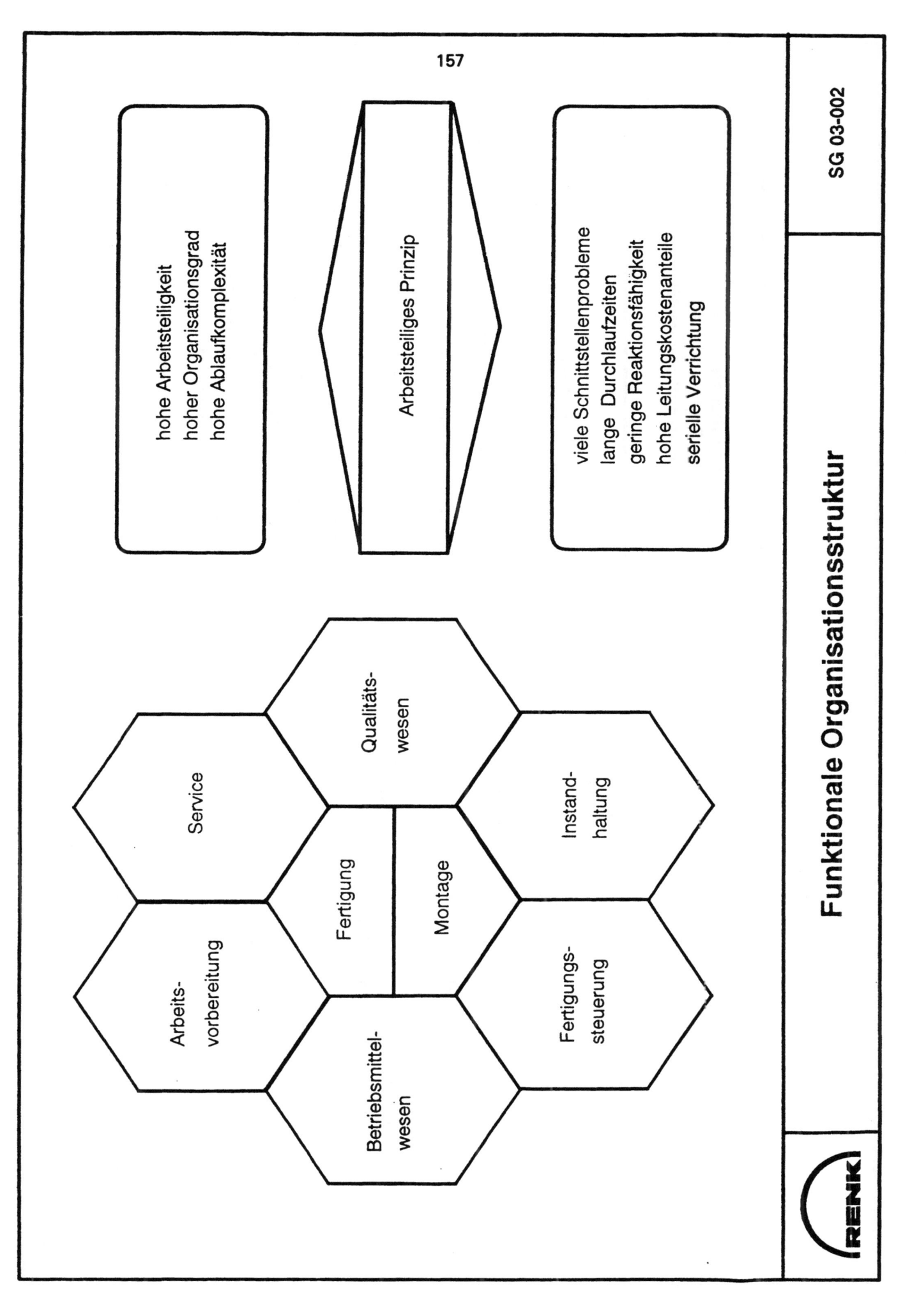

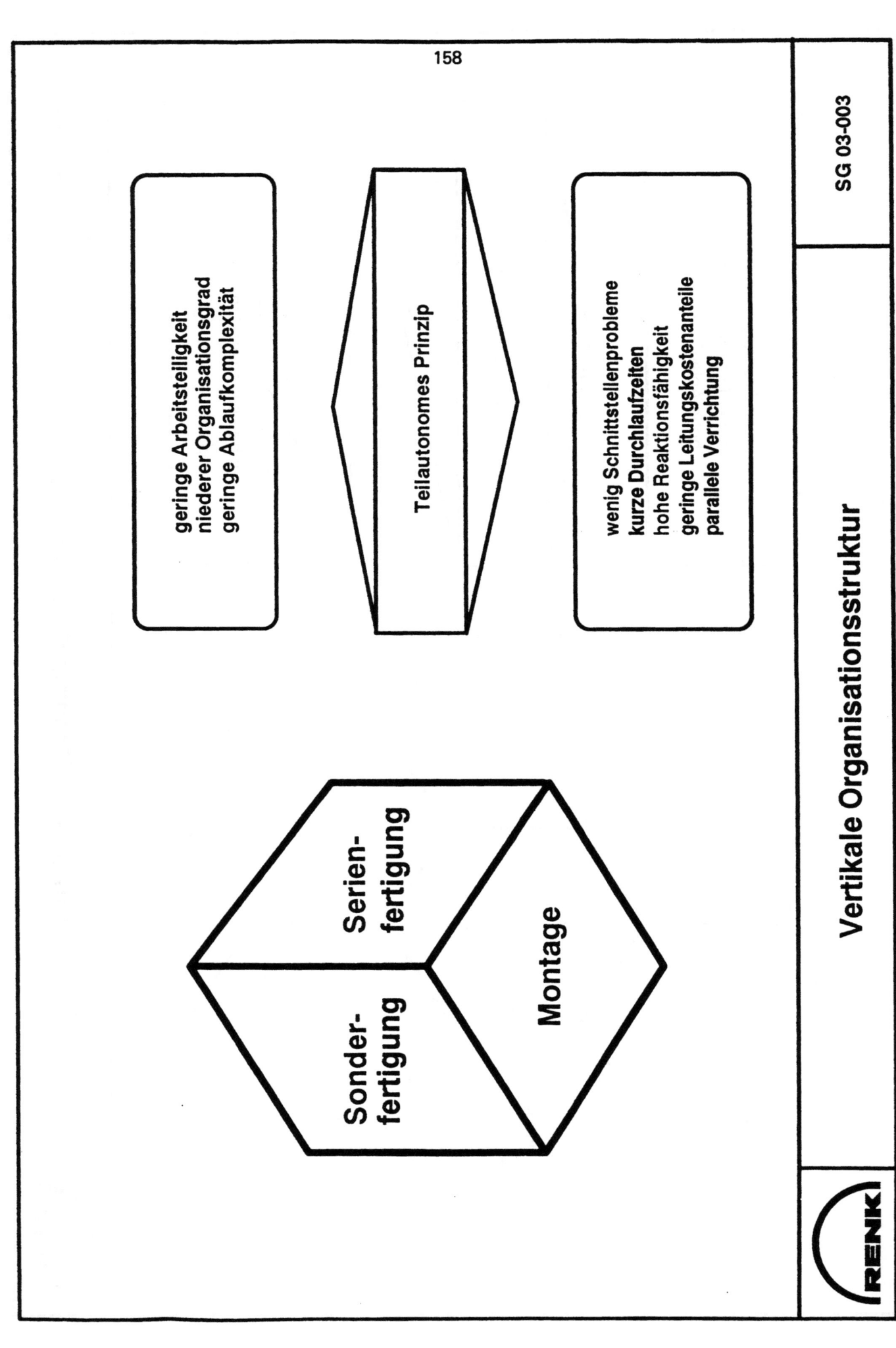

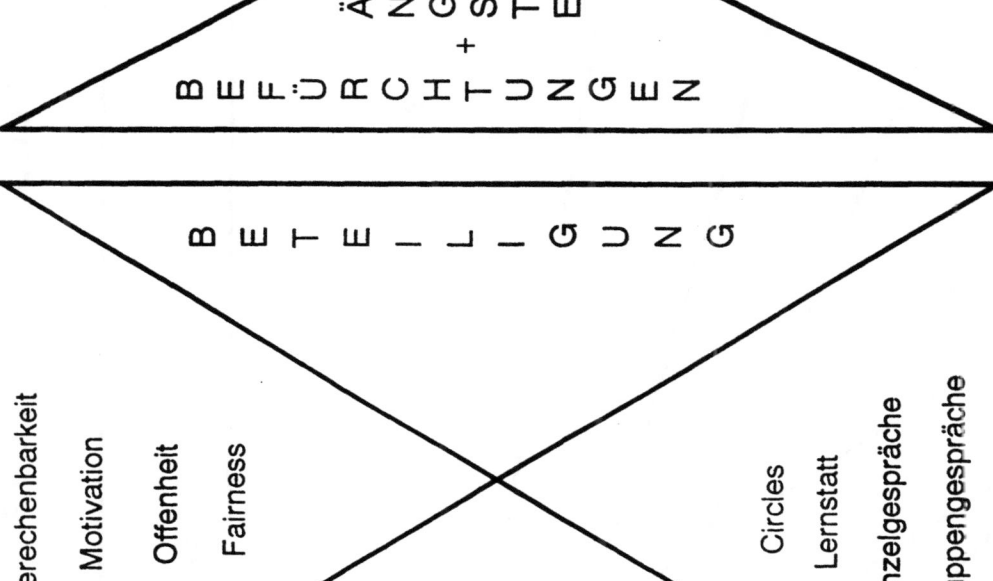

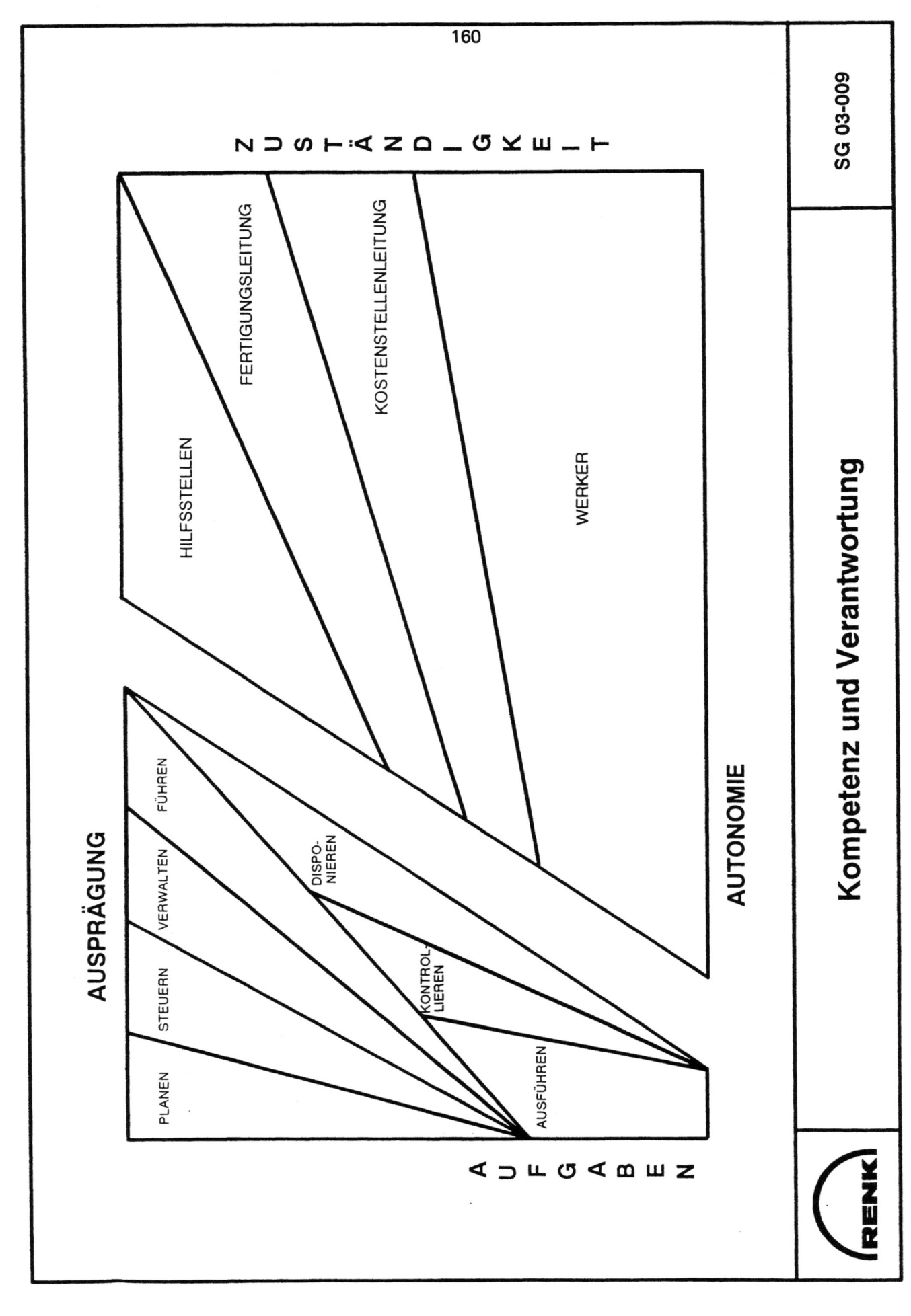

Kompetenz und Verantwortung

Fachkompetenz

- Facharbeiter
- Einsatz in 3 bis 4 Technologien
- Selbständiges Rüsten
- Einfahren von Neuprogrammen
- Zerspanungskenntnisse
- Eigenverantwortliche Fertigung
- Wartung und Pflege

Organisatorische Kompetenz

- Kenntnis der systeminternen Organisation
- Kenntnis der systemexternen Organisation
- Werkstattsteuerung
- Schichteinteilung
- Hilfsstellenabstimmung
- Disposition von Betriebsmitteln und Hilfsstoffen

Soziale Kompetenz

- Verantwortlichkeit
- Selbständigkeit
- Teamfähigkeit
- Kommunikationsfähigkeit
- Verbindlichkeit
- Flexibilität

Mitarbeiterqualifikation SG 03-047

Arbeitsplanverwaltung		NC-Verwaltung	

PPS - BDE

Arbeitsvorrat	Priorität	Solltermin
Vorgängervorrat	Status	Störgrund
Bestandsvorrat	Belastung	Liegezeit

Maschine	Gruppe	Insel	Fertigung
Auftrag		Projekt	

BEMI-Verwaltung	Materialverwaltung

Personalverwaltung	Anlagenverwaltung	Betriebsabrechnung

RENK — **Werkstattinformationssystem** — SG 02-114

| **Kapazitätsabgleich** | Zeitflexibilität
Einsatzflexibilität
Änderungsflexibilität |

Anlagenausfall
Personalausfall
Auslastungsschwankung

                                        Mitarbeiter
                                        Produktionsmittel
                                        Organisation

Anlagenauslastung   Zeitflexibilität
                                                 Einsatzflexibilität
                                                 Änderungsflexibilität

Infrastrukturanlagen
Auslastungsschwankung
Aufgabenüberfrachtung

                                        Mitarbeiter
                                        Produktionsmittel
                                        Organisation

Kapitaleinsatz   Zeitflexibilität
                                                 Ortsflexibilität
                                                 Einsatzflexibilität

Werkzeuge
Spannmittel
Meßmittel
Arbeitsplatzeinrichtung
Dezentralisierung

                                        Mitarbeiter
                                        Produktionsmittel
                                        Organisation

Zielorientierte Entlohnung

Nachteilige Auswirkungen der Teilautonomie

SG 03-072

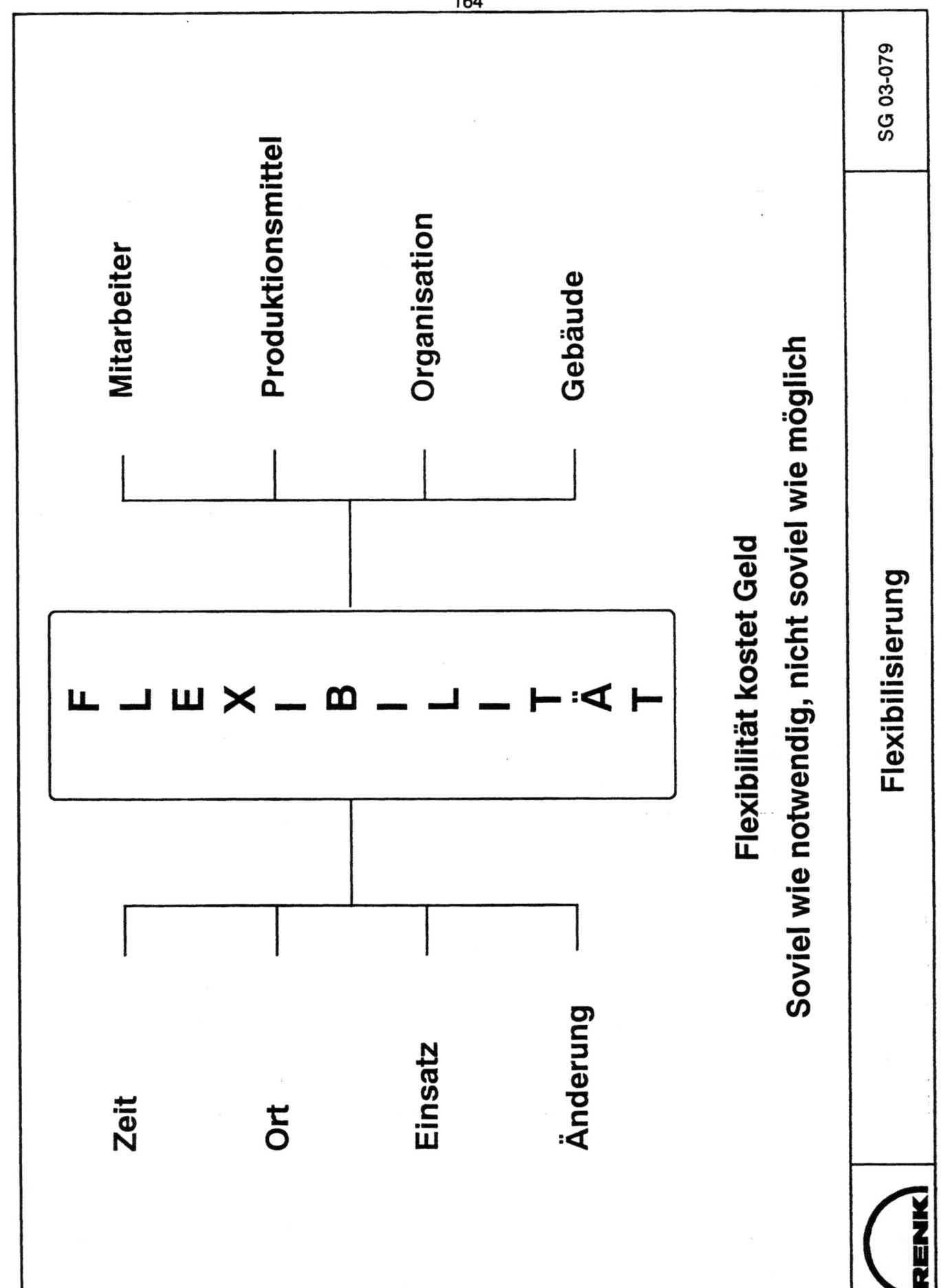

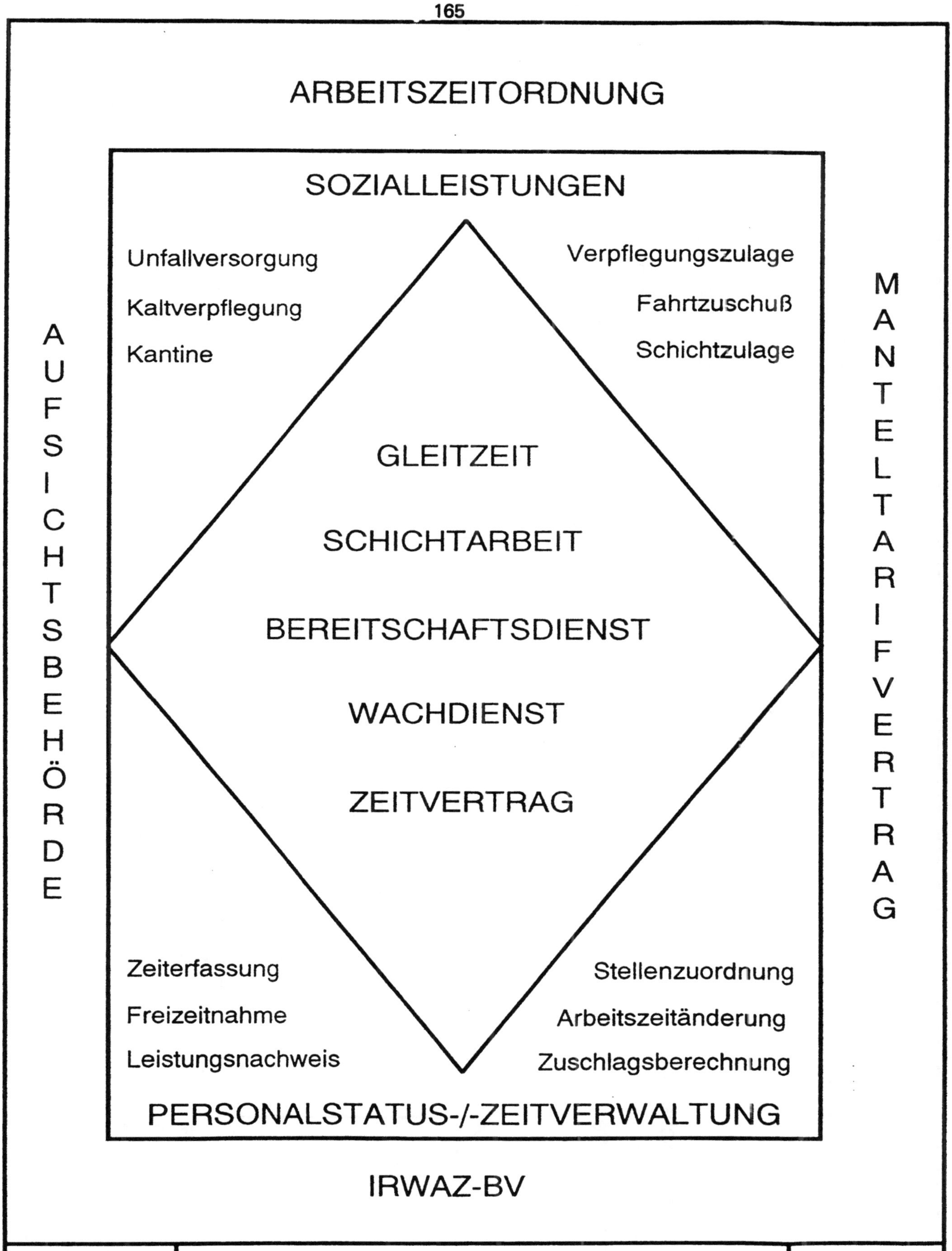

ARBEITSZEITORDNUNG

SOZIALLEISTUNGEN

Unfallversorgung
Kaltverpflegung
Kantine

Verpflegungszulage
Fahrtzuschuß
Schichtzulage

AUFSICHTSBEHÖRDE

MANTELTARIFVERTRAG

GLEITZEIT

SCHICHTARBEIT

BEREITSCHAFTSDIENST

WACHDIENST

ZEITVERTRAG

Zeiterfassung
Freizeitnahme
Leistungsnachweis

Stellenzuordnung
Arbeitszeitänderung
Zuschlagsberechnung

PERSONALSTATUS-/-ZEITVERWALTUNG

IRWAZ-BV

Arbeits- und Betriebszeitwesen

SG 03-051

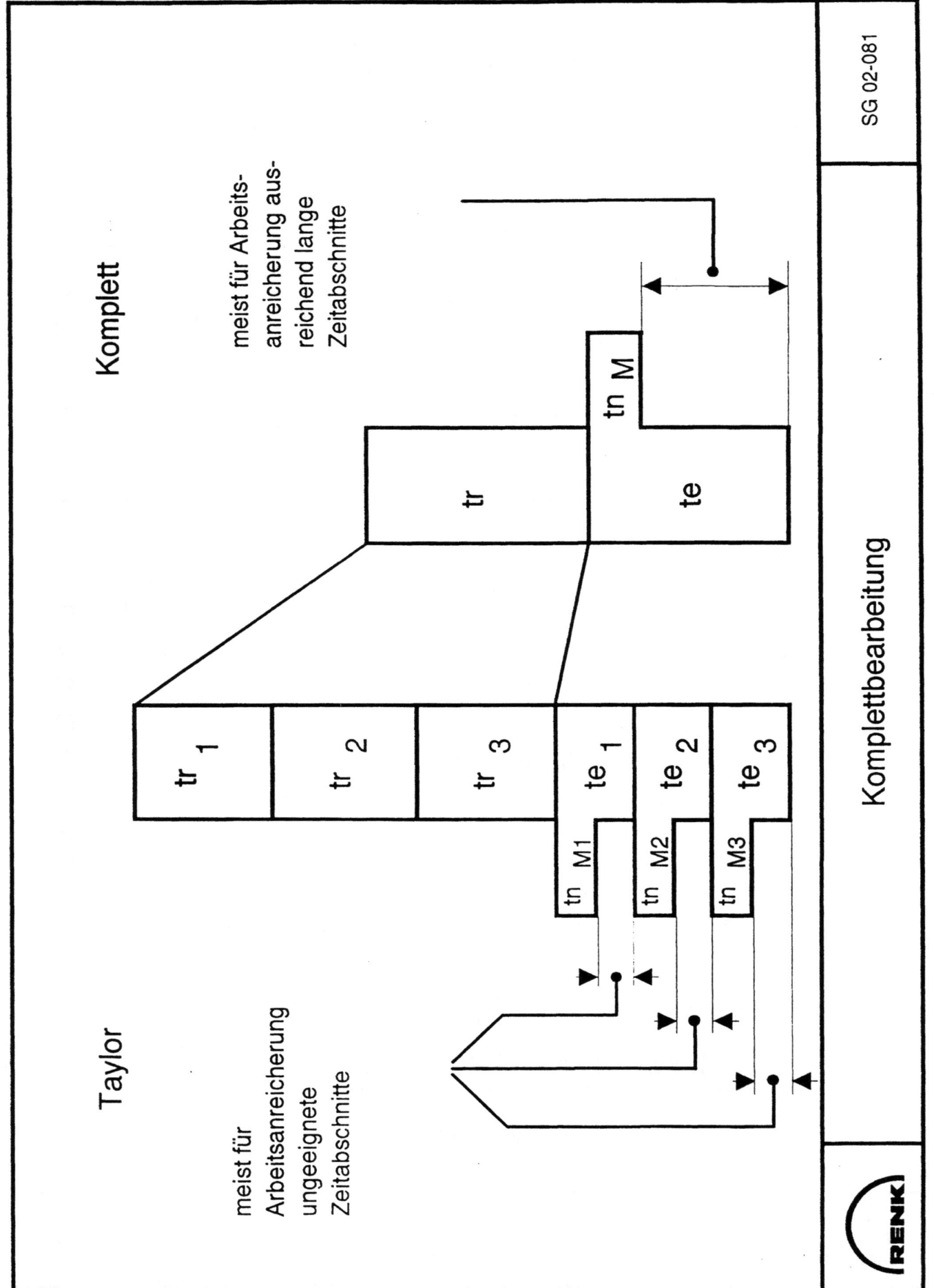

Vorgängerplanung

Ressourcenplanung
Ressourcenbeistellung

Prüfen

Funktionalität   Vollständigkeit
Plausibilität

- Arbeitspapiere
- Spannvorrichtung
- Meßmittel
- Programm
- Werkzeug
- Wendeschneidplatten

Meister
Maschinenbediener

Vor der Maschine

VORRÜSTEN SG 01-093

Vergleich der Entlohnungsformen

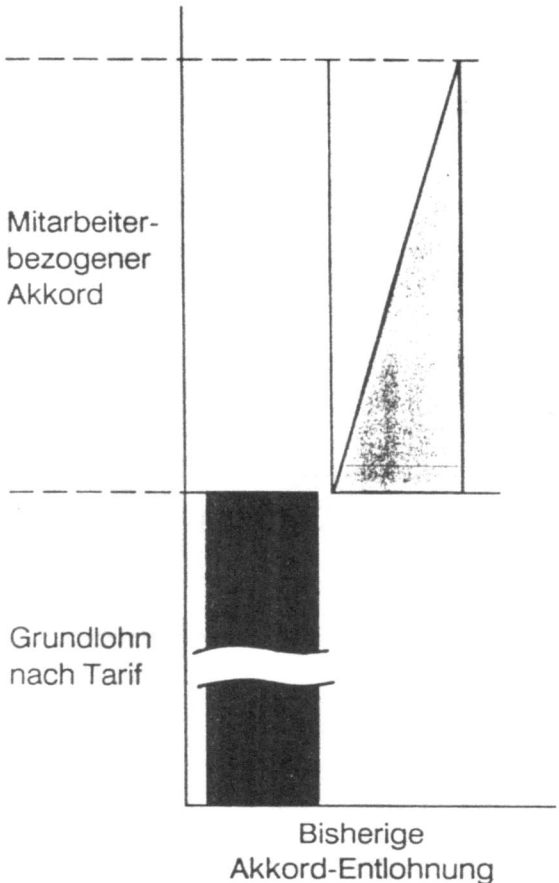

Mitarbeiterbezogener Akkord

Grundlohn nach Tarif

Bisherige Akkord-Entlohnung

Steigerung der Produktivität und Verbesserung des Ergebnisses durch Einbeziehung gruppenabhängiger Komponenten

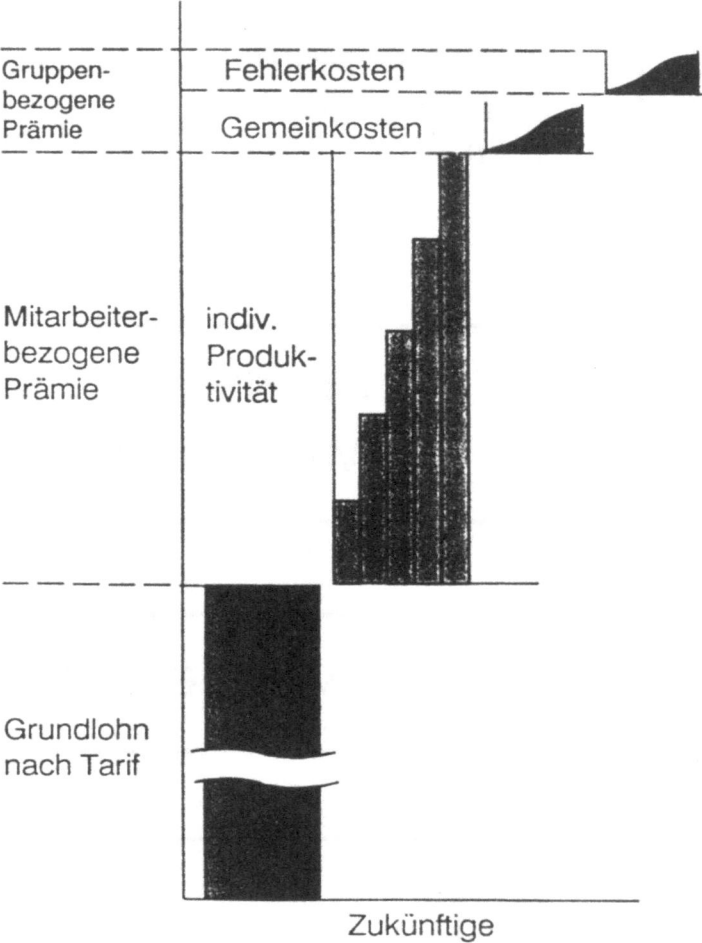

Gruppenbezogene Prämie — Fehlerkosten / Gemeinkosten

Mitarbeiterbezogene Prämie — indiv. Produktivität

Grundlohn nach Tarif

Zukünftige Prämien-Entlohnung

Neustrukturierung der Produktion

Serienfertigung in Inseln

- FI: Gehäuse
- FI: kleine Zahnräder
- FI: Wellen und Kegelräder
- FI: Scheiben und Würfel
- FI: große Zahnräder
- FI: Wandler
- FI: Montage

Prototypenfertigung
- Fertigungsvorbereitung
- Einkauf
- Fertigungssteuerung
- Fertigung

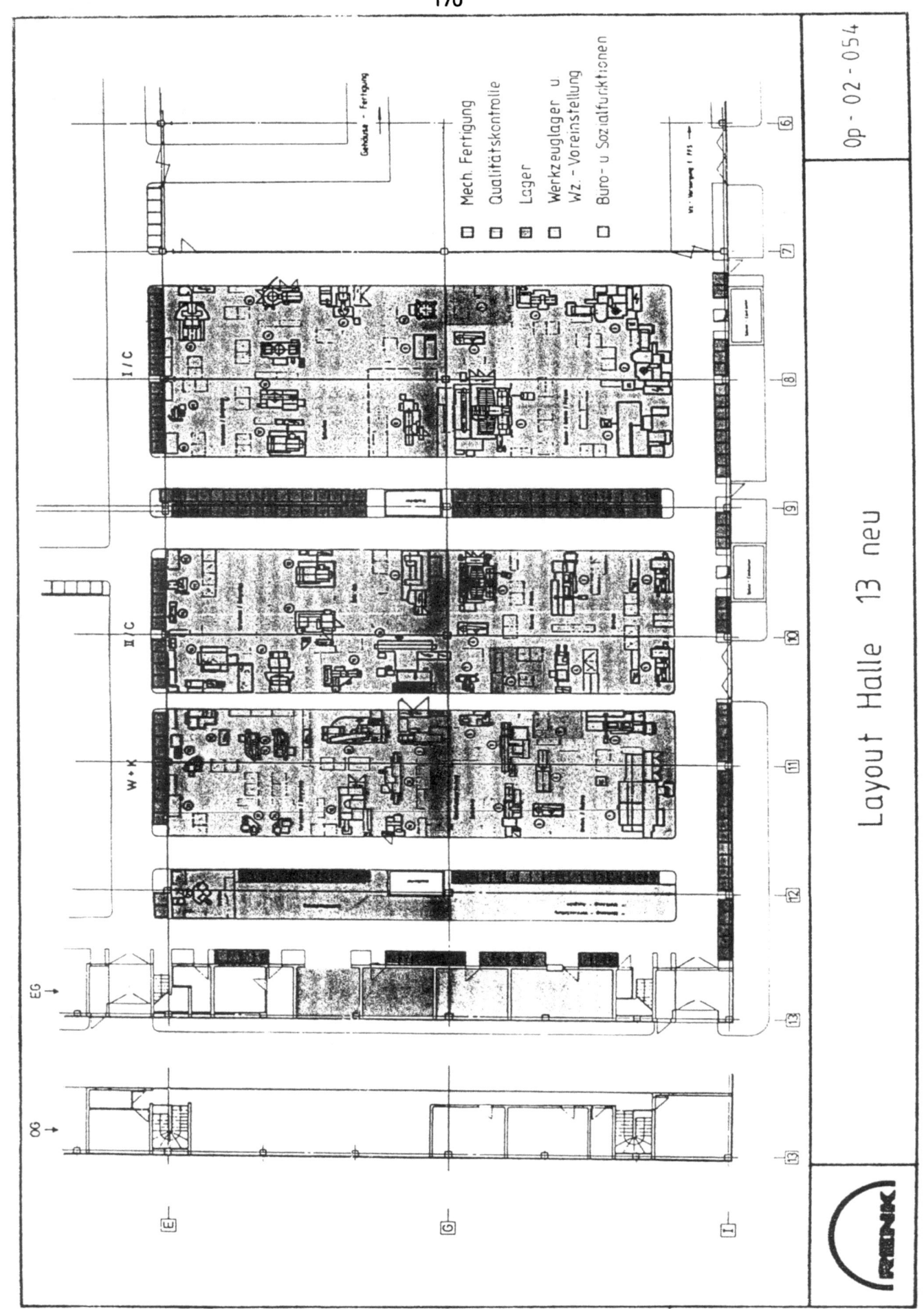

Terminverantwortung in FI

WAR — Logistik (Terminwesen)

Vorgängerplanung	-----
Reihenfolgeplanung	Terminer
Ressoucenbeistellung	Terminer
Trouble shooting	Terminer

IST — Fertigungsleitung (Inselleitung)

Vorgängerplanung	Inselleiter
Reihenfolgeplanung	Inselleiter
Ressoucenbeistellung	Werker
Trouble shooting	Inselleiter

SOLL — Fertigungsleitung (Inselleitung)

Vorgängerplanung	Inselleiter
Reihenfolgeplanung	Werker
Ressoucenbeistellung	Gruppe
Trouble shooting	Inselleiter

RENK — Terminverantwortung in FI — SG 03-123

WAR — Betriebsleitung

Sachgemeinkosten	Fertigungsleiter
Personalkosten	Fertigungsleiter
Instandhaltungskosten	Nebenbetriebe
Betriebsmittelkosten	Betriebsmittelwesen

(Fertigungsleitung)

IST — Produktionsleitung

Sachgemeinkosten	Inselleiter
Personalkosten	Fertigungsleiter
Instandhaltungskosten	Inselleiter
Betriebsmittelkosten	Betriebsmittelwesen

(Fertigungsleitung)

SOLL — Fertigungsleitung

Sachgemeinkosten	Inselleiter
Personalkosten	Inselleiter
Instandhaltungskosten	Inselleiter
Betriebsmittelkosten	Fertigungsleiter

(Inselleitung)

Stellenkostenverantwortung in FI

SG 03-124

WAR — Betriebsleitung

Planungsaufwand	Arbeitsvorbereitung
Betriebsmittelaufwand	Betriebsmittelwesen
Stellenkosten	Fertigung
Stückzeitaufwand	Arbeitsvorbereitung

IST — Produktionstechnik / Produktionsleitung

Planungsaufwand	Arbeitsvorbereitung
Betriebsmittelaufwand	Betriebsmittelwesen
Stellenkosten	Fertigung
Stückzeitaufwand	AV/Fertigung

SOLL — Produktionsleitung

Planungsaufwand	Inselleiter
Betriebsmittelaufwand	Inselleiter
Stellenkosten	Inselleiter
Stückzeitaufwand	Inselleiter

(Fertigungsleitung)

Fertigungskostenverantwortung in FI

SG 03-125

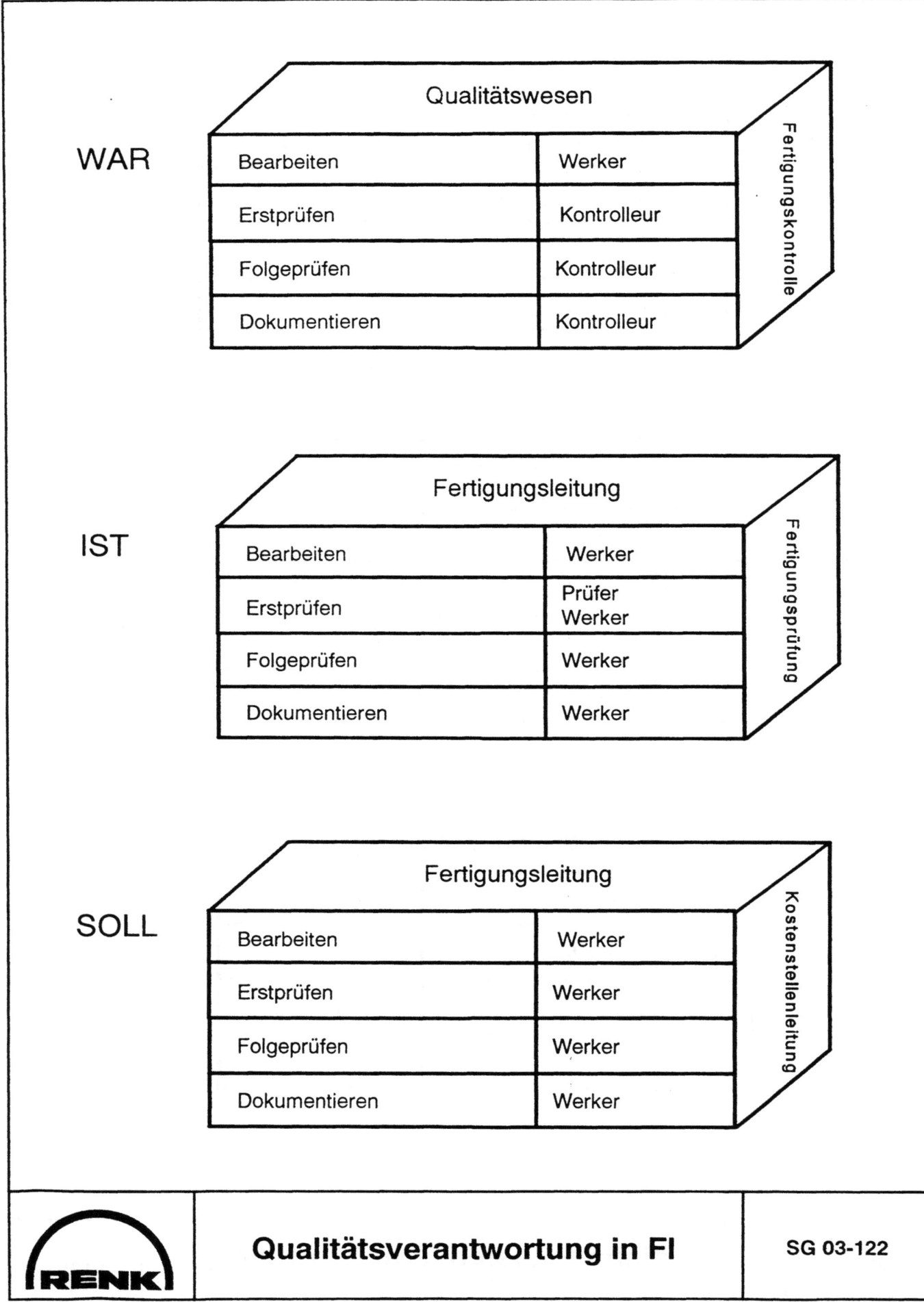

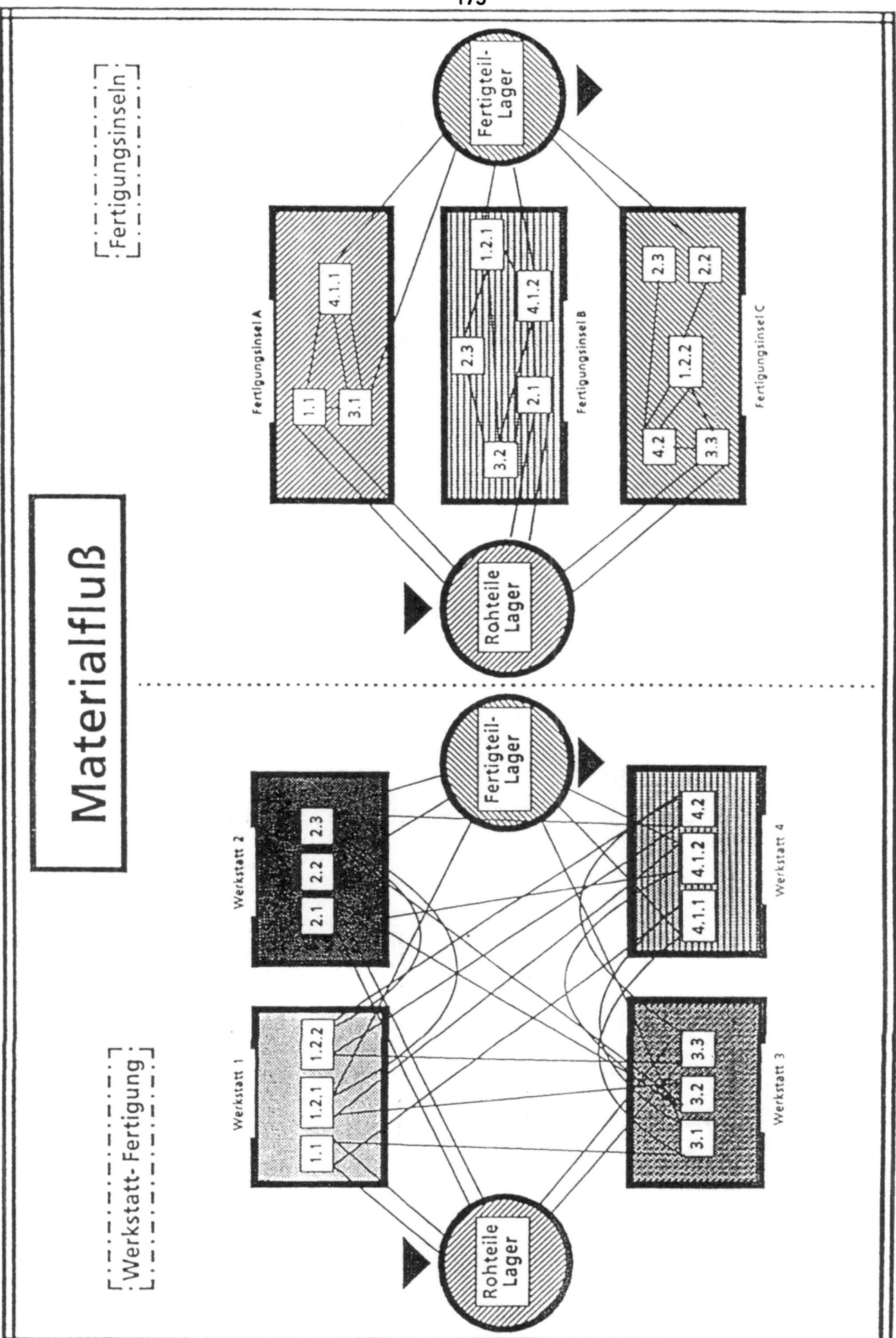

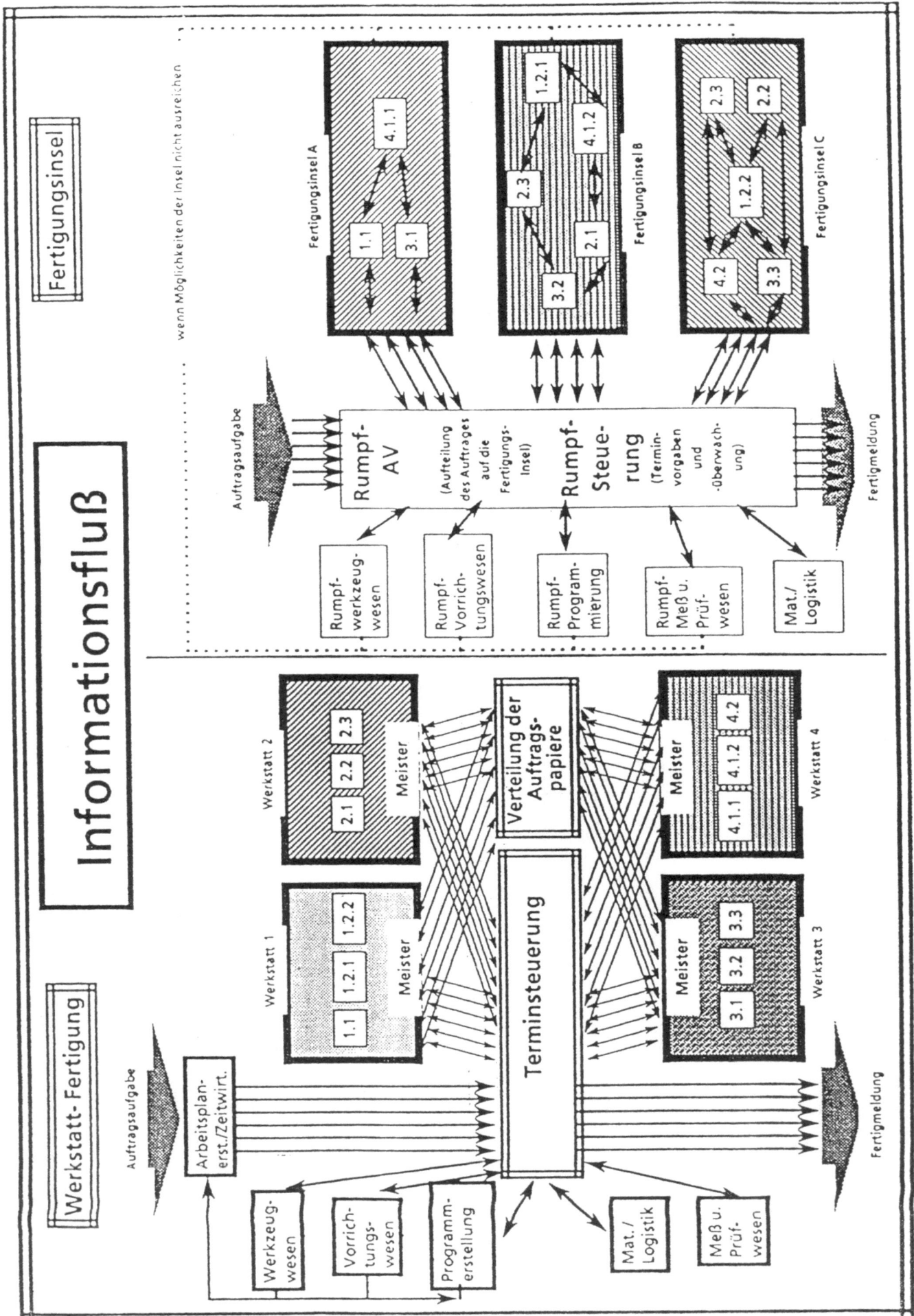

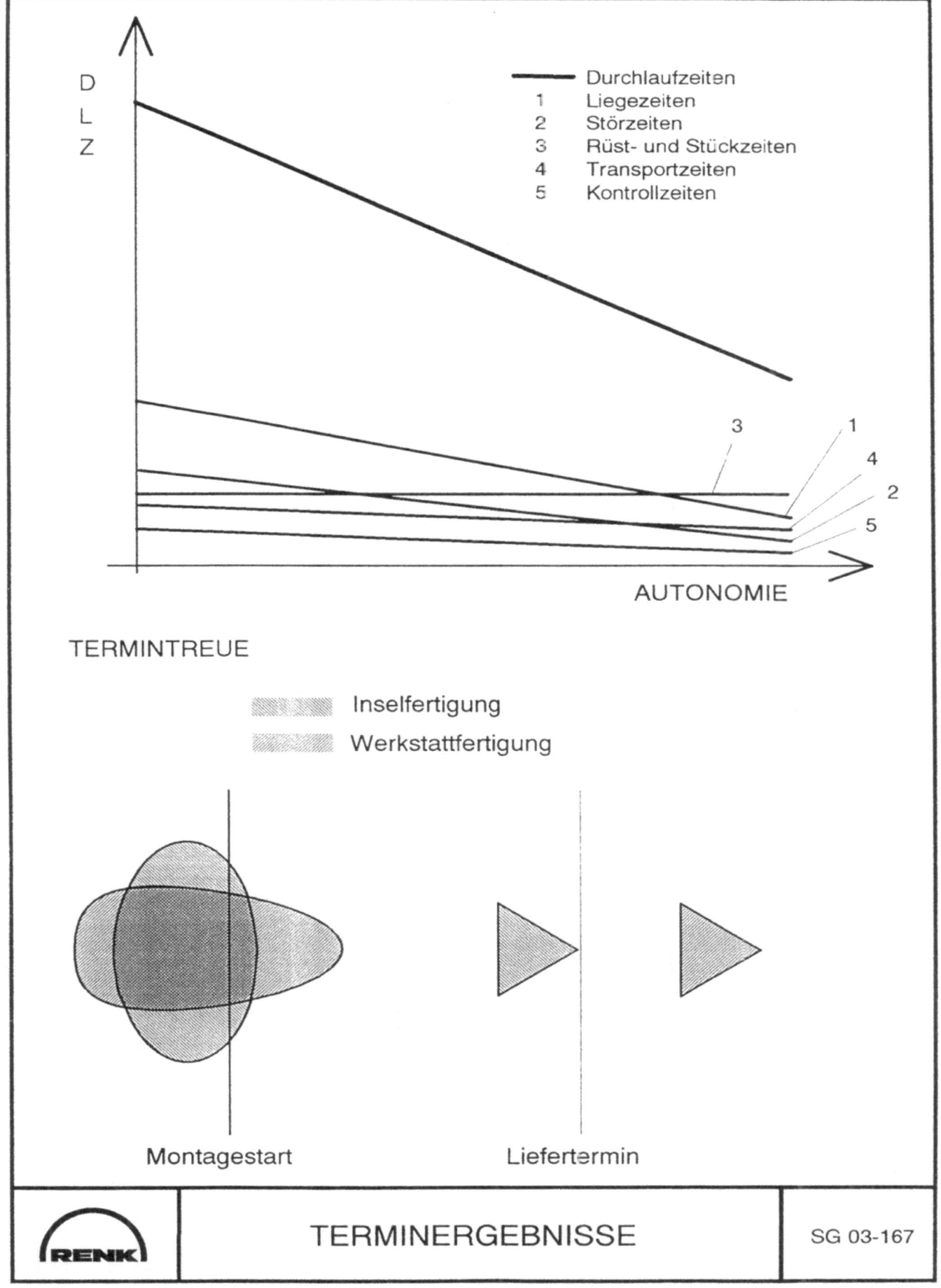

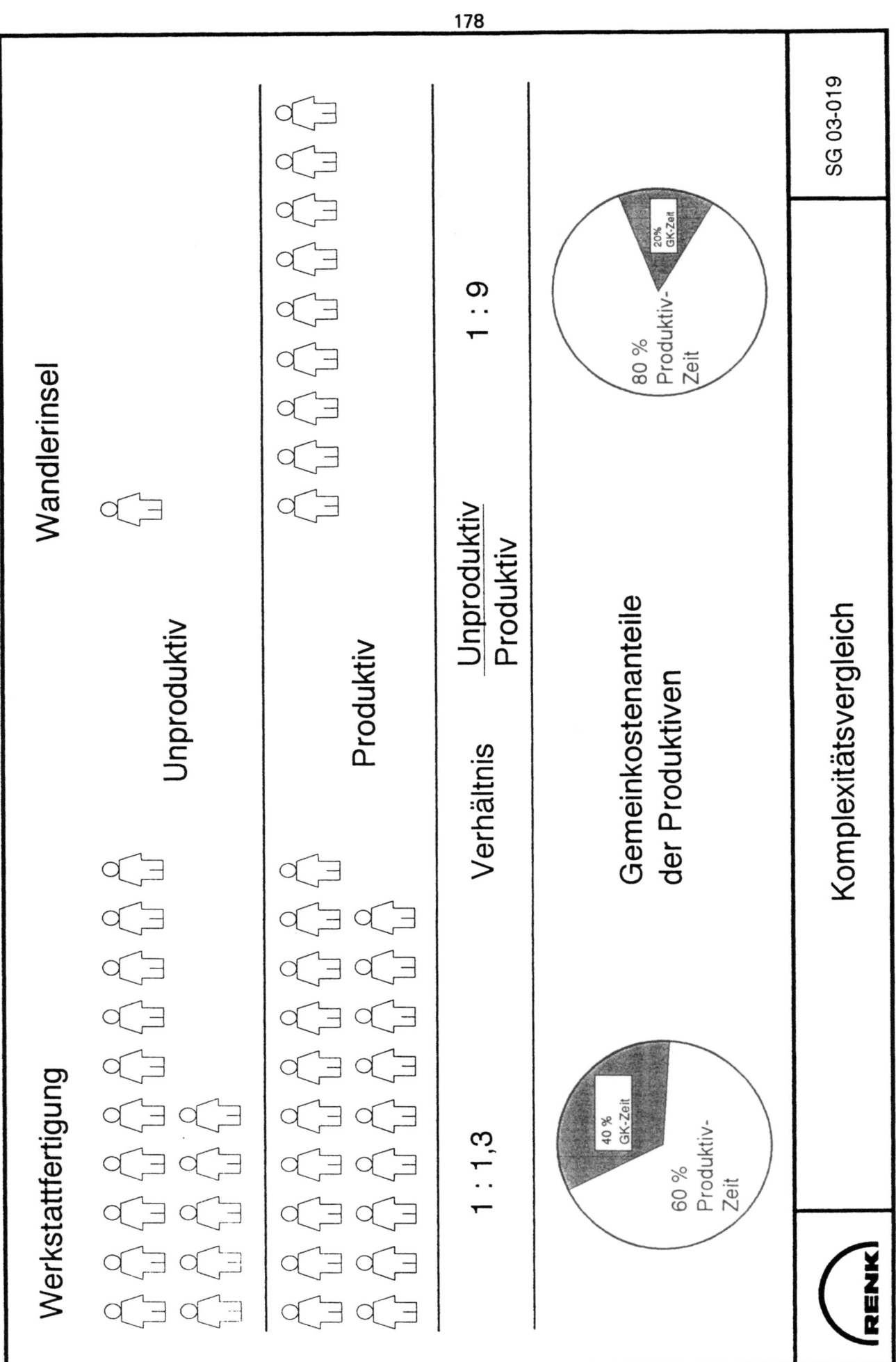

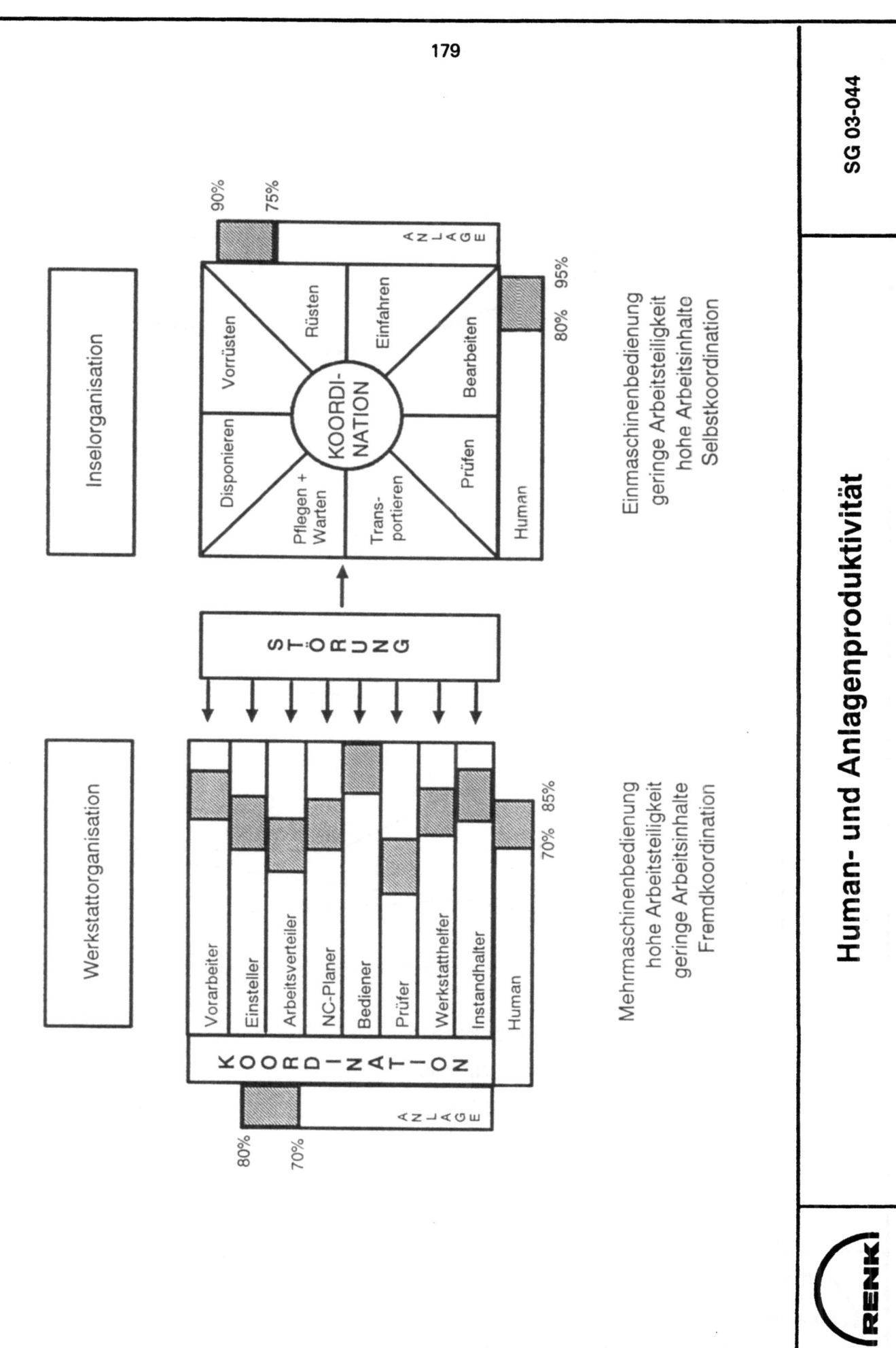

Human- und Anlagenproduktivität

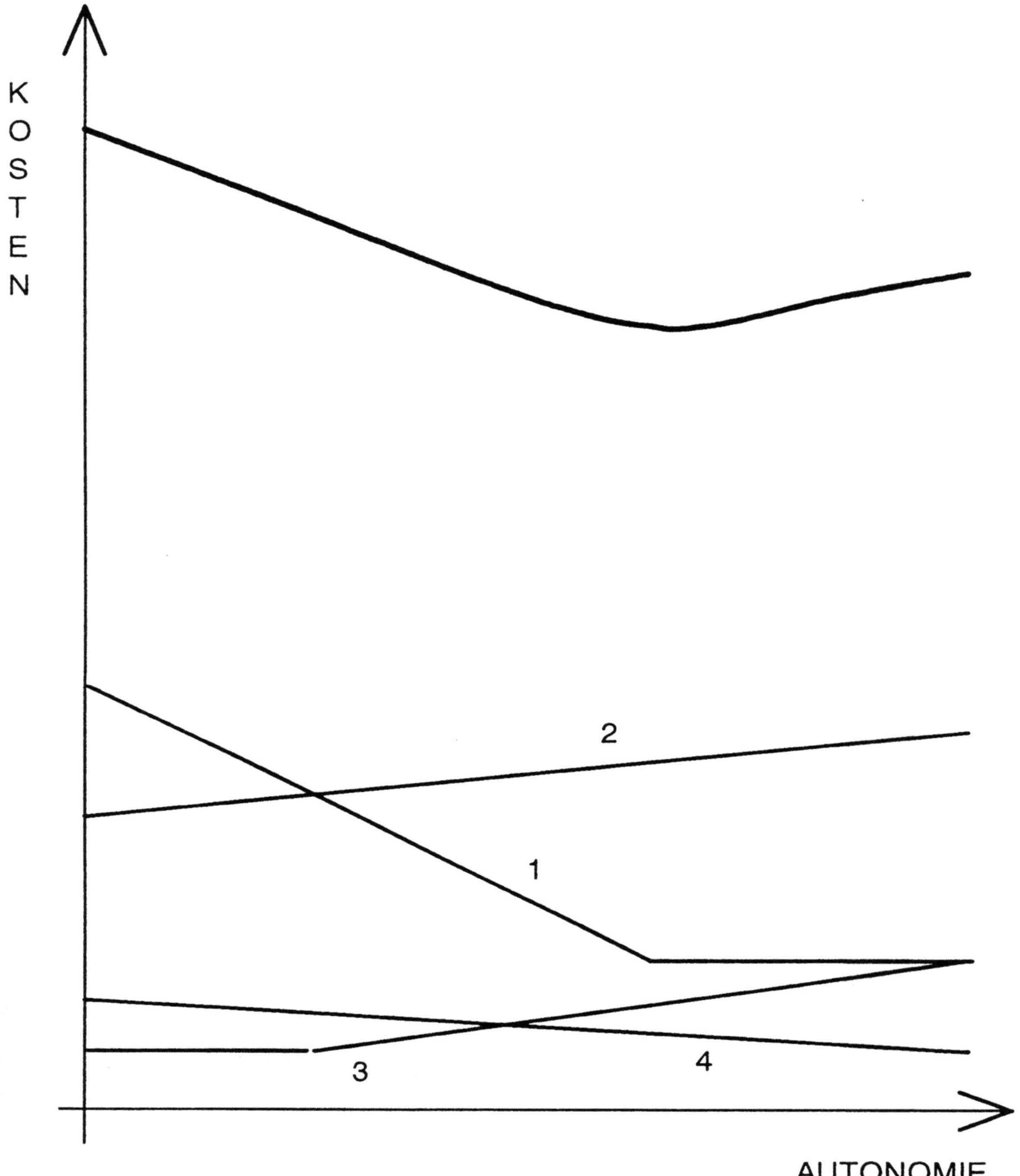

KOSTENERGEBNISSE

— Fertigungskosten
1 Komplexitätskosten
2 Maschinenkosten
3 Betriebsmittelkosten
4 Ausfallkosten

SG 03-171

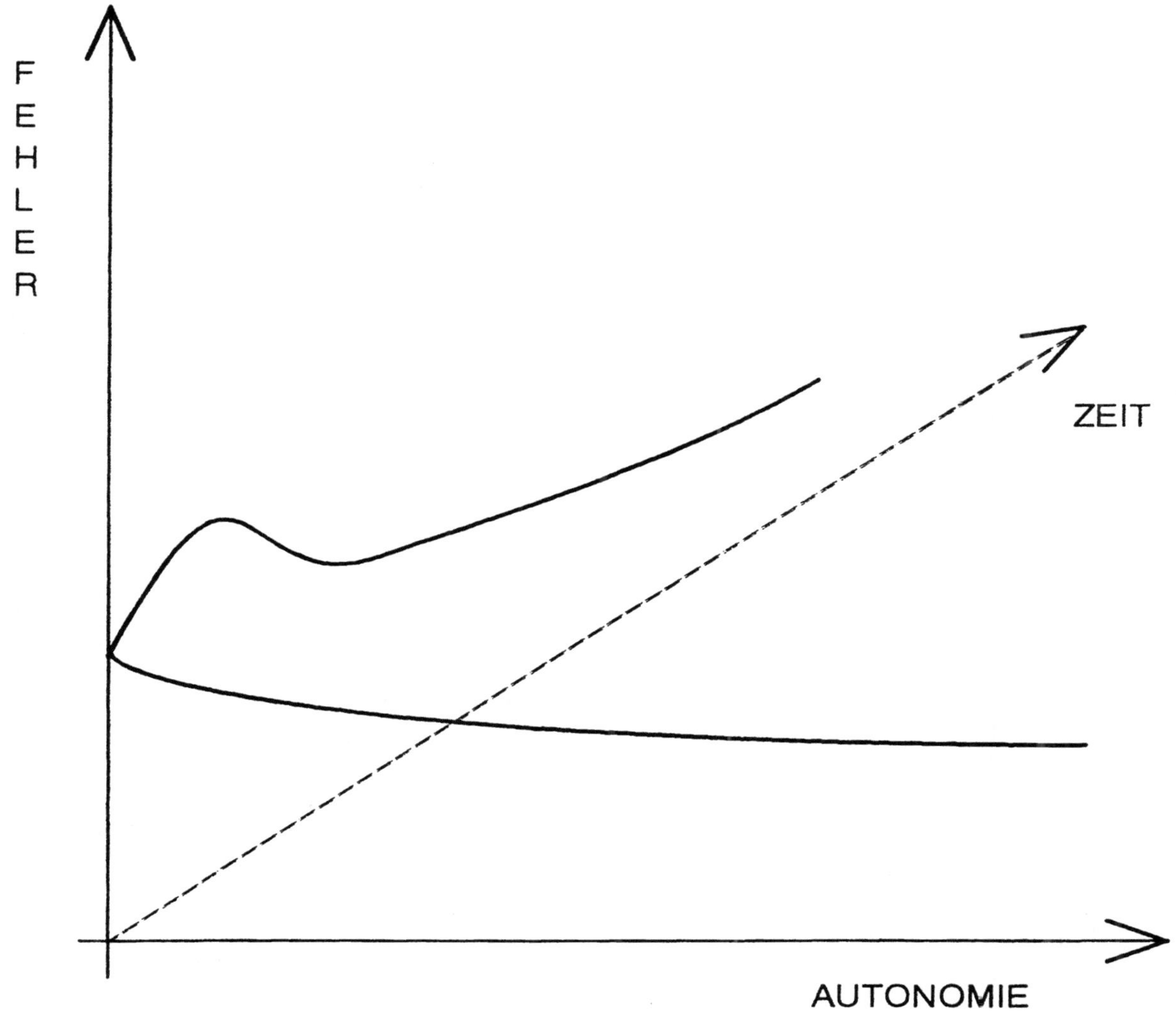

FEHLER

ZEIT

AUTONOMIE

QUALITÄTSERGEBNISSE

SG 03-174

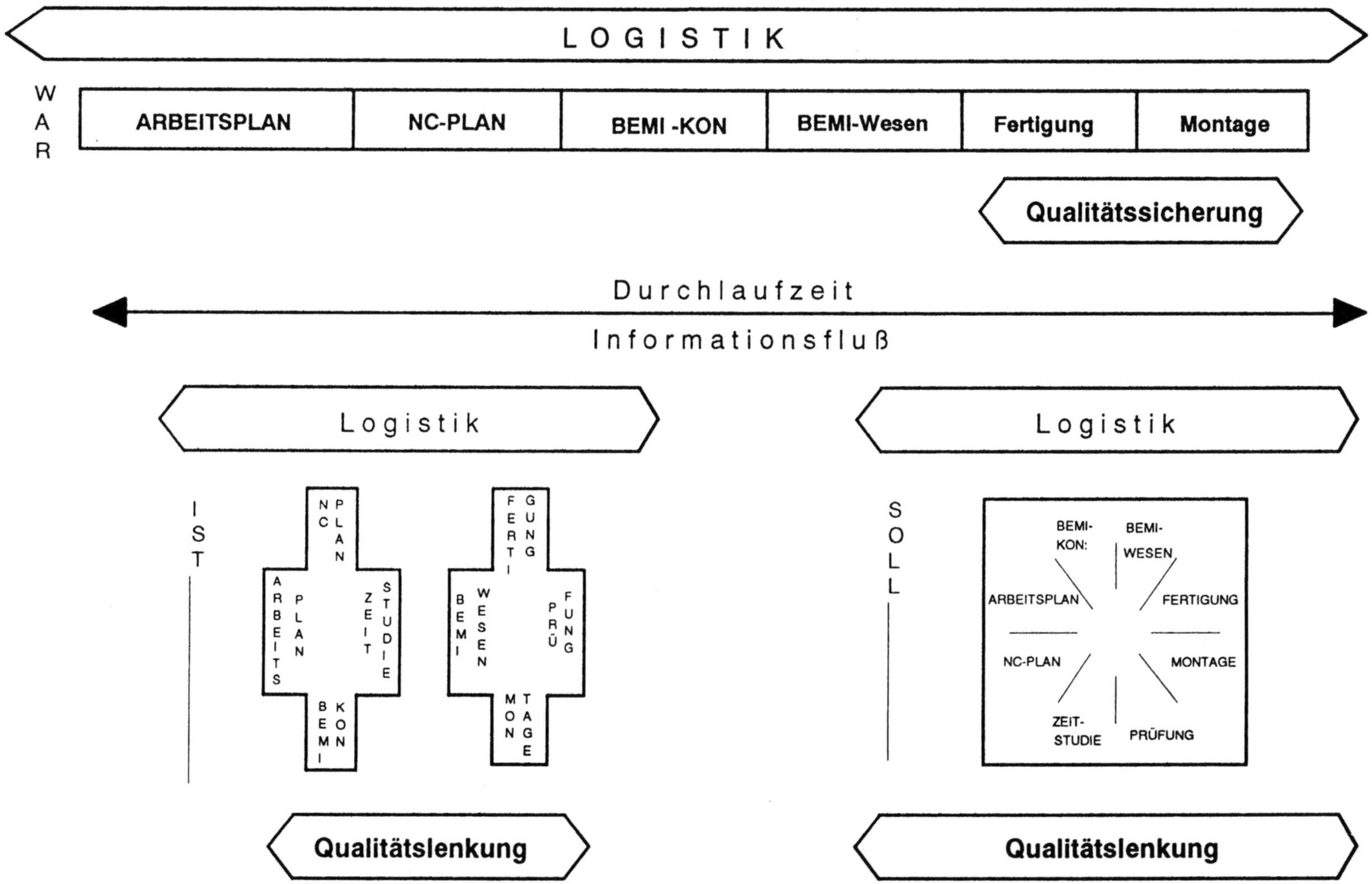

Integration der Arbeitsvorbereitung

LOGISTIK

| ARBEITSPLAN | NC-PLAN | BEMI-KON | BEMI-Wesen | Fertigung | Montage |

Qualitätssicherung

Durchlaufzeit
Informationsfluß

Logistik

SOLL: BEMI-WESEN, FERTIGUNG, MONTAGE, PRÜFUNG, ZEIT-STUDIE, NC-PLAN, ARBEITSPLAN, BEMI-KON

Qualitätslenkung

Logistik

IST: ARBEITSPLAN, NC-PLAN, ZEITSTUDIE, BEMI-KON, BEMI-WESEN, FERTIGUNG, PRÜFUNG, MONTAGE

Qualitätslenkung

SG 03-045

RENK

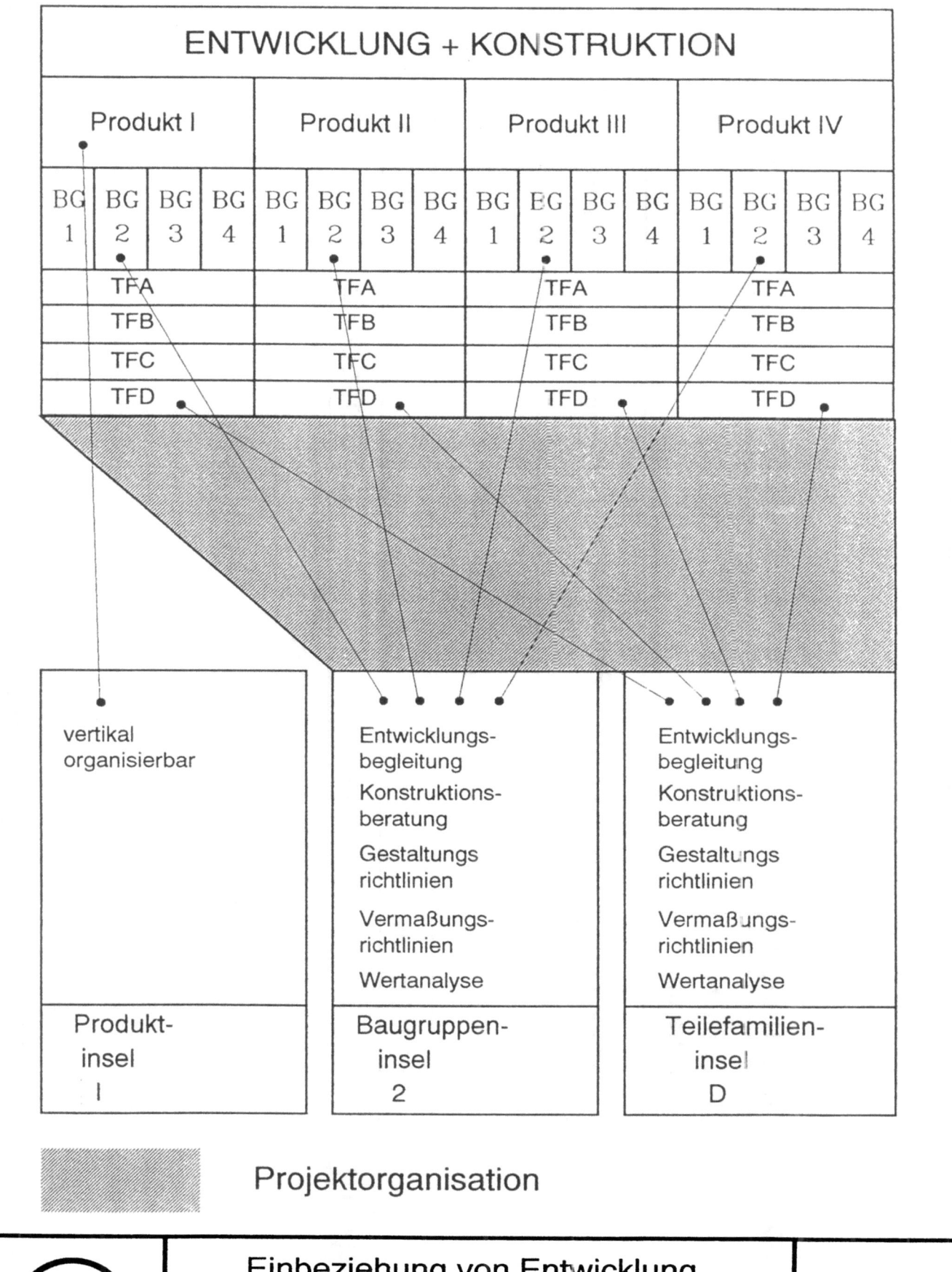

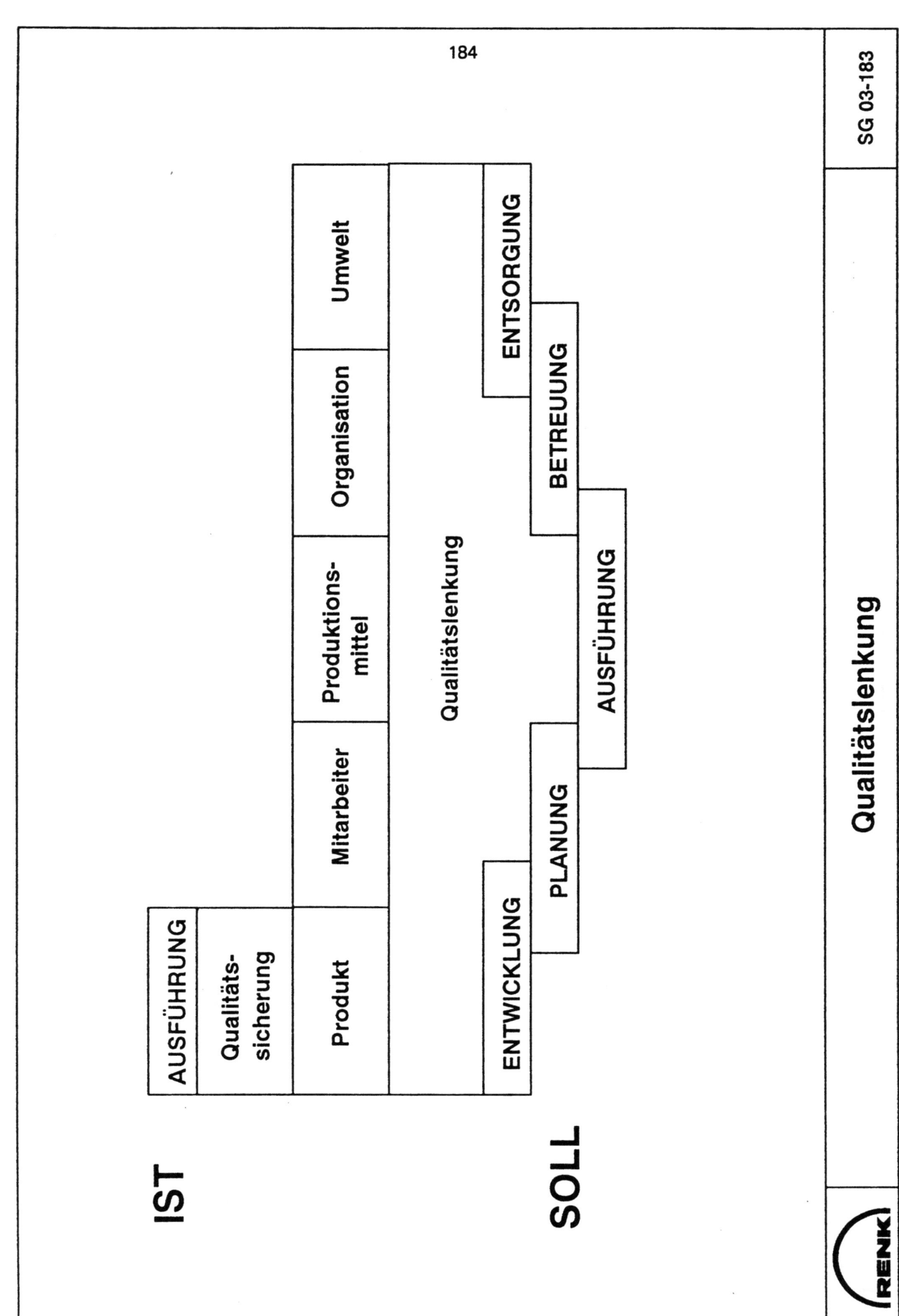

ENTWICKLUNG → **SERVICE**

FUNKTIONALITÄT

Qualitätsstrategie	Qualitätshandbuch
	Qualitätsrichtlinien
	Qualitätsnormung
Fähigkeitsuntersuchung	Produkt
	System
	Prozeß
	Maschine
Auditierung	Entwicklung
	Konstruktion
	Produktion
	Materialwirtschaft
	Service
	Lieferant
Schulung	Qualitätsbewußtsein
	Qualitätsorganisation
	Quality Circles
	Wertanalyse
Statistik	Fehlerhäufigkeit
	Fehlerursachen
	Fehlerkosten
	Qualitätskosten

AUSFÜHRUNG

PRODUKTENTSTEHUNG → **ENTSORGUNG**

RENK — **Qualität** — SG 03-182

MOTIVATION

- Eigeninitiative
- Leistungsbereitschaft
- Verantwortungsbereitschaft
- Dispositionsbereitschaft
- Bereitschaft zu Flexibilität

↑

MOTIVATION

↑

- kooperativer Führungsstil
- Information und Beteiligung
- Handlungs- und Entscheidungsspielraum
- Entlohnungsart

IAO-Forum
**Kundenorientierte
Produktion**

**Motivation der Mitarbeiter
in einem hochtechnisierten
Arbeitsumfeld**

M. Hilche

Was motiviert die Mitarbeiter ?
(Gesamtmetall, September 1989)

- Arbeit, die Freude macht

- Erlebte fachliche und persoenliche Kompetenz

- Anerkennung

- Chancen zum beruflichen Aufstieg

- Eine gute Mischung von Arbeit und Freizeit

- Information und Beteiligung

- Vorgesetzte, die richtig fuehren und die Selbstaendigkeit der Mitarbeiter foerdern

- Gute Zusammenarbeit mit Arbeitskollegen

PRINTED CIRCUIT DIVISION
BOEBLINGEN

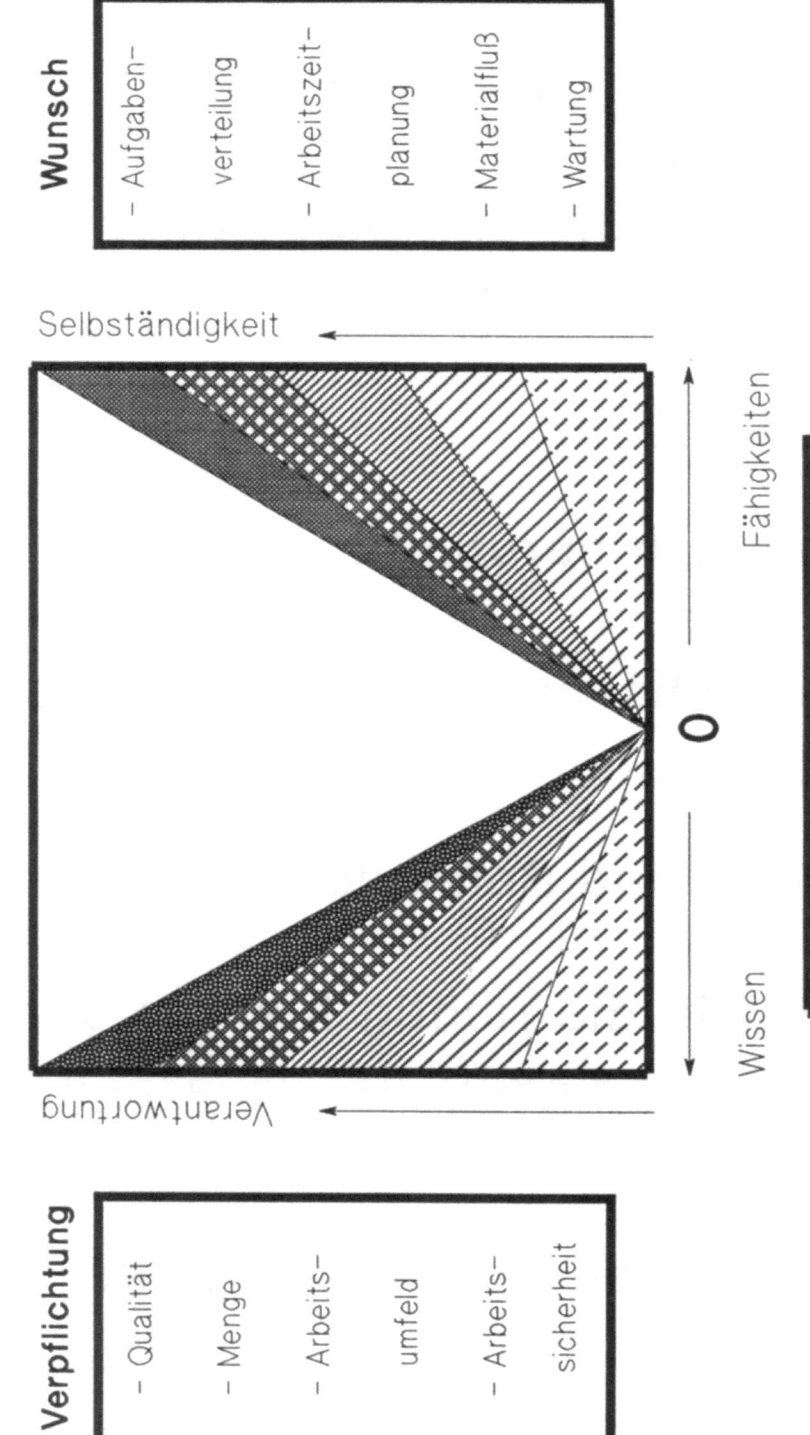

Erfahrungen mit Gruppenarbeit

- Das Topmanagement muss 100% das Thema Gruppenarbeit verstanden haben und dazu stehen

- Das Gesamtsystem muss rechtzeitig analysiert und gegebenenfalls veraendert werden. Keine Inselloesung schaffen!

- Der Umgang mit sozialen Problemen muss staerker beachtet werden

- Erfolgreiche Gruppenarbeit braucht Zeit

- Alle Beteiligten muessen Geduld und Ausdauer mitbringen

- Vertrauen haben und geben!

IAO-Forum
Kundenorientierte Produktion

Dezentrale Verantwortungsbereiche in der Produktion – Rahmen für Produktionskompetenz und gesellschaftlichen Wertewandel

U. Hallwachs

Vorwort

Techniklastige Visionen von der Fabrik der Zukunft wie voll automatisierte, computerintegrierte Produktion spielten bei dem vom Bundesministerium für Forschung und Technologie geförderten Projekt "Einführung von menschengerechten integrierten Produktionsstrukturen in dezentralen Fabriken bei einem mittelständischen Einzel- und Kleinserienfertiger" keine Rolle. Leitlinien waren vielmehr der *Mensch* und die *organisatorische Integration*, die durch kommunikations- und kooperationsfördernde Elemente die Selbstorganisation und -motivation der Mitarbeiter fordert und fördert: Der Mensch soll in der neuen Umgebung innovativ wirken.

Der Neubau des Produktionsgebäudes auf der "grünen Wiese" ermöglichte ein ganzheitliches Konzept. Die neue Produktionsstruktur mit den Dezentralen Verantwortungsbereichen und die neuen Architekturelemente als Folge einer integrierten Fabrik- und Industriebauplanung verbinden harmonisch betriebswirtschaftliche Vorteile und die Humanisierung der Arbeitswelt. Dabei reicht der Markt weit in das Unternehmen hinein und berührt übersichtlich alle Organsiationsbereiche.

Entstanden ist eine Aufteilung der Produktion in drei individuelle Hallen mit mehreren baugruppenorientierten Dezentralen Verantwortungsbereichen, die durch eine überdachte Kommunikationsstraße verbunden sind. Deren Gliederung und die Integration von Büro- und Produktionsflächen unter Einbeziehung von Grünflächen spiegeln die Unternehmensphilosophie, die durchgehende Einführung von dezentralen Unternehmensstrukturen mit Produkt- und Produktionsinseln in attraktiver Arbeitsumgebung, wider.

1   Ausgangssituation

Die Firma EKATO, ein mittelständischer Sondermaschinenhersteller mit Einzel- und Kleinserienfertigung, produziert mit rund 400 Mitarbeitern pro Jahr etwa 2500 Industrierührwerke. Die unterschiedlichen Einsatzfälle stellen auf der Seite des Mischproblems hohe Anforderungen an den Verfahrenstechniker und auf der Seite des Fertigungsprozesses an den Konstrukteur sowie die Produktionsmitarbeiter. So müssen etwa 75% aller Aufträge konstruktiv bearbeitet, jährlich rund 7000 Arbeitspläne und Zeichnungen angepaßt, 2000 Arbeitspläne neu erstellt sowie ebensoviele Neuteile gefertigt und montiert werden. Lediglich aufgrund einer modularen Baugruppenstruktur ergeben sich, bezogen auf die Einzelteil- bzw. Baugruppenebene, Kleinserien mit einer Losgröße von 5-10 Stück.

Die wachsenden marktseitigen Anforderungen deckten wie bei vielen anderen Unternehmen die Schwachstellen der gewachsenen Organisationsstruktur auf (Bild 1). Die ausgeprägte Arbeitsteilung in direkten und indirekten Bereichen sowie zwischen diesen Bereichen mit einer Vielzahl von informations- und materialflußtechnischen Schnittstellen führte zu nicht mehr akzeptablen Durchlaufzeiten, Umlaufbeständen, Qualitätssicherungsaufwänden sowie Gemeinkostenbelastungen (Bilder 2 und 3). Die Stärken des Unternehmens gerieten damit zunehmend in den Hintergrund. Insbesondere wirkte sich diese Situation auf das Personal aus. Dem kooperativen Führungsstil, dem hohen Qualifikationspotential und der Verantwortungsbereitschaft der Mitarbeiter war die Unternehmensstruktur nicht mehr gewachsen.

Um die Marktposition abzusichern und die Identifikation der Mitarbeiter zum Unternehmen weiter zu stärken, wurde in enger Zusammenarbeit von Geschäftsleitung, den Mitarbeitern, externer Begleitforschung und dem Architektenteam eine Umstrukturierung des Unternehmens und Neubau des Produktionsgebäudes durchgeführt. So viel *mitarbeiterorientierte Dezentralisierung wie möglich* und soviel *computerbezogene Datenintegration wie notwendig* zur Schaffung vielfältiger Arbeitsinhalte und rationeller Produktionsabläufe war die Zielsetzung. Insbesondere stand die Aufweichung der Grenze zwischen direkt und indirekt produktiven Bereichen im Blickpunkt des Strukturierungsprozesses.

Dies sollte mit *Dezentralen Verantwortungsbereichen* in Form von Vertriebs-, Fertigungs- und Montageinseln realisiert werden, in denen die Mitarbeiter eigenverantwortlich alle zur Herstellung eines bestimmten Produktspektrums erforderlichen Aufgaben erledigen - von der Arbeitsvorbereitung über die ausführenden Tätigkeiten bis zur Qualitätskontrolle einerseits und die komplette Angebots- und Kundenauftragsbearbeitung andererseits. Der Neubau sollte dieses Vorgehen unterstützen und gleichzeitig die räumlichen Voraussetzungen für die Umsetzung der dezentralen Strukturen schaffen.

2 Dezentrale Unternehmensstruktur

Die Neuausrichtung der Unternehmensstruktur intendiert eine Minimierung von material- und informationsflußtechnischen Schnittstellen im direkten und technischen indirekten Bereich (Bild 4) /1/.

In den vorgelagerten technischen Bereichen wurden die nach der Absatzregion gegliederten *Vertriebsinseln* eingeführt. Diese übernehmen die komplette Angebotsbearbeitung bzw. Kundenauftragssteuerung und besitzen die Gesamtverantwortung für die einzelnen Kundenaufträge. Diesen sind die ebenfalls nach Absatzregionen gegliederte *Montageinseln* zugeordnet, die für die Montage der verschiedenen Komponenten eines Kundenauftrages verantwortlich sind. Die Neustruktur der Fertigung orientiert sich dagegen an einer repräsentativen Produktstruktur und der damit verbundenen Prozeßkette der Auftragsabwicklung. Hier wurden baugruppenorientierte *Fertigungsinseln* realisiert. Das Bindeglied zwischen den Vertriebs-, Fertigungs- sowie Montageinseln stellen in einer Übergangsphase die *Konstruktionsinseln* dar. Sie sind verantwortlich für die auftragsspezifische Produktauslegung und Zeichnungserstellung.

2.1 Dezentralisierung der Fertigung

Die Neustruktur der Fertigung orientiert sich an einer repräsentativen Produktstruktur. Nachdem eine vollständige Strukturierung auf der Produktebene, d.h. nach verschiedenen Produktgruppen, in der Fertigung aus technologischen und betriebswirtschaftlichen Gründen nicht sinnvoll war, wurden *baugruppenorientierten Fertigungsinseln* realisiert. Die Fertigung wurde in einem ersten Strukturierungsschritt nach den drei Baugruppen Rührwerksoberteil

(ROBT), Rührwellen (RW) und Rührorgane (RO) in die Hauptbereiche ROBT, RW und RO gegliedert (Bild 5). Diese sind jeweils einer Halle zugeordnet, die durch ein "Rückgrat" (Kommunikationsstraße) miteinander verbunden sind. Jeder dieser drei Hallenbereiche wurde, um zu sinnvollen Gruppengrößen und Flexibilitätseigenschaften zu kommen, in zwei bzw. drei Fertigungsinseln unterteilt.

Bei den *Rührwerksoberteilen* wurde der Dichtungsbereich in einer Insel zusammengebunden (ROBT-D). Durch Integration von Fertigung und Montage in einen Verantwortungsbereich wurden die Voraussetzungen zu einer vollständigen organisatorischen Selbständigkeit dieser Baugruppe geschaffen. Die anderen Einzelteile der Rührwerksoberteile wurden nach dem Strukturierungsansatz "Stückzahl" in einer Insel für Sonderteile in Einzelfertigung (ROBT-SO) und in einer Insel für Standardteile in Kleinserienfertigung (ROBT-ST) zusammengefaßt. Die *Wellen* wurden nach den Abmessungen in eine Insel für Lagerwellen (LW) und eine Insel für Rührwellen (RW) gegliedert. Ausschlaggebendes Kriterium für die Strukturierung der *Rührorgane* waren die Ausgangsmaterialien. Hier bot sich zur Vermeidung von Flugrost die Unterteilung in eine Insel für Stahl (RO-S) und für Edelstahl (RO-E) an.

Die Fertigungsinseln weisen eine hohe Autonomie auf. Von großer Bedeutung ist die Integration des Rohmateriallagers und eines Montage-Pufferbereiches für die gefertigten Einzelteile. Die Mitarbeiter der Fertigungsinseln übernehmen die Rohmaterialdisposition und legen auf der Basis eines 1-wöchigen Arbeitsvorrates die Bearbeitungsreihenfolge der Aufträge selber fest. Beschränkungen ergeben sich aus der Größe der Montage-Pufferfläche und dem zulässigen zeitlichen Bearbeitungsfenster.

Weitere wichtige Funktionen sind die Fertigungsplanung und hier vor allem die Arbeitsplanerstellung, Betriebsmittelkonstruktion und NC-Programmierung sowie die auftragsneutralen Funktionen technische Investitionsplanung, Zeitenwesen und Produktionscontrolling. Die Qualitätssicherungsfunktionen sind sehr umfassend integriert. Neben der Prüfdurchführung gehören die Prüfplanung zum Verantwortungsbereich jeder Fertigungsinsel. Wartung, Inspektion und einfachere mechanische und elektronische Instandsetzungsarbeiten erfolgen ebenfalls dezentral, kompliziertere Instandsetzungen durch einen externen Service. Weiterhin ist geplant, auch die Funktionen "Einzelteilauslegung" und "Einzelteilzeichnungen erstellen" in die Fertigungsinseln zu verlagern. Für alle indirekt produktivenTätigkeiten stehen Büroarbeitsflächen zur Verfügung, die an den Hallenlängsseiten fertigungsnahe angeordnet sind.

Innerhalb einer Halle treten für bestimmte Fertigungsverfahren zumindest in einer Übergangsphase zwischen den Fertigungsinseln Abhängigkeiten durch Nutzung der selben Ressourcen auf. Angeführt sei das Kanten, das beide Rührorganinseln beansprucht. Da die Auslastung dieser Einheiten unkritisch ist, wurde hier eine *organisatorische Entkopplung* als geeignete Maßnahme angesehen. Diese Maschinen sind zwar räumlich zentral angeordnet, werden aber jeweils durch Mitarbeiter der beiden Inseln in gegenseitiger Absprache benutzt. Der Mitarbeiter geht also zum Betriebsmittel. Darüber hinaus ist zu erwarten, daß mit dem aktuellen Trend zur Technologieintegration diese Abhängigkeiten zurückgehen. So stehen bereits heute für die Anforderungen der Rührorganfertigung Komplettbearbeitungs-Maschinen zur Verfügung, die bei zukünftigen Ersatzinvestitionen berücksichtigt werden.

Auch die Hallenläger sind zentral angeordnet. In diesem Fall ermöglicht eine den einzelnen Inseln zugeordnete EDV-technisch gestützte Bestandsführung die organisatorische Entflechtung der Verantwortungsbereiche. Beispielsweise liegen die Bleche für die Stahl- und Edelstahlinsel in einem gemeinsamen Lager, die Disposition und das Aus- und Einschleusen erfolgt dagegen jeweils durch die Mitarbeiter der Inseln.

Weiterhin zentral bleibt der Warenein- und -ausgang, der aber ebenfalls als Dezentraler Verantwortungsbereich organisiert ist. Hier werden vor allem Logistikfunktionen und Funktionen des Zentraleinkaufs zusammengefaßt.

Die Größe der Gruppen beträgt durchschnittlich 15 Mitarbeiter. Davon rekrutiert sich etwa ein Drittel aus dem ehemaligen Werkstattführungsbereich und der Arbeitsvorbereitung, der Rest aus der Produktion (Bild 6). Die Binnenorganisation der Dezentralen Verantwortungsbereiche ist durch eine heterogene Struktur mit Funktionsüberlappung gekennzeichnet. Jeder Mitarbeiter übernimmt mindestens drei Funktionen, wobei eine Kombination direkter und indirekter Funktionen gewünscht ist, um horizontale und vertikale Entwicklungspfade zu gewährleisten. Wegen der Komplexität des zu integrierenden

Funktionsspektrums erfolgt eine Zuordnung aller Funktionen auf einen Mitarbeiter nur in Ausnahmefällen (Bild 7).

2.2 Dezentralisierung der Montage

Jede der drei *Montageinseln* übernimmt die Komplettverantwortung über die Montage aller Komponenten eines Kundenauftrages. Da ein Kundenauftrag in der Regel mehrere unterschiedliche Rührwerke beinhaltet, die hinsichtlich Art und Größe variieren, müssen alle Montageinseln das gesamte Produktspektrum montieren können. Dazu sind inselintern Arbeitsbereiche für kleine und große Rührwerke vorgesehen. Die Spezialisierung der Montageinseln ergibt sich aufgrund der regionalen Gliederung der Verkaufsgebiete. Hier spiegelt sich die Strukturierung des Vertriebs- und Konstruktionsbereiches nach Absatzregionen wider.

Die Montage umfaßt die Funktionen Lagerung von Kaufteilen und Halbzeugen, Lackiererei, Baugruppenmontage, Endmontage klein und groß, Prüffeld, Verpacken der Rührwerksoberteile, -wellen und -organe sowie Versand. Mit Ausnahme der Lackiererei, die gleichzeitig die Schnittstelle zur Fertigung darstellt und das Kommissionieren übernimmt, wird ein Kundenauftrag jeweils einer Montageinsel zugeordnet (Bild 8).

Im Gegensatz zu den Dezentralen Verantwortungsbereichen in der Fertigung befinden sich die Montageinseln in anderen Gebäuden. Wegen der räumlichen Restriktionen, verbunden mit einem begrenzten Investitionsvolumen, war deshalb eine vollständige Entflechtung der drei Montageinseln nicht möglich. In erster Linie ist dies auf das Prüffeld zur Abnahme der Rührwerke zurückzuführen, das wegen der tiefen Gruben räumlich nicht verändert werden kann. Jedoch greift auch in diesem Fall die bereits erwähnte organisatorische Entflechtungmaßnahme, daß die Insel-Mitarbeiter den Zugriff auf die zentrale Ressourcen selber organisieren.

2.3 Dezentralisierung der technisch indirekten Bereiche

In den vorgelagerten technischen Unternehmensbereichen wurden *Vertriebsinseln* für die Angebotsbearbeitung sowie die Kundenauftragssteuerung eingeführt /2/. In den Vertriebsinseln sind jeweils 5 - 8 Mitarbeiter zusammengefaßt, die die Gesamtbearbeitung und -verantwortung für regionale Kundenaufträge besitzen. Im einzelnen sind dies die Funktionen Angebotserstellung, Angebotsverwaltung, Auftragsverwaltung, technische/kaufmännische Auftragsbearbeitung, Bereichsdurchlaufterminierung und Auftragsüberwachung.

Jede der Vertriebsinseln übernimmt für ihren zugeordneten Marktbereich die Kundenauftragssteuerung mit Durchlaufterminierung, Kapazitätsplanung und Auftragsüberwachung. Sie definieren für alle Verantwortungsbereiche zeitliche Meilensteine mit frühestem Starttermin und spätestem Endtermin. Hierzu stehen repräsentative Auftragsnetze und für jeden Bereich kapazitive Belastungsübersichten aufgrund von realen Aufträgen, Angeboten und periodenbezogenen Prognosen einerseits und Kapazitätsressourcen andererseits zur Verfügung.

Da sich erfahrungsgemäß kurzfristig marktbereichsbezogen die Kapazitätsbedarfssituation verändern kann, sind jeder Vertriebsinsel neben dem Stamm-Marktbereich auch Zusatz-Marktbereiche zugeordnet, die sich mit den Stamm-Marktbereichen der beiden anderen Vertriebsinseln vollständig bzw. teilweise überschneiden. Die Übernahme *kompletter Kundenaufträge* ermöglicht einen kapazitiven Ausgleich zwischen den Bereichen und trägt überdies zu einer abwechslungsreicheren Arbeitssituation bei.

Das Bindeglied zwischen den Vertriebsinseln einerseits und den Fertigungs- sowie Montageinseln andererseits stellen in einer Übergangsphase die *Konstruktionsinseln* dar. Sie sind verantwortlich für die auftragsspezifische Produktauslegung und Zeichnungserstellung und übernehmen die auftragsneutralen Tätigkeiten Produktnormierung, Konstruktionsberatung der Produktion bzw. des Vertriebes und Projektarbeiten. Hier vollzieht sich der Übergang vom produktbezogenen Kundenauftrag zu der kundenbezogenen Baugruppe. Dies spiegelt sich auch in der inselinternen Arbeitsteilung zwischen Produktauslegung und Umsetzung der Kundenspezifikationen in Stücklisten und Zeichnungen wider. Die Konstruktionsinseln sollen in einem weiteren Schritt aufgelöst und die Mitarbeiter mit ihren Funktionen den Vertriebsinseln und den Fertigungsinseln zugeordnet werden.

Aufgrund des Kundenauftragsbezuges haben die Montageinseln eine große Affinität zu den nach Kundenregionen strukturierten Vertriebsinseln. Da beide

Unternehmensbereiche nach den gleichen Gesichtspunkten strukturiert sind, sollen in einem weiteren Entwicklungsschritt für jedes Marktsegment die Vertriebs- und Montageinsel zusammengeführt werden. Die ebenfalls nach Kundenregionen gegliederten Konstruktionsinseln können dann bezüglich der Produktauslegung in die Vertriebsinseln und bezüglich des Erstellens von Einzelteilzeichnungen in die Fertigungsinseln integriert werden.

3 Dezentrale Gebäudestruktur

Das bestimmende Merkmal der realisierten Alternative zur *Grundstücks-* und *Gebäudestrukturierung* ist "gedecktes Rückgrat und drei kongruente Hallen mit Querorientierung und Grünhof". Hierfür sprachen vor allem die Erweiterungsflexibilität und die ideale Verbindung von dezentralen Produktionsbereichen und hallenübergreifender Kommunikation (Bild 9) /3/.

Das "gläserne" Rückgrat, das mit den Shed-Oberlichtern und der Walmausbildung ein unverwechselbares Erscheinungsbild ergibt, verläuft in der Längsachse des Areals. Es verbindet die einzelnen Fertigungsbereiche Rührwerksoberteile, Rührorgane und Rührwellen untereinander und mit den zentralen Bereichen Warenein- und -ausgang, Betriebshof, Kantine, Schulungsräume und Konstruktionsinseln. Über die "Straße" wird außerdem die Personenerschließung von den stirnseitigen Eingängen zu den Sozialräumen und zum Arbeitsplatz geführt.

An jeder Fertigungshalle angeschlossen sind die Sozialräume im Erdgeschoß, im Geschoß darüber sind die Hallentechnikräume untergebracht. Dieser Komplex besteht aus tragendem Sichtmauerwerk mit Betondecken. Die Ebene der Konstruktionsinseln durchschneidet die 10 m hohe "Straße" im Mittelteil des Gesamtkomplexes und schafft so die optische Unterbrechung der 110 m langen Straßenachse.

4 Personalentwicklungsstrategie

Parallel zu der Konzeption der neuen Unternehmensstruktur wurden die Anforderungen an ein Qualifizierungs- und Personalentwicklungskonzept erarbeitet. Ausgangspunkt hierfür war die Zuordnung des bestehenden Personals zu der definierten Unternehmensstruktur, die in Abstimmung mit den einzelnen Mitarbeitern durchgeführt worden ist. Aufbauend auf der Beschreibung der derzeitigen Arbeitsplätze sowie alten und neuen Tätigkeitsbeschreibungen wurden die Gesamtanforderungen und das Aufgabengebiet jeder Fertigungsinsel beschrieben. Auf der Grundlage der o.a. Analysen wurde hierzu eine Mitarbeiter-Funktions-Matrix entwickelt, die die potentielle Zuordnung aufzeigt. Ergänzt wurde dies um Aussagen zum bisherigen Arbeitseinsatz, zum beherrschten aber bisher nicht ausgeübten Arbeits- und zum Wunsch-Arbeitseinsatz (Bild 10).

Diese Matrix, die auch die Grundlage für die Entlohnungskomponente Personaleinsatzflexibilität bildet, wurde in individuellen Gesprächen, die Vorgesetzten, Mitarbeiter sowie Betriebsrat gemeinsam führten, ausgefüllt. Die endgültige Zuordnung erfolgte nach individuellen Absprachen mit jedem Mitarbeiter. Hieraus ergaben sich nur noch graduelle Veränderungen der Personalzuordnung.

Der hieraus resultierende insel- und mitarbeiterspezifische Qualifizierungsbedarf wurde in ein Schulungs- und Personalentwicklungskonzept eingearbeitet, das die Bereiche *individuelle Mitarbeiterentwicklung, kollektive Inselentwicklung* und *individuelle* bzw. *kollektive Führungskräfteentwicklung* beinhaltet (Bild 11).

Im Schwerpunkt der *individuellen Mitarbeiterentwicklungsprogramme* wurde in individuellen Gesprächen mit den Mitarbeitern unter Berücksichtigung von Wünschen und Erwartungen der Mitarbeiter der kurz-, mittel- und langfristige Personaleinsatz aus den derzeitigen Arbeitstätigkeiten gemeinsam definiert. Basis hierfür waren der individuell vorhandene, bisherige Arbeitsansatz, die Aus- und Weiterbildung des Mitarbeiters sowie die persönlichen Wünsche bzgl. des künftigen Arbeitseinsatzes. Zugleich konnte in diesen Gesprächen festgestellt werden, in welcher Richtung die individuelle Förderung durch Qualifizierung gehen soll. Dies betrifft sowohl die Einsatzbreite an mehreren Arbeitsplätzen als auch die fachliche Vertiefung wie beispielsweise CNC-Technik, Disposition, Lagerverwaltung sowie die Aufnahme in ein Nachqualifizierungsprogramm zur Qualifizierung zur Führungkraft.

Das *kollektive Inselentwicklungsprogramm* fokusiert vor allem die inselinterne Teamentwicklung. Ausgehend von einem arbeitsaufgabenorientierten Trainingsprozeß konnten in den Pilotinseln Arbeitsmethodiken und -techniken bzgl. inselinterner Disposition von Aufträgen aufgebaut werden. Dazu gehört das Durchspielen interner Arbeitsabläufe und -aufgaben durch vorgehende Definition in einzelne, miteinander abgrenzbare Arbeits- bzw. Lernaufgaben, die im Team trainiert werden müssen.

Das *Führungskräfte-Entwicklungsprogramm* ist ein individuell und kollektiv angelegtes Programm der fachlichen und/oder der allgemeinen führungsbezogenen, künftigen Rolle der Inselkoordinatoren, die als Moderatoren innerhalb oder zwischen einzelnen Inseln zur Verfügung stehen. Einen großen Einfluß auf das neue Aufgabenfeld ergab sich daraus, daß bisherige eher dispositive Aufgaben in Fertigungssteuerungs- und -planungsbereichen bzw. Meister- und Führungsbereichen in die einzelnen Inseln hinein verlagert worden sind. In diesem Führungskräfte- und Entwicklungsteam werden, je nach der bei den ausgewählten Führungskräften vorhandenen Qualifikation, den jeweiligen Anforderungen und dem spezifischen Bedarf in den einzelnen Inseln folgend der individuelle Weiterentwicklungsbedarf bestimmt und eingeleitet. Als kollektives Entwicklungsprogramm, das gemeinsam für alle Führungskräfte arbeitsaufgabenspezifisch angelegt ist, werden inselübergreifende, auftragsablaufbezogene Themen- und Problemstellungen bearbeitet.

5 Entlohnungsmodell

Das neue Entlohnungsmodell kombiniert individuellen Grundlohn, periodenbezogene Gruppenprämie und eine Jahresgruppenprämie für inselspezifische Kosteneinsparungen. Parallel dazu wird ein kontinuierlicher Verbesserungsprozeß eingeführt, der individuelle und inselkollektive Prämienbestandteile enthält (Bild 12).

Der Individuallohn setzt sich aus dem Tariflohn - Lohngruppe und Leistungszulage - und einer Prämie für Einsatzflexibilität zusammen. Während der Tarifgrundlohn sich an der Stammtätigkeit des Mitarbeiters ausrichtet, ist die Flexibilitätsprämie abhängig vom flexiblen Einsatz des Mitarbeiters an anderen Arbeitsplätzen, die nicht notwendigerweise der Lohngruppe der Stammtätigkeit entsprechen müssen. Die Tätigkeiten, die der Mitarbeiter ausführt, sind dabei entsprechend den Anforderungen unterschiedlich bewertet. Erfaßt werden alle innerhalb der Verantwortungsbereiche anfallenden direkt als auch indirekt produktiven Tätigkeiten. Ein Lohngruppenwechsel erfolgt, wenn der Mitarbeiter seinen Stammarbeitsplatz wechselt.

Die Gruppenprämie ergibt sich zum einen aus einem Produktivitätsgrad. Dabei werden in einem Input-Outputmodell die eingesetzten Personalressourcen, d.h. die Anwesenheitszeit aller Mitarbeiter, und die kostenträgerbezogenen Planzeiten für direkt und indirekt produktive Tätigkeiten gegenübergestellt. Bewertet werden fertiggestellte mängelfreie Gutstücke. Unterschreitungen der Planvorgaben sowohl der direkt als auch der indirekt produktiven Zeiten führen zur verbesserten produktiven Nutzung der Anwesenheit aller Gruppenmitglieder und somit zur Prämienausschüttung. Zum anderen wird die Einhaltung der Liefertermine prämiert. Hierbei wird der Anteil der exakt eingehaltenen Liefertermine pro Periode herangezogen.

Die Jahresprämie berücksichtigt die kostenbewerteten Rationalisierungseffekte innerhalb der einzelnen Verantwortungsbereiche. Für Kostenarten und Stundensätze, die direkt durch einzelne Inseln beinflußbar sind, werden Plan- und Istwerte gegenübergestellt. Kostenunterschreitungen werden nach bestimmten Schlüsseln ausgeschüttet.

6 Einführungsstrategie

Selbstverständlich läßt sich eine solche vollständige vertikale, auftragsbezogene Integration nicht in einem Schritt machen. Vielmehr muß den Mitarbeitern ein *sukzessives Hineinwachsen* in die neue Situation, ein *"training on the job"* ermöglicht werden.

Bereits in alten Gebäuden wurde daher die Arbeitsvorbereitung umstrukturiert. Die Mitarbeiter übernahmen schon vor dem Umzug für ihr zukünftiges Produktspektrum die inselinternen Fertigungssteuerungs- und Fertigungsplanungsaufgaben. Flankiert wurde dies durch eine Neuaufteilung der Meisterbereiche, die sich an der zukünftigen Inselstruktur orientierte. In dieser Zeit wurden auch die Inselleiter, die sich aus den Bereichen Fertigung, Werkstattführung und Arbeitsvorbereitung rekrutieren, festgelegt und Qualifizierungsmaßnahmen zur Führungskräfteentwicklung eingeleitet.

Ebenfalls vor dem Umzug in das neue Gebäude wurde eine *Pilotinsel* in der Fertigung eingeführt. Im Rahmen der kollektiven Inselentwicklung wurden in 2-wöchigem Abstand 1-stündige Gruppengespräche initiiert. In der Montage wurde parallel eine Kostenstellenstruktur - auf eine räumliche Zusammenlegung der Betriebsmittel wurde zu diesem Zeitpunkt verzichtet - mit drei redundanten, auftragsorientierten Montageinseln verwirklicht. Im Vertrieb und in der Konstruktion erfolgte die Umstrukturierung der Gruppen nach Vertriebsbereichen.

Mit dem Einzug in den Neubau wurde die flächendeckende Umstrukturierung der Fertigung und der Konstruktion - Komplettbearbeitung und -verantwortung in der Konstruktion für Aufträge bestimmter Vertriebsgebiete - eingeleitet. Die Pilotinsel in der Fertigung übernahm zu diesem Zeitpunkt die Entwicklung und Erprobung des neuen Entlohnungsmodells. Gleichzeitig wurde eine Pilot-Montageinsel organisatorisch und räumlich installiert. Etwas versetzt folgten die anderen Montageinseln. Der Qualifizierungsmaßnahmen konzentrierten sich in diesem Stadium auf die individuelle Aus- und Weiterbildung der Inselmitarbeiter.

7   Erfahrungen

Welche Erfahrungen wurden mit dieser *"schlanken"* Unternehmensstruktur gewonnen ?

Die Durchlaufzeiten im indirekten Bereich sind um mehr als die Hälfte und im direkten Bereich um etwa 50 % zurückgegangen. Die Rohmaterial- und Einzelteillagerbestände wurden in diesem Zeitraum knapp halbiert. Zwar sind die Pro-Kopf-Personalkosten angestiegen, jedoch konnten die Personalkosten insgesamt stabil gehalten werden. Die Gesamtkosten wurden merklich reduziert (Bilder 13 und 14).

Bei den Mitarbeitern der Inseln reift aufgrund der verschiedenen Teamentwicklungs-Trainings und der regelmäßigen Gruppengespräche eine Gruppenidentität heran. Die Einbindung der Mitarbeiter aus den ehemalig indirekten Bereichen verläuft sehr harmonisch. Gleichzeitig ist zu beobachten, daß die Mitarbeiter aus der spezifischen Inselsituation heraus den individuellen und gemeinsamen Weiterbildungsbedarf definieren und beim zentralen Personalwesen einfordern. Dabei wird von den Inselleitern vor allem die Bedeutung der inselübergreifenden Gespräche, d.h. die Möglichkeit zu einem fachlichen Austausch und zu gegenseitigem Helfen bzgl. Führungs- und Steuerungsfunktionen betont. Darüber hinaus bietet die Integration der Fertigungssteuerung eine gute Voraussetzung für die Selbststeuerung der Inseln.

6 Fazit

Die positiven Effekte sind ausschließlich auf die organisatorischen Veränderungen zurückzuführen, wurden doch keine wesentlichen technischen Neuerungen vorgenommen. So wird nach wie vor bis auf zwei Ersatzinvestitionen mit den vorhandenen Betriebsmitteln und PPS-System gearbeitet. Hieraus kann der Schluß gezogen werden, daß Produktionsstrukturen mit Dezentralen Verantwortungbereichen Strukturkosten minimieren können /4/. Sie verbinden Markt- und Produktionsanforderungen, indem die Produktorientierung so weit wie möglich und die Verrichtungsorientierung so weit wie notwendig umgesetzt wird. Gleichzeitig werden für die Mitarbeiter attraktive Arbeitssituationen geschaffen, die jedem individuelle Entwicklungsmöglichkeiten eröffnen. Die mitarbeiterbezogene Dezentralisierung stellt sich damit als ein geeigneter Ansatz dar, den bestehenden betriebsinternen und -übergreifenden Herausforderungen gewachsen zu sein. Darüber hinaus zeigt sich, daß die Funktionsintegration in idealer Weise die computergestützte Datenintegration vorbereitet und zum Teil sogar ersetzt.

Literatur

/1/ **Hallwachs, U.**: Auswirkungen der Umstrukturierung zur Fertigungsinselorganisation auf Unternehmenskultur und Corporate Identity am Beispiel eines mittelständischen Unternehmens. In: AWF-Fachtagung Fertigungsinseln, 1991, Bad Soden/Ts. Eschborn: AWF, 1991.

/2/ **Fuhrberg-Baumann, J.; Müller, R.**: Neugestaltung der Auftragsabwicklung. Beispiel: Mittelständischer Sondermaschinenhersteller. VDI-Z 133(1991)7, S. 52-57.

/3/ **Hallwachs, U.; Kummle, H.; Schroeder, C.; Steiner. G.; Todtenhaupt, P.**: Integrierte Fabrik- und Industriebauplanung- Rahmen für Wertewandel und Kompetenz. Industriebau 6/91, S. 408-415.

/4/ **Hallwachs, U.**: EDV-gestützte Planungs- und Entscheidungshilfen zur Auslegung von Produktionsstrukturen mit strukturkostenoptimierten Dezentralen Verantwortungsbereichen. Berlin u.a.: Springer, 1992. Zugl. Dissertation Universität Stuttgart, 1992.

Bilderliste

Bild 1: Produktionsstruktur vor Umstrukturierung
Bild 2: Durchlaufzeitverhalten vor Umstrukturierung
Bild 3: Auftragsdurchlauf innerhalb der Abteilungen
Bild 4: Dezentrale Unternehmensstruktur
Bild 5: Fertigungsstruktur
Bild 6: Personalstruktur
Bild 7: Binnenorganisation der Verantwortungsbereiche
Bild 8: Montagestruktur
Bild 9: Gebäudestruktur
Bild 10: Personaleinsatzmatrix
Bild 11: Qualifizierungsprogramm
Bild 12: Entlohnungsmodell
Bild 13: Durchlaufverhalten nach Umstrukturierung
Bild 14: Bestandsentwicklung

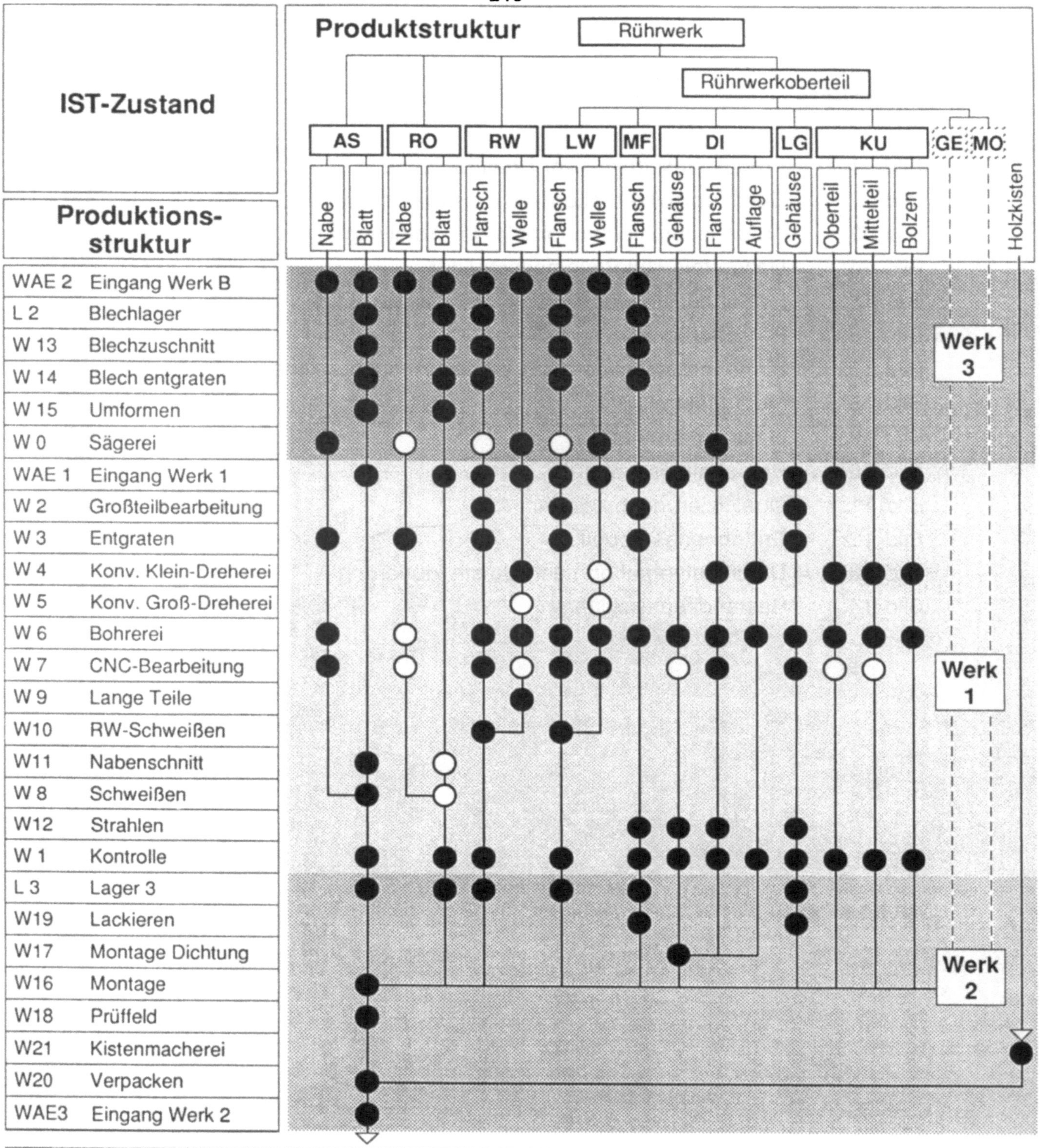

Legende:

AS Abstreifen	LG Lager-gehäuse
RO Rührorgan	
RW Rührwelle	KU Kupplung
LW Lagerwelle	GE Getriebe
MF Montage-flansch	MO Motor
	● fix
DI Dichtung	○ optional

Schnittstellen:	• werksintern	ca.	110
	• werksübergreifend	ca.	20
Steuerstellen:		ca.	30
Steuerobjekte:		ca.	20
Kundenaufträge:		ca.	2 500
Steuerbeziehungen:		ca.	400 000 pro Jahr

Produktionsstruktur vor Umstrukturierung

Bild 1

EKATO IAO FhG

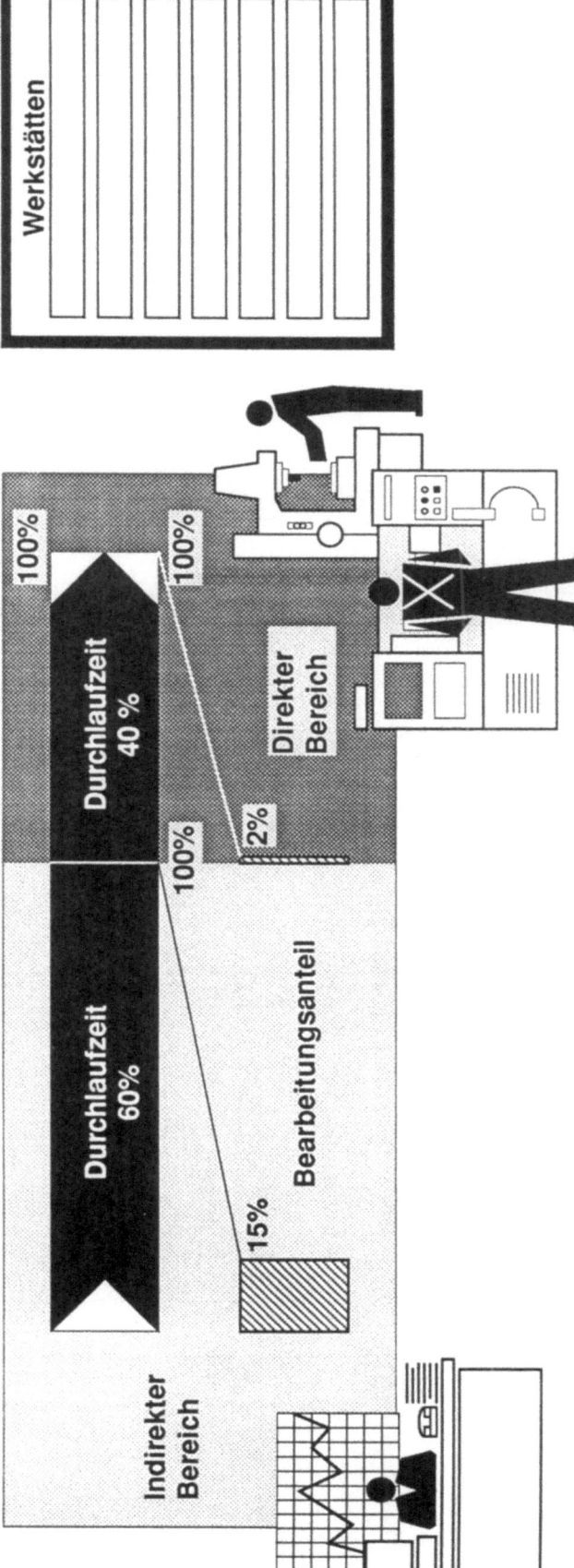

Durchlaufverhalten vor Umstrukturierung

Bild 2

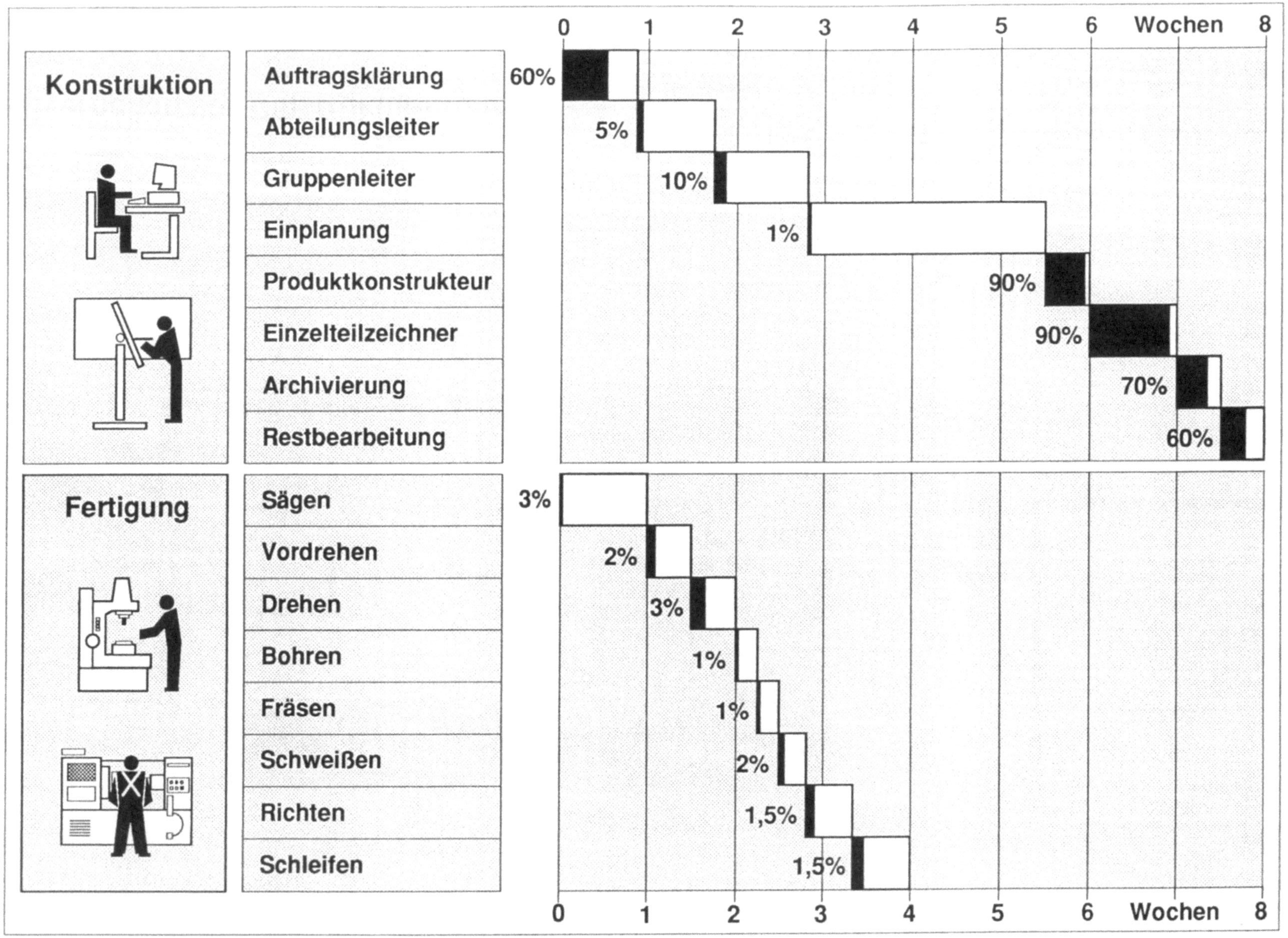

Auftragsdurchlauf innerhalb der Abteilungen

Bild 3

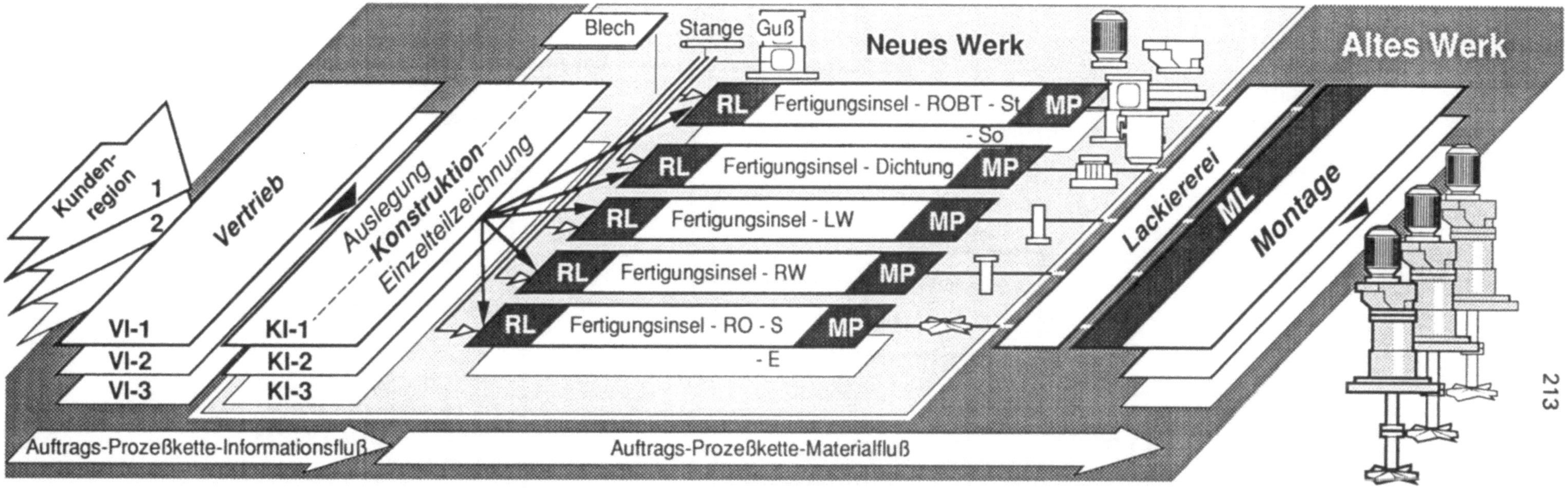

Dezentrale Unternehmensstruktur

Bild 4

Legende: VI Vertriebsinsel | KI Konstruktionsinsel | RL Rohmateriallager | MP Montagepuffer | ML Montagelager

© FhG-IAO, Stuttgart

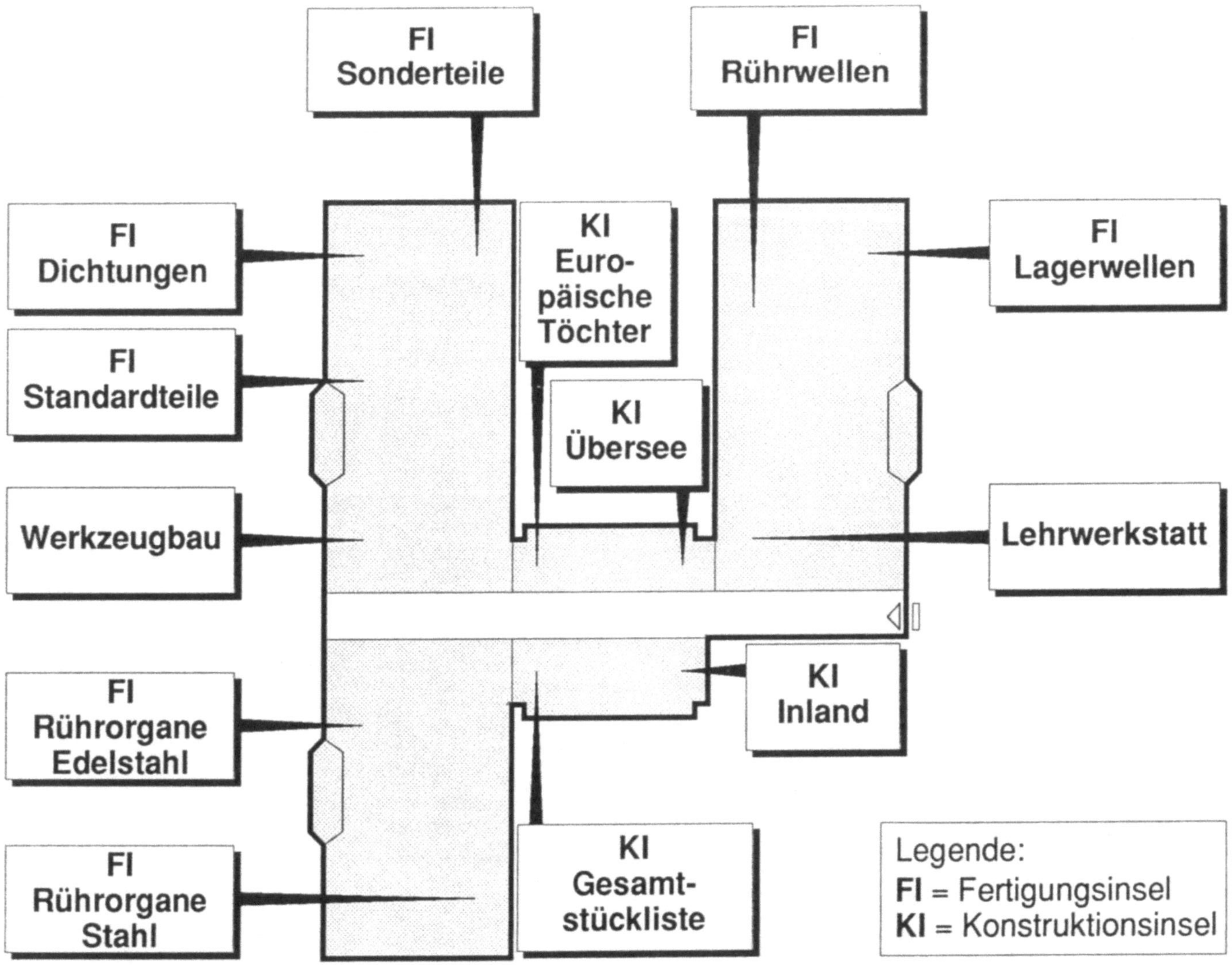

Fertigungsstruktur

Bild 5

EKATO

© FhG-IAO, Stuttgart

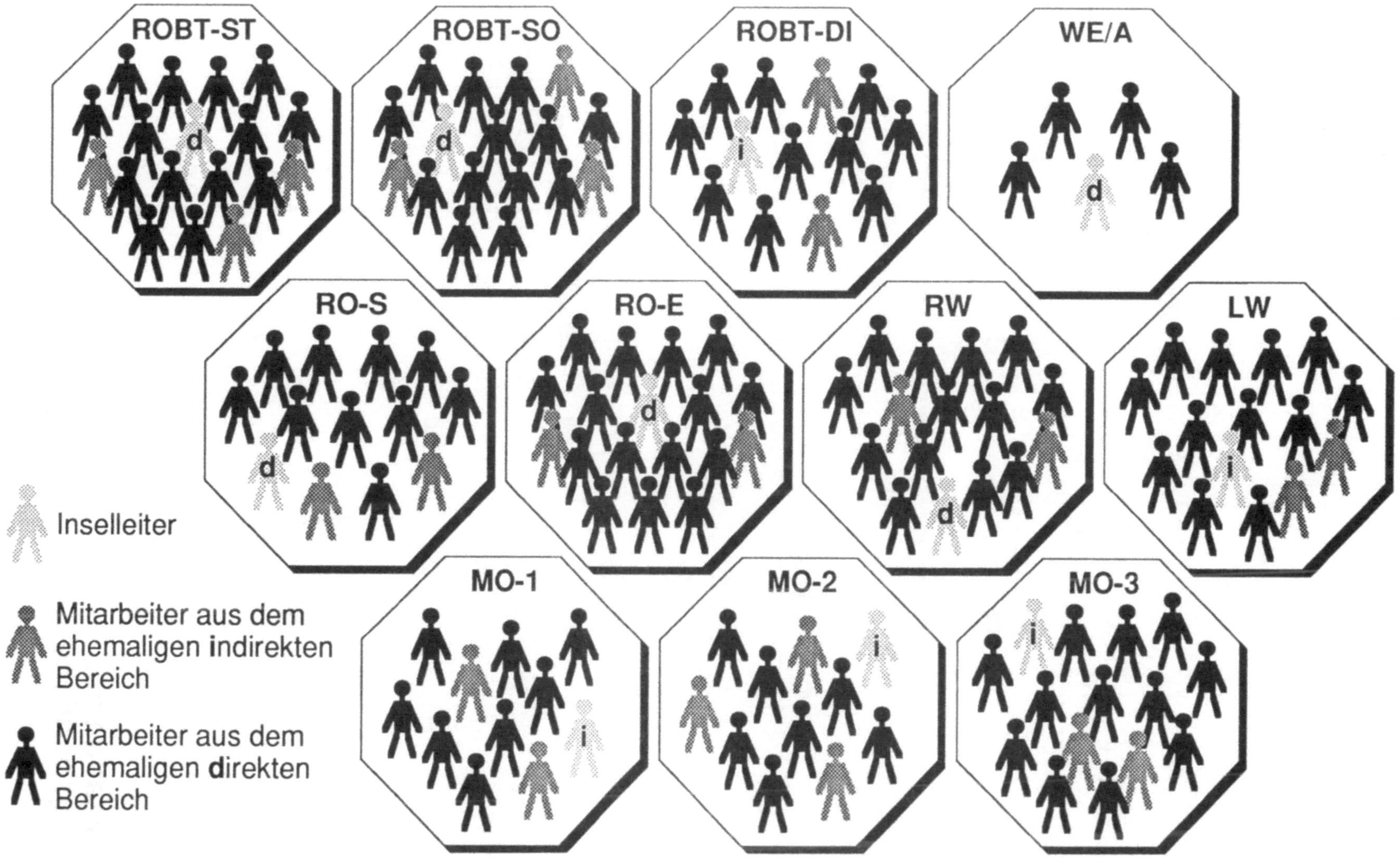

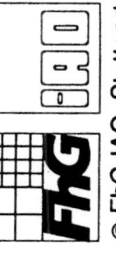
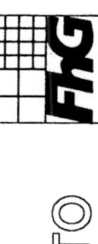

Personalstruktur

Bild 6

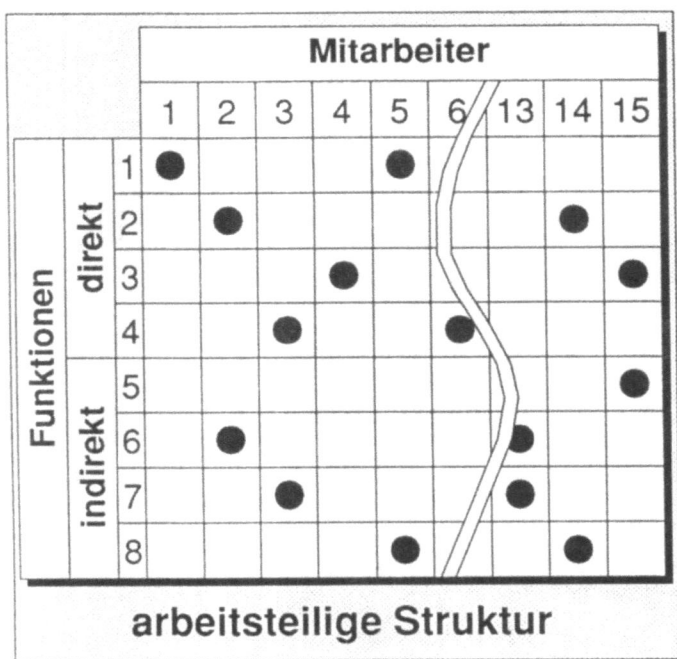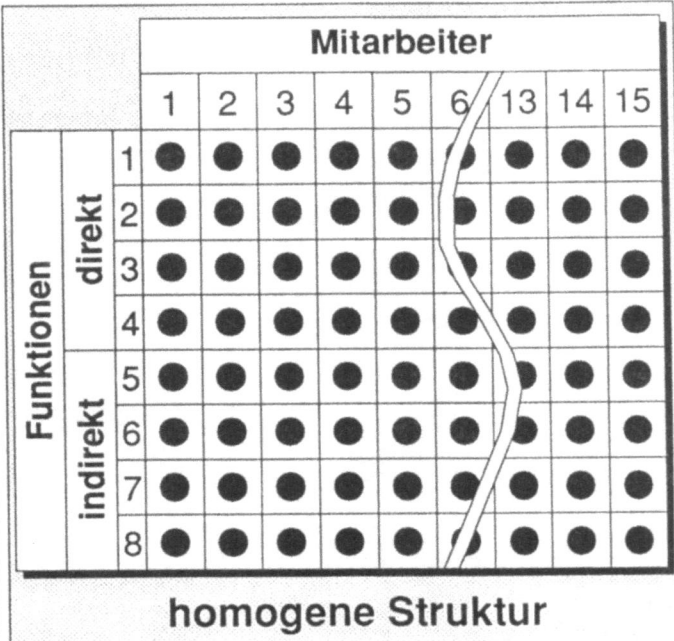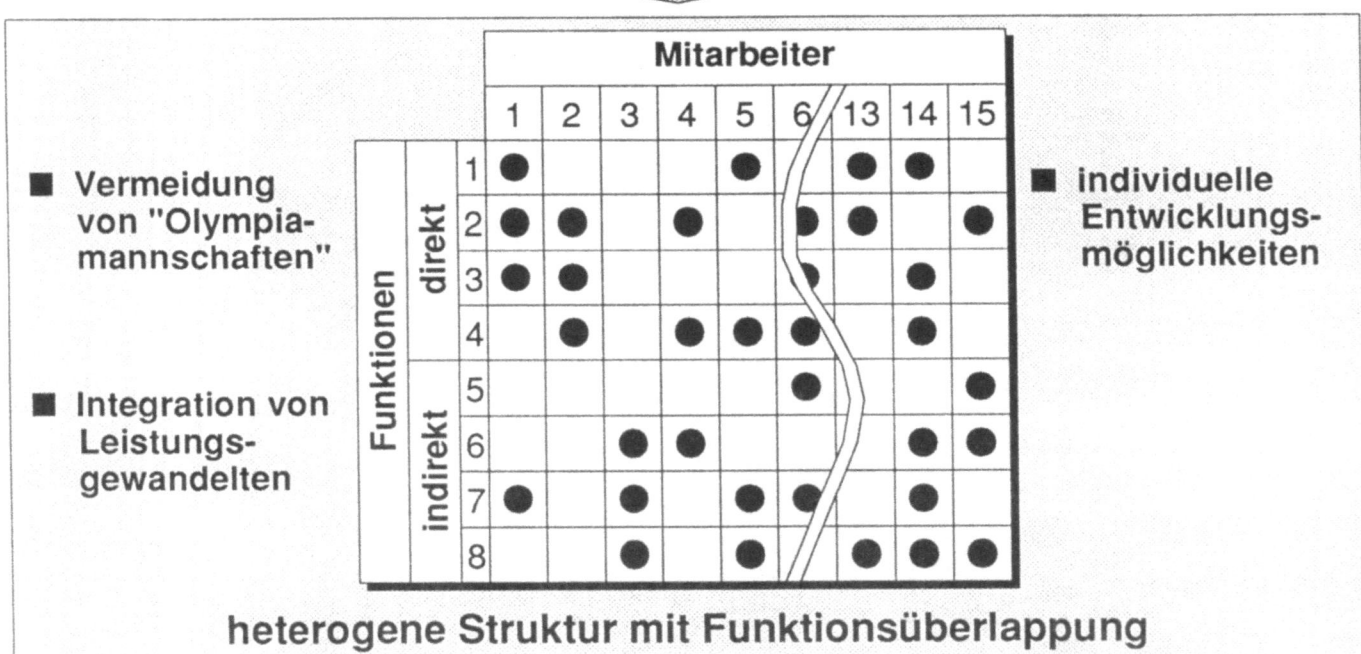

Binnenorganisation der Verantwortungsbereiche

FUNKTIONEN		Montageinsel Inland	Montageinsel Europa	Montageinsel Übersee
	Anlieferung			
	Lackieren			
	Lager			
	BG - Montage			
	Endmontage - klein -			
	Endmontage - groß -			
	Prüffeld - klein -	**räumlich zentral**	⚡	**aber jeweils**
	Prüffeld - groß -	**besetzt durch**		**Inselmitarbeiter**
	Verpacken ROBT			
	Verpacken RW			
	Versand			

Montagestruktur

Bild 8

© FhG-IAO, Stuttgart

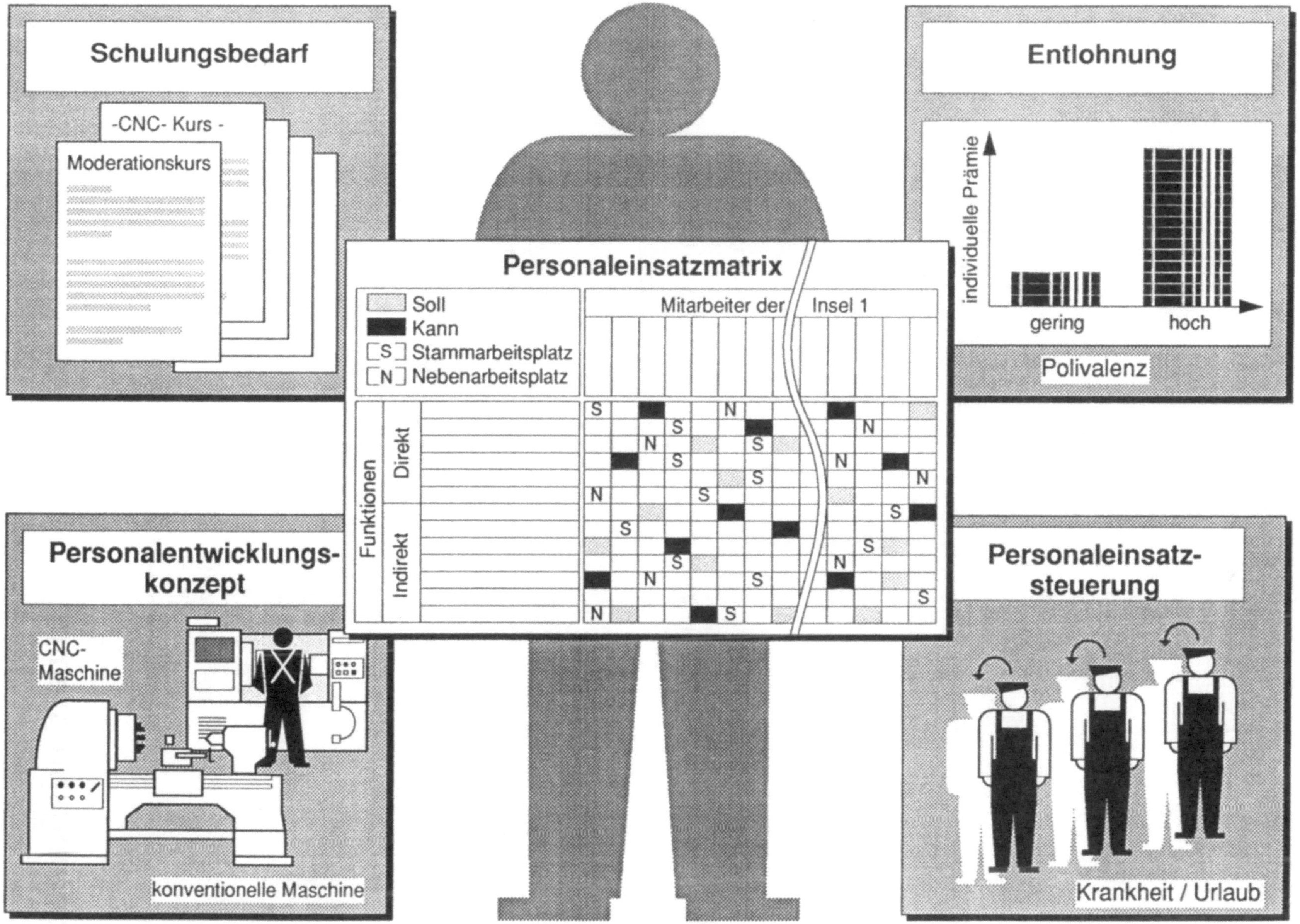

Personaleinsatzmatrix

Bild 10

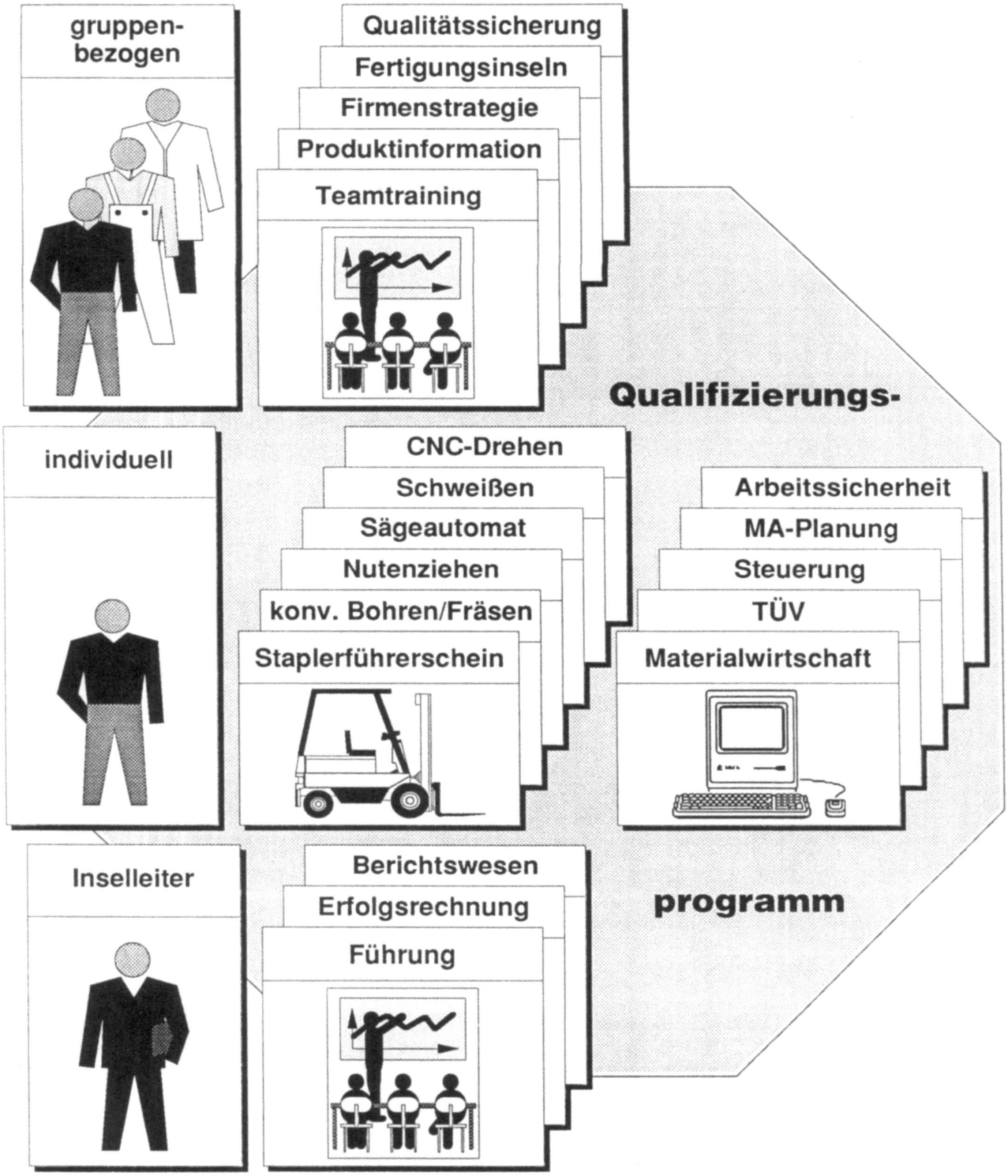

Qualifizierungsprogramm

EKATO IAO FhG

Bild 11

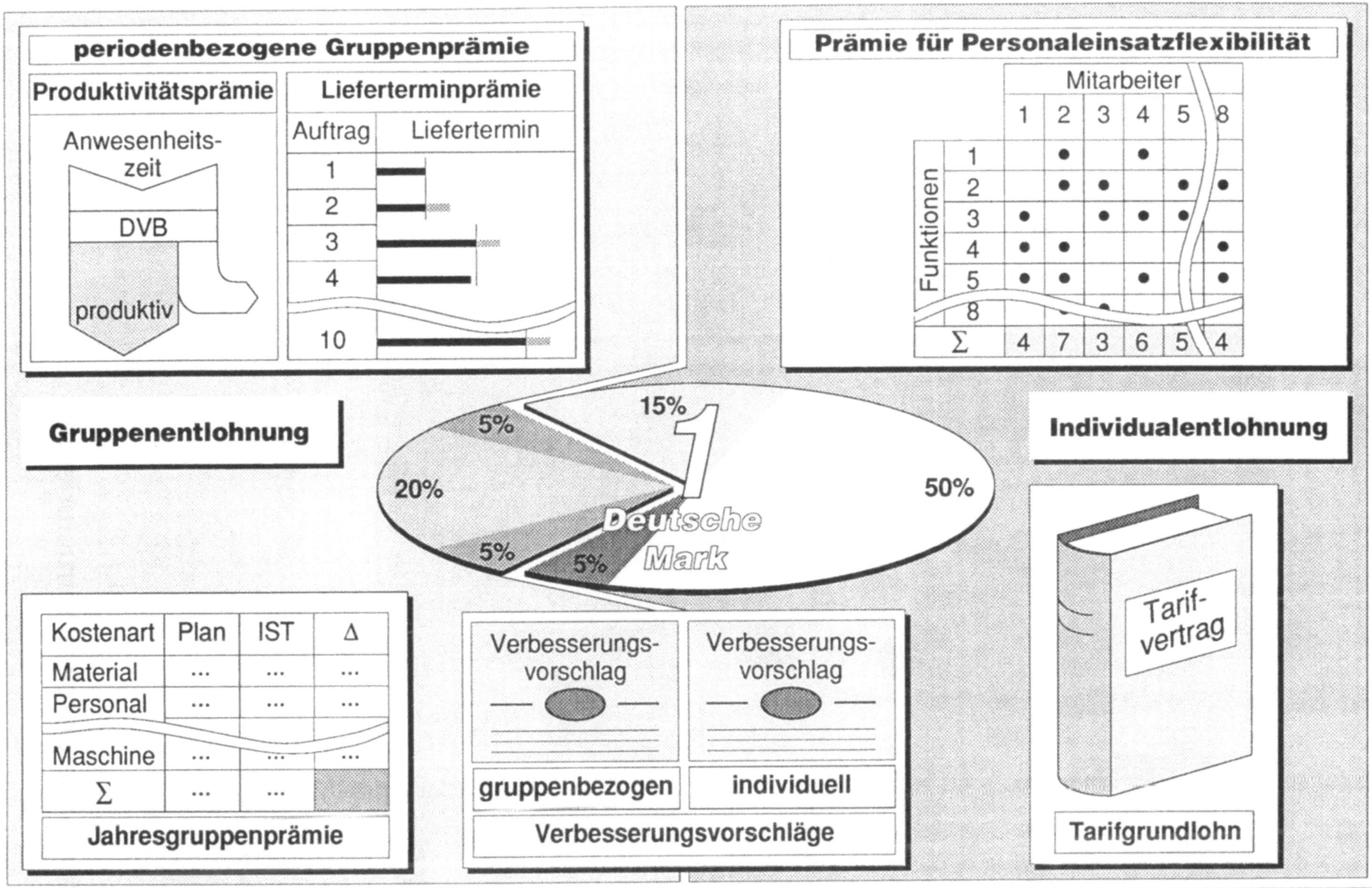

Entlohnungsmodell

Bild 12

EKATO FhG IAO

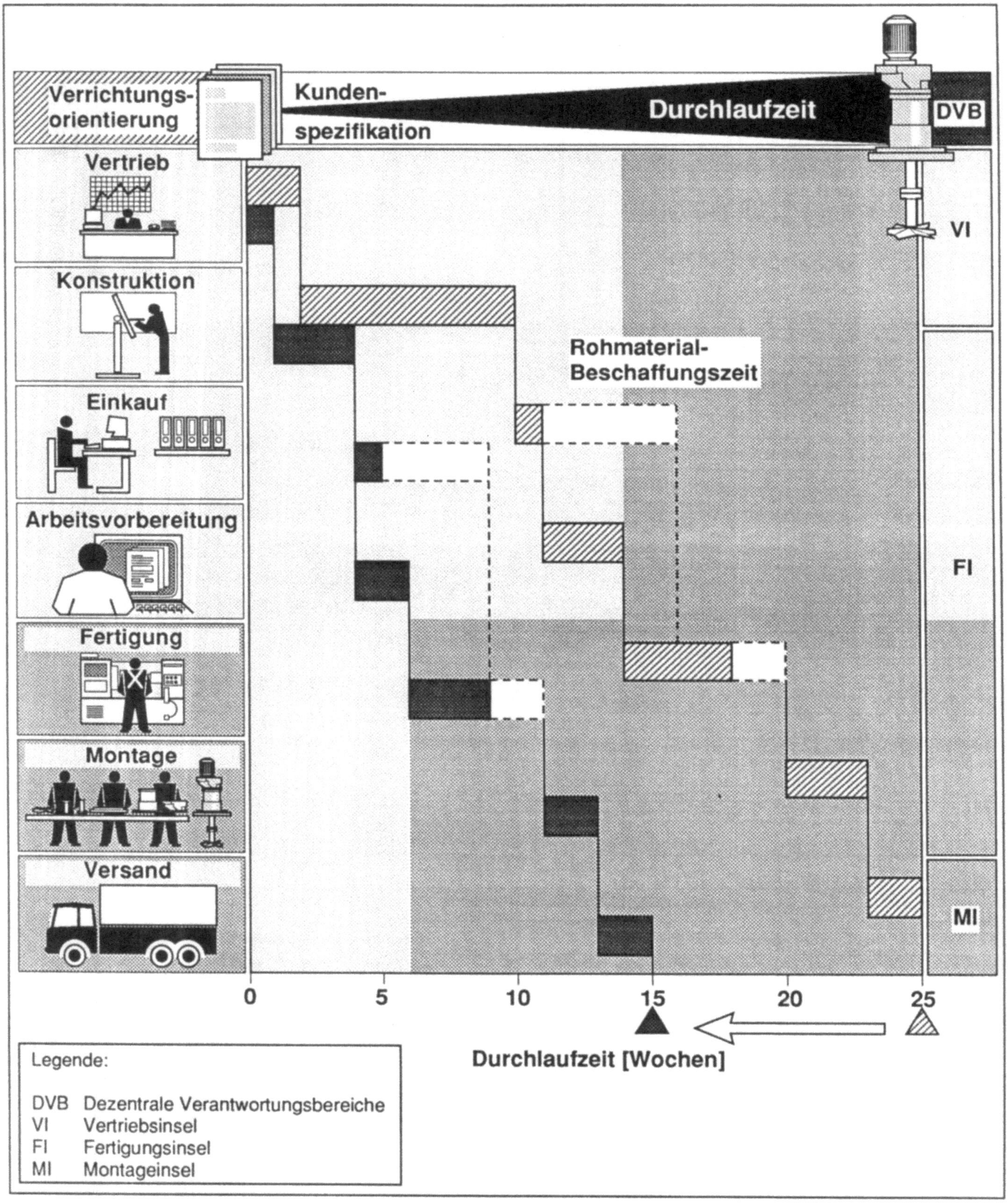

Durchlaufverhalten nach Umstrukturierung

Bild 13

Bestandsentwicklung

Bild 14

IAO-Forum
Kundenorientierte Produktion

Integrierte Fabrik- und Industriebauplanung – Wechselwirkung zwischen dezentralen Unternehmensstrukturen und moderner Industriearchitektur

G. Steiner

Was ist eine "integrierte" Fabrik- & Industriebauplanung?

Was ist eine "integrierte" Fabrik- und Industriebauplanung, wodurch unterscheidet sie sich von "normalen" Fabrik- und Industriebauplanungen, welches sind die Motive, welche dieses Vorgehen wählen lassen?

Die primären Merkmale des zur Debatte stehenden "integrierten" Vorgehens sind die Gleichgewichtigkeit, die Gleichzeitigkeit und die iterationsartige gegenseitige Abstimmung der fabrikorganisatorischen und der architektonischen Lösungserarbeitung unter einer gemeinsamen, strategisch ausgerichteten Gesamtprojektsteuerung.

Dieses Vorgehen stellt erhöhte Ansprüche an alle Beteiligten. Diese sind gesamtheitlicher gefordert als üblich. Gegenseitiges, fachübergreifendes Verständnis und die Bereitschaft zum Überbordwerfen von bewährten Verhaltens- und Vorgehensroutinen sind nötig, sowie als Basis hierzu vorerst überhaupt sprachliches Verstehenlernen der beidseitigen Fachjargons.

Diesen Erschwernissen steht die Hoffnung auf das Erreichen besserer Ergebnisse dank einem Erkennen und Nutzen neuer, interdisziplinärer Chancen und Synergiepotentiale gegenüber.

Industriebau und Unternehmensziele

Bauen bindet Kapital langfristig. Es beansprucht damit Wachstums- und Entwicklungspotentiale, die seinetwegen anderswo nicht zur Verfügung stehen. Durch das Bauen werden unternehmerische Handlungsfreiräume eingeengt. So bindet es an Standorte und beschränkt es Wahlmöglichkeiten von betrieblichen Organisationsformen, Produktionsarten und anderen Nutzungen.

Industriebauten sind immer auch Architekturobjekte. Als solche werden sie wahrgenommen und gestützt darauf ihre Bauherren und Architekten qualifiziert. Das ist unausweichlich. Auch die bescheidenste Blechhalle, die alles andere sein will als ein Stück Architektur, ist eines, aber eben nur ein bescheidenes...

Industriebauten binden langfristig. Sie werden umso wirtschaftlicher, je länger sie genutzt werden können. Meistens müssen sie deshalb um ein vielfaches länger herhalten als selbst die mutigsten betriebswirtschaftlichen Langzeitprognosen. Provisorien und Wegwerfbauten sind wegen ihrer kurzen Abschreibungsfristen kostspielige Notlösungen.

Sowohl die Vielseitigkeit der mit dem Industriebau zwangsläufig verbundenen Bindungen als auch die Langfristigkeit ihrer Wirkung lassen es empfehlen, die Grundlagen der Industriebautätigkeit nach Maßgabe ihrer Zeitlichkeit zu beachten:

- in erster Linie die *zeitlosen* Wahrheiten. Zu ihnen gehören vor allem die Naturgesetze von der Physik bis hin zur Physiologie und Arbeits-Soziologie.

- in zweiter Linie die *strategisch-langfristig* begründeten Grundlagen.

- und erst in dritter und letzter Linie die *unmittelbaren* Bedürfnisse und Projektanstöße.

Bezüglich der *dezentralen Unternehmensstrukturen* bedeutet dies, daß eine völlig andere Architektur resultiert, je nachdem, ob der Wille dazu strategisch-langfristiger Art ist oder ob nur ein erster Betriebsversuch gewagt werden soll. Im ersten Fall darf, ja soll, die architektonische Gestaltung diesen Willen bleibend unterstützen, im zweiten Fall muß die bauliche Struktur vor allem genügend flexibel sein, um eine fabrikorganisatorische Entwicklung auch in dieser Richtung zu ermöglichen.

Strategische Aspekte der Dezentralisation von Unternehmen

Eine der wichtigsten und langfristigsten fabrikplanerischen Fragen ist jene nach der Strukturierung und Dezentralisation von größeren Unternehmen in ihre operativen Unternehmensbereiche.

Fast alle größeren Industrieunternehmen der Schweiz haben in den letzten Jahren solche Restrukturierungsprozesse in die Wege geleitet. Das Bestehen namentlich gegenüber der fernöstlichen Konkurrenz zwingt zu einer stärkeren und dynamischeren Marktorientierung. Diese wird auf der strategischen Unternehmensebene zu verwirklichen gesucht mittels einer Delegation der operativen Führungsverantwortung an - zum Teil neu gebildete - produkteorientierte Unternehmensbereiche oder Sparten. Innerhalb derselben werden die Hierarchien verflacht, rücken Marketing, F+E und Produktion zusammen, werden Durchlaufzeiten verkürzt und Lagerbestände abgebaut. Die konsequente Weiterführung dieser Restrukturierung führt zur räumlichen Entflechtung der Unternehmensbereiche in selbständige Fabriken und zur Umstellung der Produktion von der tayloristischen Arbeitsteilung auf z.B. Fertigungsinseln.

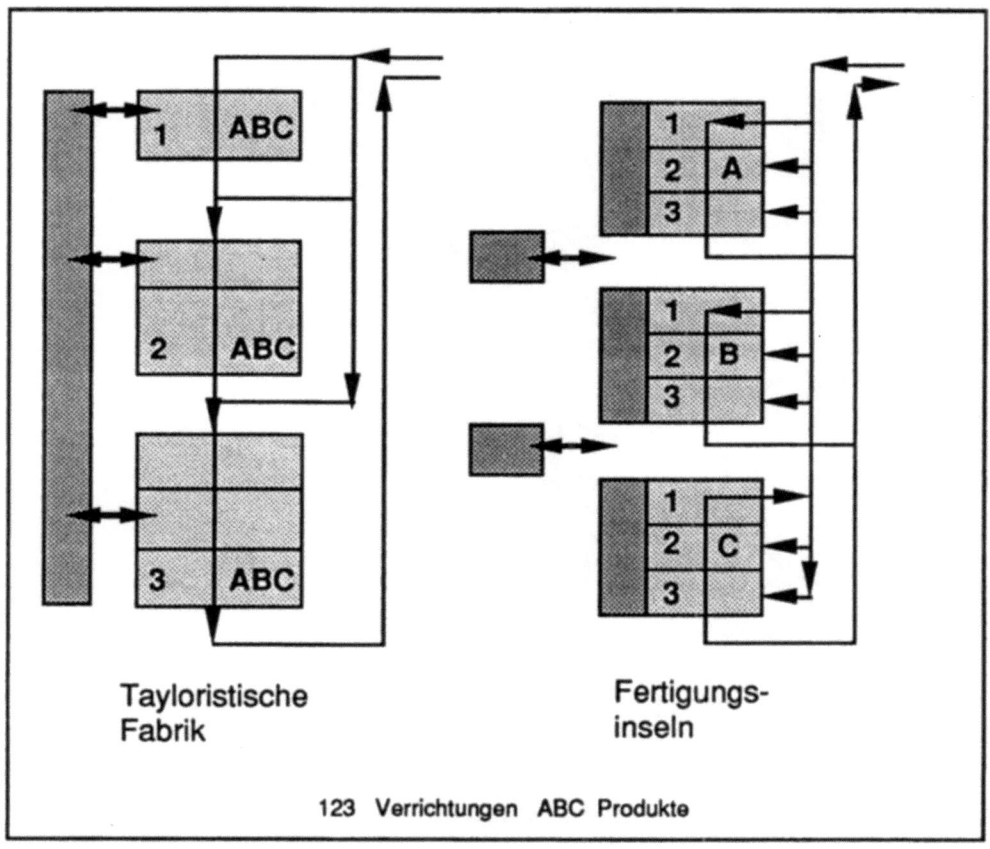

Abb. 1: Produktionsstrukturen als Grundlage von Gebäudestrukturen

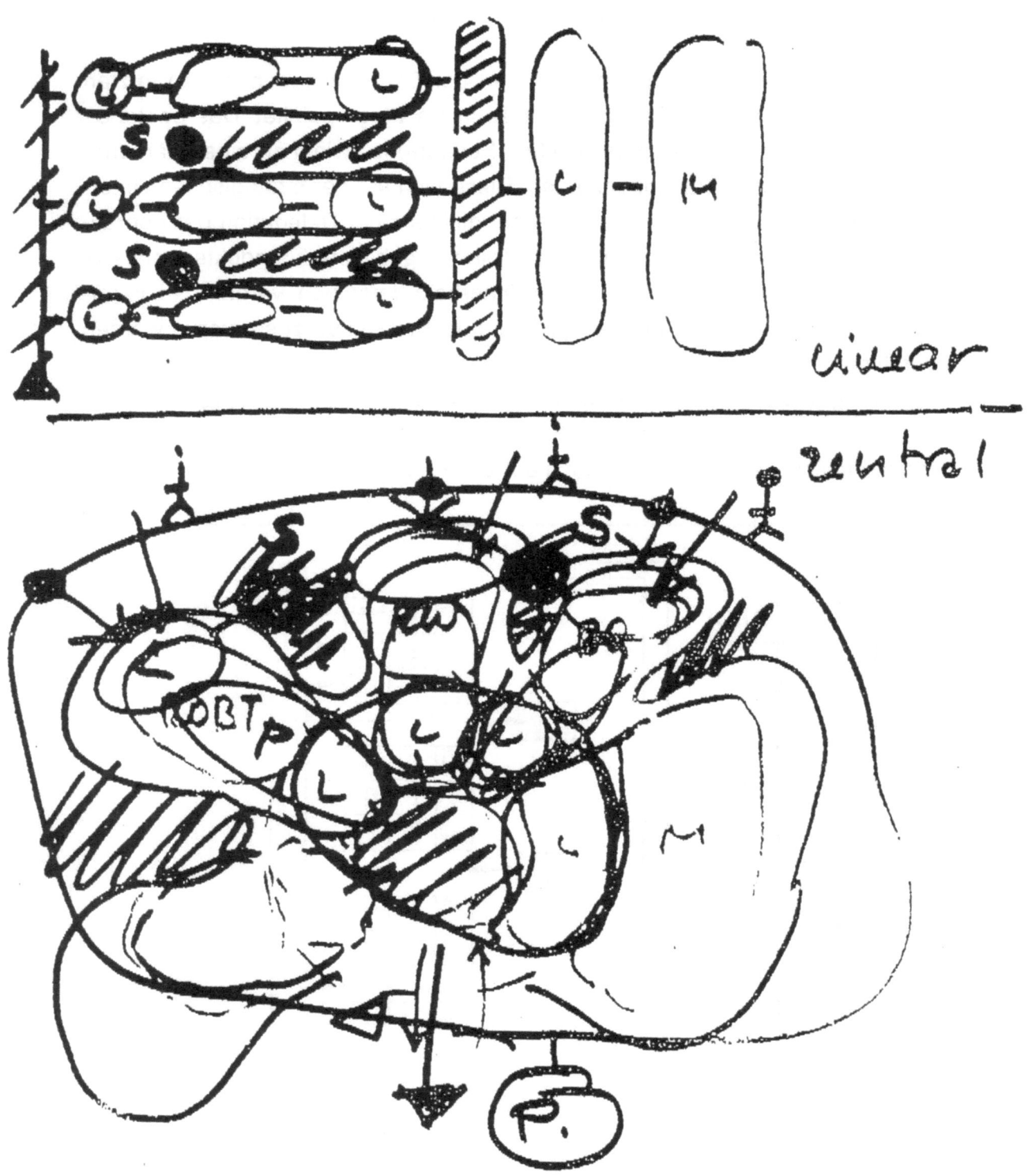

Abb. 2: EKATO: Skizze aus der Diskussion über linare oder zentrale Gebäudestruktur

Optimale Betriebsgrößen als strategisches Ziel

Die Kenntnis optimaler Betriebsgrößen ist eine wichtige strategische Grundlage einer integrierten Planung, weil sie es erlaubt, obere Wachstumsgrenzen festzulegen und gestützt darauf überdimensionierte Vorinvestitionen - z.B. in Baulandreserven - zu verhindern und betriebliche Zellteilungen weitsichtig zu planen und vorzubereiten.

Unabhängig von den unterschiedlichen technischen Randbedingungen der einzelnen Branchen scheint in diesem Zusammenhang jene Betriebsgröße beachtenswert zu sein, welche gerade noch menschlich erlebbar ist, weil sich noch alle MitarbeiterInnen gegenseitig namentlich kennen können. Dieser Schwellenwert liegt in der Größenordnung von 200 bis 400 Personen.

Zellteilung als mögliche Vorgehensstrategie

Die "Zellteilung" ist das Wachstumsprinzip des organischen Lebens. Dabei teilt sich zuerst der Zellkern als Träger der genetischen Information. Anschließend schnürt sich die Zelle selbst zunehmend ein und teilt sich schließlich ganz.

Ein anschauliches Beispiel für eine betrieblich-baulich integrierte Zellteilung liefert die E+H Flowtec AG in Reinach (Schweiz). Sie gehört zur internationalen Endress+Hauser Gruppe, in der die Betriebsgröße um 300 Personen als erstrebenswertes Maß gilt. Weil dieses rasch wachsende Unternehmen im Begriffe steht, diese Schwelle zu überschreiten, hat sich die Geschäftsleitung ans Planen gemacht und als Wachstumsvision die "Zellteilung" gewählt.

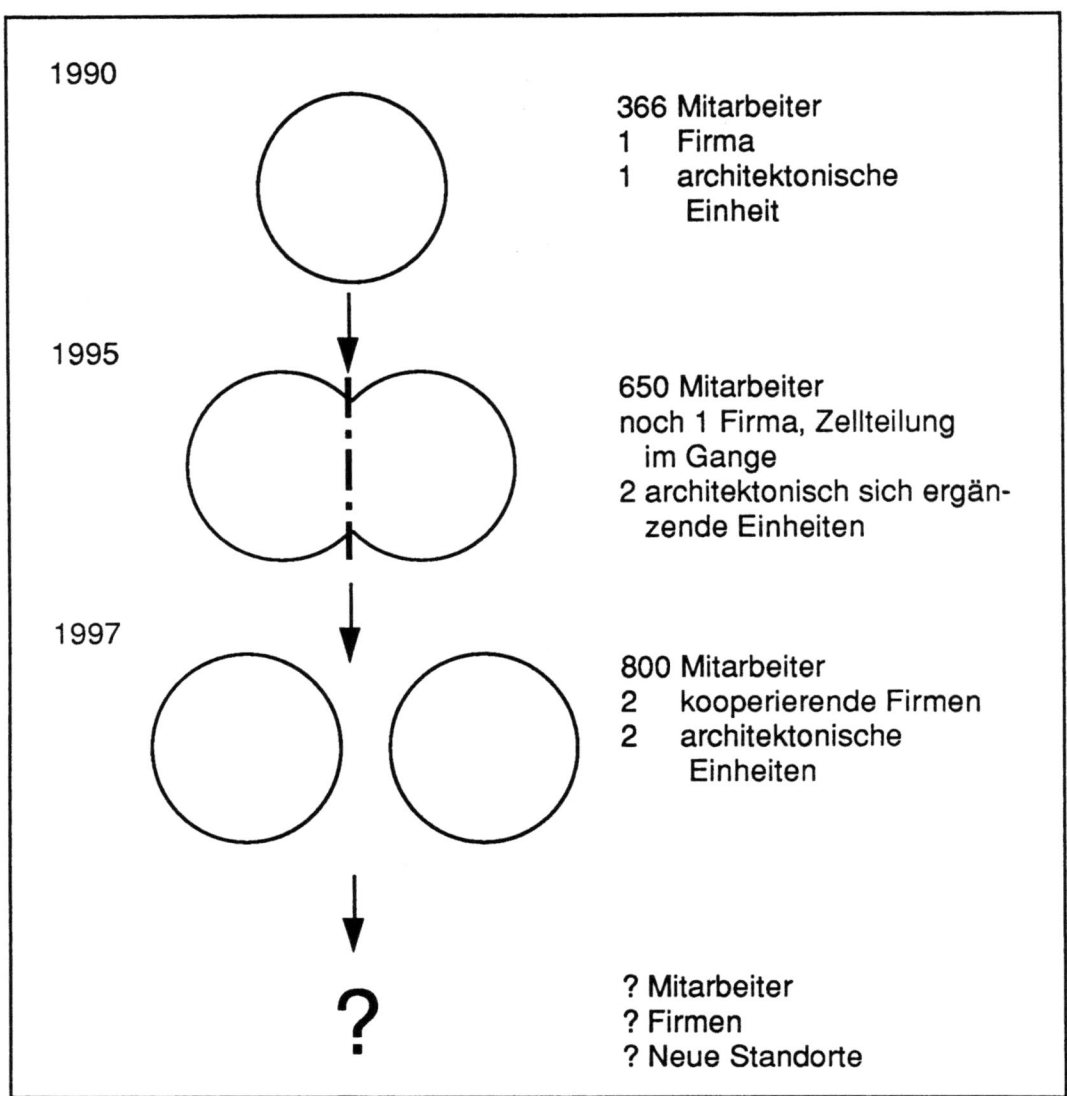

Abb. 3: Strategie einer betrieblich-baulichen Zellteilung

Das Raumprogramm als Vorgabe an den Industriearchitekten gibt dementsprechend detailliert für alle Betriebsbereiche Auskunft auf die Fragen:

• Fläche im anstehenden Ausbauschritt und im Endausbauzustand (bzw. Zellteilung danach);
• Flächenqualifikation (bekrant / unbekrant, klimatisiert / nicht klimatisiert);
• Zellteilung bereits vollzogen / im anstehenden Ausbauschritt zu vollziehen / erst im Endausbau erforderlich.

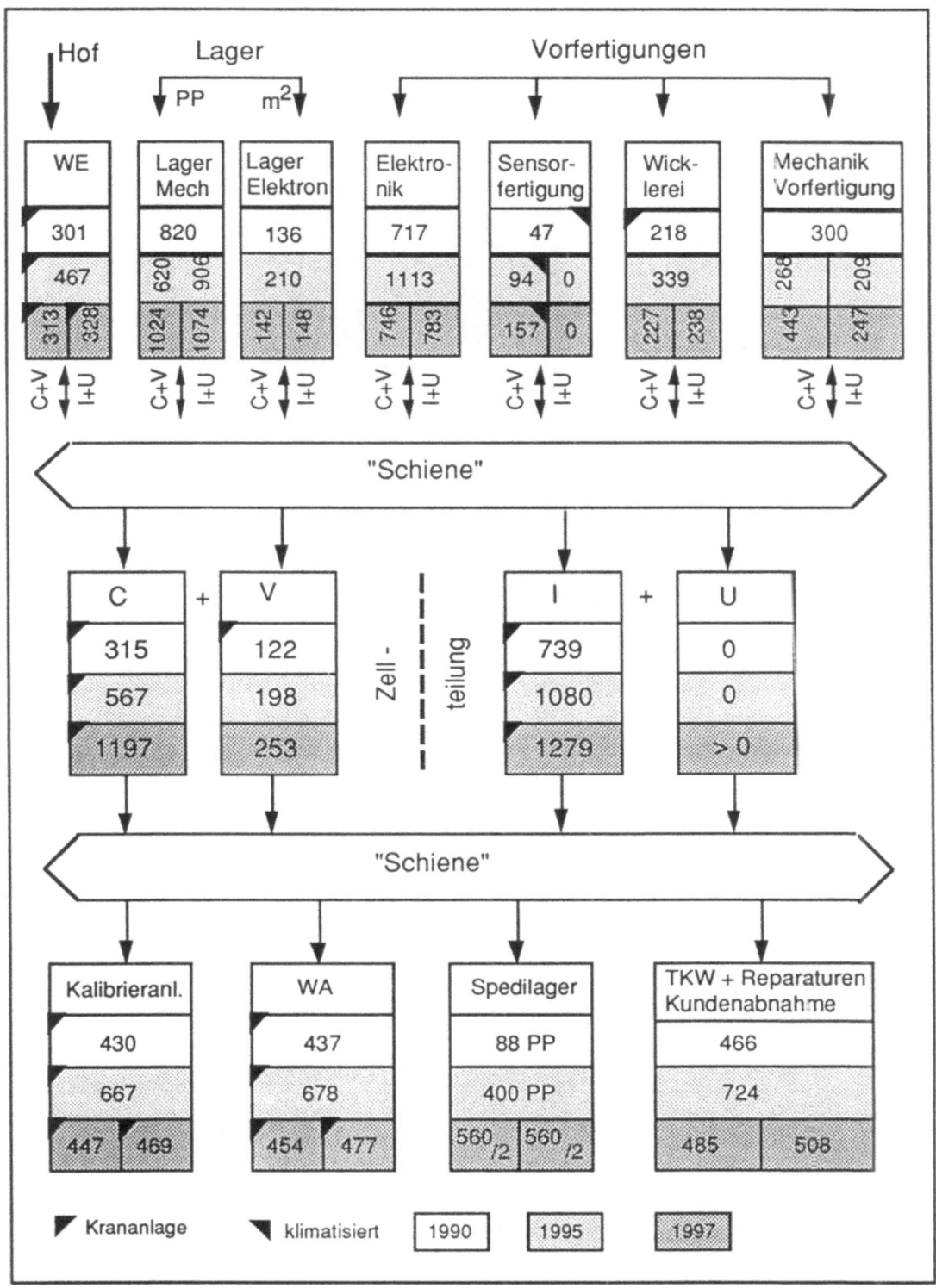

Abb. 4: Raumbedarfsorganigramm für eine sukzessive betrieblich-bauliche "Zellteilung" (Beispiel: E+H Flowtec AG, Reinach (Schweiz))

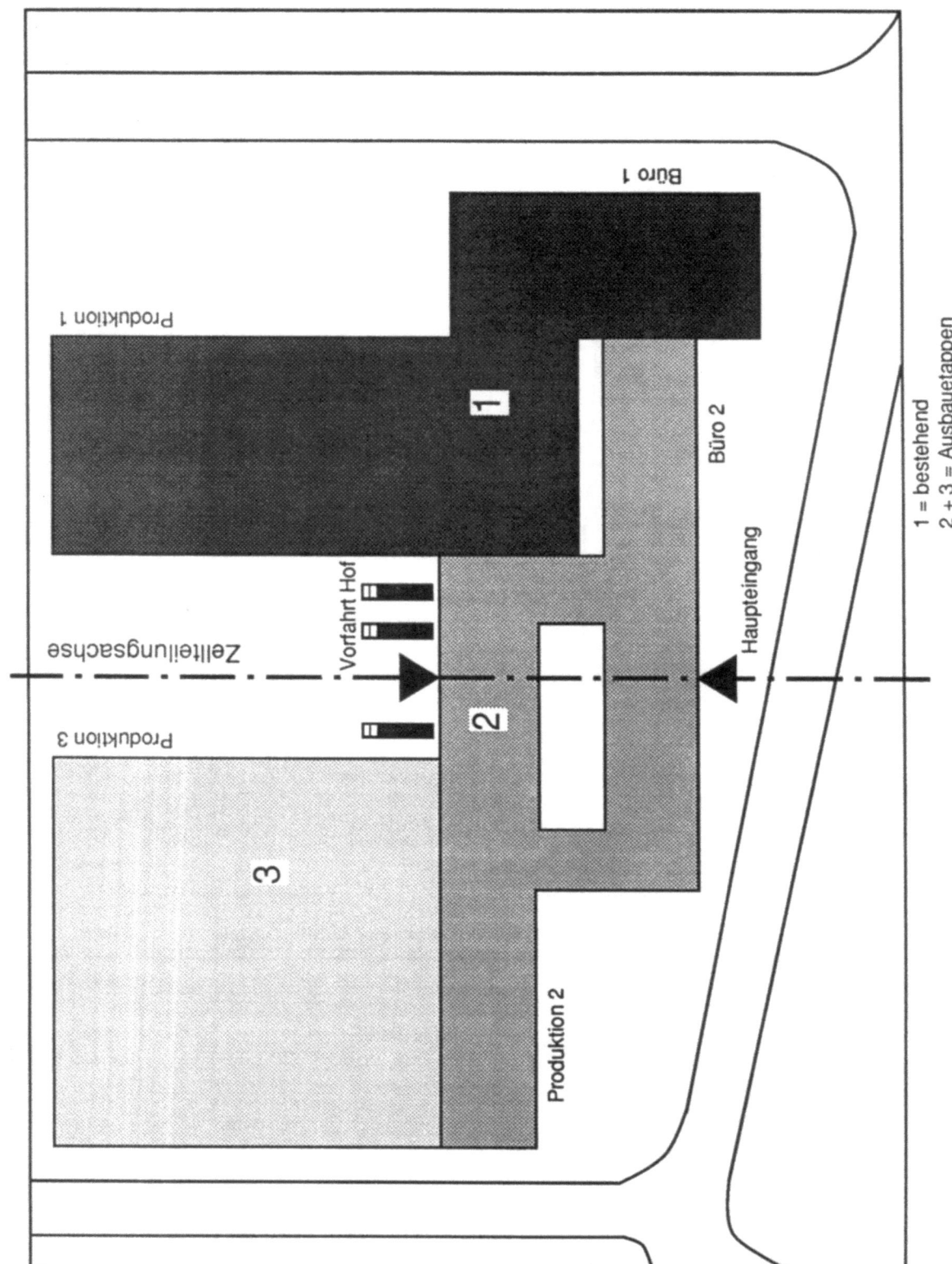

Abb.5: E+H Flowtec AG, Reinach
Zellteilung
Arch.: Herzog & deMeuron, Basel

Derartige Wachstumsüberlegungen im Denken an die "Zukunft danach" haben einerseits prägenden Einfluß auf die Industriearchitektur und bringen andererseits Ruhe und Sicherheit in den Dauerprozeß der fabrikorganisatorischen Erneuerung.

Entflechtungsprobleme

Das physische Entflechten größerer Unternehmen kommt indessen nicht überall so zügig voran wie erhofft. Ich erlebe dabei folgende Ursachen:

- Die mit den Reorganisationen verbundene dynamische Aufbruchstimmung verträgt sich schlecht mit den bauwirtschaftlichen Zeitdimensionen, in welchen sich die Nutzung und Erneuerung vorhandener industrieller Primärinfrastrukturen vollziehen kann. Das eingangs angesprochene Verständigungsproblem ist groß, die Geduld und Einsicht zum weitsichtigen Planen nicht immer genügend.

- Physisches Entflechten ist kostspielig. Solange die Betriebswissenschaft Entflechtungsinvestitionen nicht mit einem eigenen ROI honoriert, muß mit anderen Investitionsbegründungen paktiert werden, um bauen zu können. Als solche bietet sich ein Wachstumsbedarf an oder - sehr beliebt - der Notwendigkeitsnachweis irgend einer Zwangsinvestition. Mancher Umzug aufs Land konnte durch den Verkauf der zentral gelegenen Altliegenschaft mitfinanziert werden (Beispiele: Chemische Fabrik Pfersee / Augsburg, ABB Baden & Oerlikon, Sulzer Winterthur).

- Wird im Rahmen der Kompetenzdelegation auch die Verfügungskompetenz über die Fazilitäten alter Produktionswerke an die neuen Unternehmensbereiche übertragen und gleichzeitig die Kostenstelle der bisherigen Werksplanung gestrichen in der Hoffnung darauf, die neuen Herren würden ihre physische Entflechtung schon bilateral regeln, so kann dieser Prozeß bald in buchhalterischen Grabenkämpfen um gegenseitige Bewertungs- und Verrechnungspositionen erstarren, anstatt zu einer dezentralen Betriebsstruktur zu führen.

Abb. 6: Luftaufnahme von Ciba-Geigy, Basel

Abb.7: Luftaufnahme von Hoffmann-La Roche AG, Sisseln, Schweiz

Gebäudeplanung im Rahmen integrierter Objektplanung

Planung der integrierten Objektplanung

Die zweite Ebene von Wechselwirkungen ist jene des integrierten Planens einzelner Objekte oder Gebäude mit der Besonderheit, daß dem Industriearchitekten für einmal kein fixfertiges Pflichtenheft vorgegeben wird, sondern nur die Absicht, die Chance des Neubauens und Umziehens zu nutzen, um auch fabrikorganisatorisch neue, im Teamgeist partizipativer Planung erst noch zu findende Wege zu gehen.

<u>Aufbauorganisation</u>

Das gleichzeitige Infragestellen und Entwickeln aufeinander abgestimmter betrieblicher und baulicher Strukturen bedarf als gemeinsamer "Rückgrat" für alle nachfolgende Arbeit der Steuerung durch ein gemeinsames *Strategie-Team*. Hier sind Bauherr, Architekten, Fabrikplaner, Fachleute und Vertreter der betroffenen Unternehmensbereiche einbezogen. Ihre Aufgabe besteht darin, ein Zielsystem zu entwickeln, im Rahmen eines Strategiekonzeptes relevante Gestaltungsdimensionen zu erschließen, die einzelnen Teams, die sich mit den spezifischen Gestaltungsdimensionen auseinandersetzen, zu koordinieren sowie die entwickelten Alternativen zu beurteilen und auszuwählen. Von besonderer Bedeutung für den integrierten Planungsprozeß ist die gegenseitige Verständigung und die gemeinsame Erarbeitung eines *Strategiekonzeptes* zu Beginn des Bauvorhabens.

Während der Projekterarbeitung steuert und koordiniert das Strategie-Team die Arbeit des *Produktionsstruktur-Planungsteams* und des *Gebäude-Planungsteams* in laufender gegenseitiger Abstimmung.

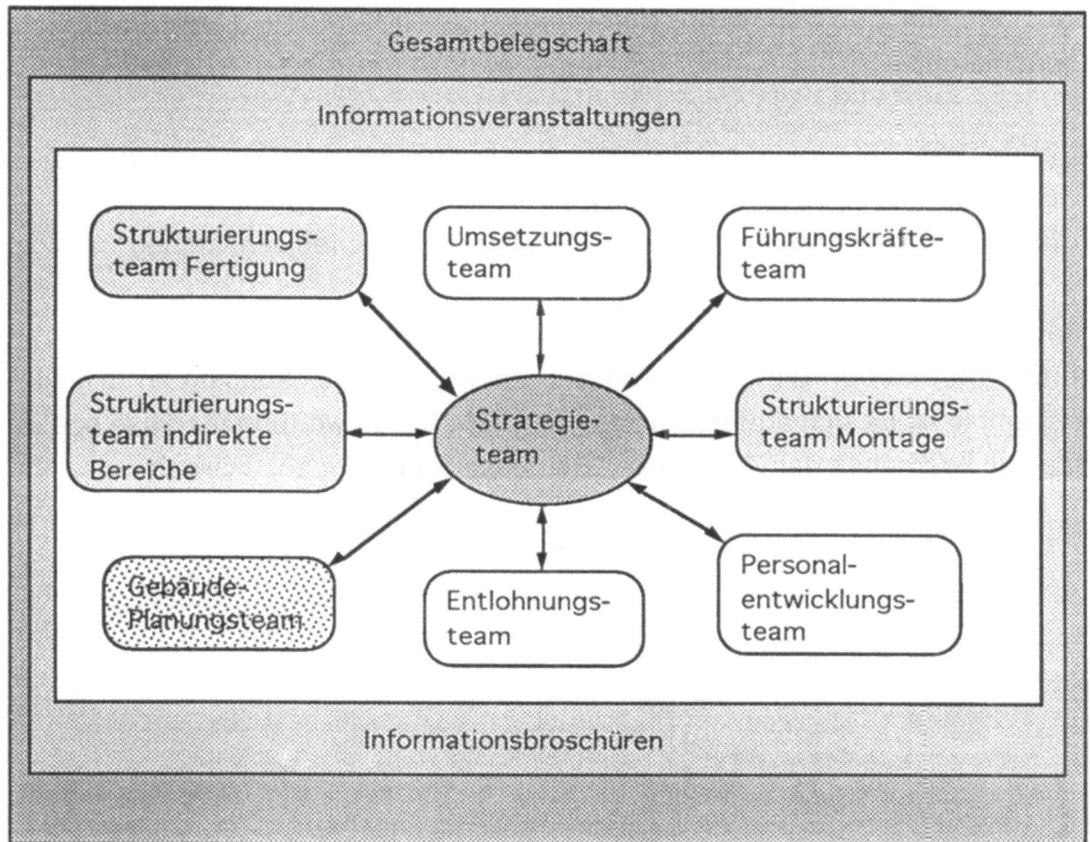

Abb. 8: Projektorganisation EKATO

Ablauforganisation

Auch eine integrierte Industriebauplanung muß in den logischen Phasen ablaufen, wie sie die Honorarordnung für Architekten und Ingenieure (HOAI) definiert.

Bei Industriebauten, die für mehrere Nutzungsgenerationen konzipiert werden, empfiehlt sich eine Staffelung von Planung und Ausführung in ein - den langfristig-strategischen Anforderungen entsprechende - Infrastrukturprojekt "Edelrohbau" und ein - den unmittelbaren Erstnutzungsbedürfnissen entsprechendes - Folgeprojekt "Betriebseinrichtung".

Dabei empfiehlt es sich, die beiden Projekte durch folgende *3 Meilensteine* zu koordinieren:

- Bauantrag   Planungsabschluß Teilprojekt "Edelrohbau"
- Einrichtungsbeginn   Abschluß Teilprojekt "Edelrohbau"
- Inbetriebnahmeschluß   Abschluß Teilprojekt "Betriebseinrichtung".

Um eine frühzeitige Nahtstellenkoordination zwischen den beiden Teilprojekten zu fördern und den Baubeihilfeaufwand nach Einrichtungsbeginn zu minimieren, empfiehlt es sich außerdem, die finanzielle Verantwortung für diese späten Baubeihilfearbeiten dem Teilprojekt "Betriebseinrichtung" zuzuweisen.

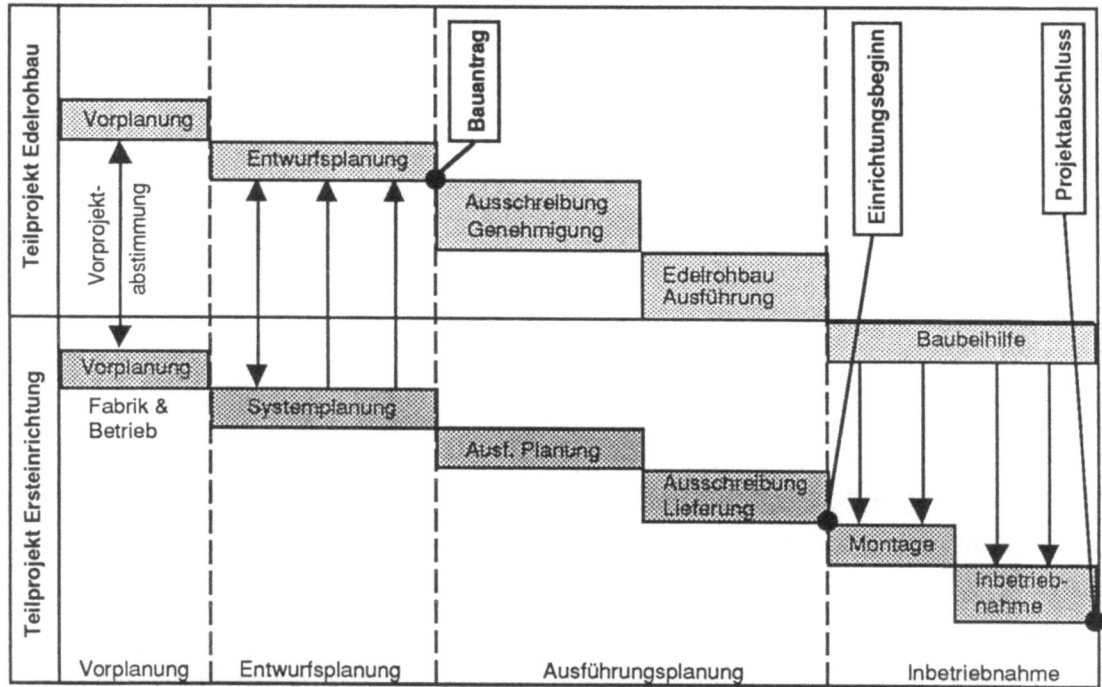

Abb. 9: gestaffelter Projektablauf

Wechselwirkungen nach Phasen

Vorplanungsphase

In der Phase der *Vorplanung* befassen sich Fabrik- und Gebäudeplaner gleichermaßen mit grundsätzlichen Strukturfragen. Im Strategie-Team vergleichen sie die vom Produktionsstruktur-Planungsteam entwickelten Varianten für die Unternehmensstruktur mit den vom Gebäude-Planungsteam vorgeschlagenen Varianten für die Grundstücks- und Gebäudestruktur und bringen sie zur Kongruenz.

Entwurfsplanung

Die Phase der *Entwurfsplanung* heißt bei den Fabrikplanern "*System- und Integrationsplanung*".

Die Gebäudeplaner stellen jetzt Fragen wie:
- Zentralisierung oder Dezentralisierung der Gebäudeein- und -ausgänge für Personal und Material?
- zentrale oder dezentrale Anordnung der Läger?
- wohin gehören welche administrativen und technischen Büroarbeitsplätze?
- welche Sozialräume sind zentral, welche dezentral anzuordnen?

Gleichzeitig beraten sie jetzt die Fabrikplaner über Abhängigkeiten und Sensitivitäten der baulichen Oekonomie, Möglichkeiten und Grenzen baulicher und haustechnischer Flexibilitäten und Ausbaureserven usw.

Ausführungsplanung

In der Phase der *Ausführungsplanung* fragen die Gebäudeplaner nach den Details des Maschinen-Layouts und nach den Übergabepunkten für deren haustechnische Ver- und Entsorgung. Die Arbeitsplatz-Planungsteams äußern sich zu den Farben und Materialien, zur Ausgestaltung und Einrichtung der Sozialräume und Freianlagen. Als letzte gemeinsame Tat entstehen die Beschilderungen.

Inbetriebnahme

Die Phase der *Inbetriebnahme* ist - je nachdem - "die Stunde oder das Jahr der Wahrheit". Bei allen Projekten ist sie die spannendste, spektakulärste und am schwierigsten steuerbare Projektphase. Deshalb sollten die Projektverantwortlichen von Projektbeginn an wissen, daß sie erst nach erfolgreichem Inbetriebnahmeschluß entlastet werden.

Zum baulichen Ausdruck dezentraler Unternehmensstrukturen

Architektur und Unternehmenskultur

Mit der Architektur spricht der Unternehmer direkt, täglich und unmittelbar seine MitarbeiterInnen an. So beeinflußt er ihren Weg zur Arbeit: wer hat einen eigenen Parkplatz, wer einen kollektiven, wer gar keinen? Wer darf wo hinein in die Fabrik, alle vorne oder gewisse nur hinten hinein? Mit der Gestaltung und Zuordnung der Umkleide- und Sozialräume reiht er ein: bin ich ein Kollege eines Insel-Teams oder einer des großen anonymen Haufens? Muß ich kollektiv duschen oder verfüge ich über eine Einzelkabine? Er prägt meinen Arbeitsplatz und meine Arbeit: sind unsere Maschinen unsere Werkzeuge oder sind wir nur Bedienungsgehilfen seiner computergesteuerten Fließbänder? Wie die Architektur, so die Arbeitshaltung!

Meßbar sind diese Thesen natürlich nicht. Als in Basel für alle 3 "Chemischen" tätiger Bauexperte kann ich jedoch vergleichend feststellen, daß sich deren unterschiedliche "architektonische Haltung" durchaus mit ihren unterschiedlichen Unternehmenskulturen deckt und daß sich die Leute persönlichkeitsbedingt von diesen 3 Kulturen unterschiedlich angezogen fühlen, dementsprechend ihren Arbeitgeber wählen, am Stammtisch über die Firma reden, sich zur Arbeit kleiden und last but not least bei der Arbeit verhalten.

Fabrikorganisation und Industriearchitektur sind nach meiner Erfahrung deshalb eher als gleichgesinnte Töchter von Unternehmenskulturen zu sehen und zu behandeln denn als einander über- oder untergeordnete Disziplinen.

Bauliche Strukturierung versus Flexibilität

Organisationsstrukturen können Modesache sein, bauliche Strukturen dürfen es angesichts ihrer langfristigen Bindung nicht. Als Bauexperte muß ich deshalb im Zweifelsfalle zu konservativer Vorsicht und zum vorsorglichen "Einbau" entsprechender Flexibilitäten raten. Darf bei einem Hallenneubau auf eine flächendeckende Bekranung verzichtet werden zugunsten einer flexibleren, günstigeren Medienerschließung von oben? Ist eine vorsorgliche Erhöhung der Nutzlast der Böden oder eine Verstärkung der Fundation für eine spätere Aufstockung geboten? Der Schlüssel zur Beantwortung solcher auf Anhieb rein technisch erscheinender Fragen liegt oft in der unternehmens-strategischen Ebene:

Kommunikationsräume

Kommunikationsräume wie hier als Beispiel die um 1870 entstandenen ehemaligen Pariser "Halles Centrales" waren schon immer - auch im wörtlichen Sinne - von "zentraler" Bedeutung:

Abb. 10: Markthallen in Paris

Allräume im Bürobereich

Die dominante Arbeitsform der Zukunft wird die dienstleistungsorientierte Projektarbeit sein. Die Arbeit des einzelnen Mitarbeiters wird gleichermaßen aus kommunikationsstarker Projektarbeit im Team als auch konzentrierter Einzelarbeit bestehen. Für die Bürogestaltung heißt das, umfassende Kommunikationsmöglichkeiten bereitzustellen und zugleich Arbeitsplätze anzubieten, die in besonderer Weise den Bedürfnissen nach Störfreiheit und Individualität entsprechen.

Am einen Ende der Skala möglicher Lösungen finden wir das konventionelle *Zellenbüro* für eine oder mehrere Personen. Sein Vorteil liegt im Angebot von Individualität, sein wesentlichster Nachteil ist die menschliche Isolation. Teamarbeit ist erschwert, man klopft nur an und trifft sich nur in Besprechungsräumen wenn geplant und nötig.

Als Antwort darauf ist in den 60er Jahren das *Großraumbüro* mit seinen scheinbar unbegrenzten Möglichkeiten an totaler Kommunikation und Layoutflexibilität in Mode gekommen. Gutes Funktionieren setzt einen hohen baulichen, licht- und klimatechnischen Standard und eine großzügige Möblierung voraus. Wo diese Voraussetzungen nicht erfüllt werden, wirkt der Mangel an individueller Gestaltungsmöglichkeit der engsten Umwelt als störend bis bedrohlich und löst dementsprechende physische und psychische Reaktionen aus.

Als "Sowohl-als-auch" Lösung hält zur Zeit das *Kombibüro* seinen Siegeszug von Schweden nach Süden. Es offeriert jedem Mitarbeiter seine persönliche Arbeitszelle. Deren Enge wird kompensiert durch einen zum sogenanten *"Allraum"* verdreifachten Korridor, mit dem es durch eine Glaswand verbunden ist und in dem nicht mehr nur zirkuliert, sondern jetzt auch kommuniziert, besprochen, gefaxt, kopiert, archiviert und relaxed werden darf. Das Ganze ist von Fassade zu Fassade transparent. Die "Abteilung" als Gemeinschaft von Individuen mit gemeinsamen zentralen Raumbedürfnissen wird dirfferenziert erlebbar. Das Kombibüro verbindet die Vorteile des Zellenbüros hinsichtlich Störfreiheit und Privatsphäre mit der kommunikativen Atmosphäre des Gruppenbüros.

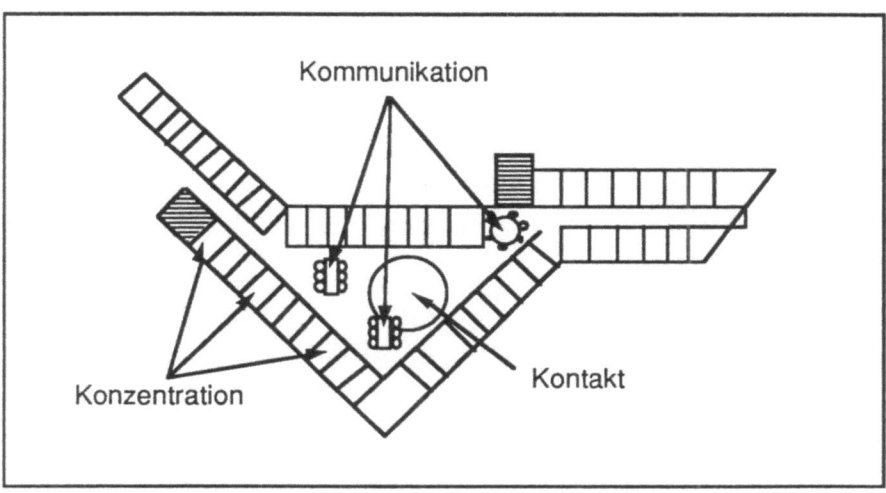

Abb. 11: Das Kombibüro des SAS-Hauptquartiers in Stockholm

Kommunikations-Straßen im Produktionsbereich

Der Neubau des Produktionsgebäudes der Firma EKATO, eines mittelständischen Maschinenbau-Unternehmens in Schopfheim am Südfuß des Schwarzwaldes, ist ein typisches Ergebnis eines integrierten Planungsvorgehens. Im Strategieteam wurde intensiv über Strukturen diskutiert: Besonderen Wert wurde auf eine deckungsgleiche betriebliche und architektonische Grundstruktur gelegt.

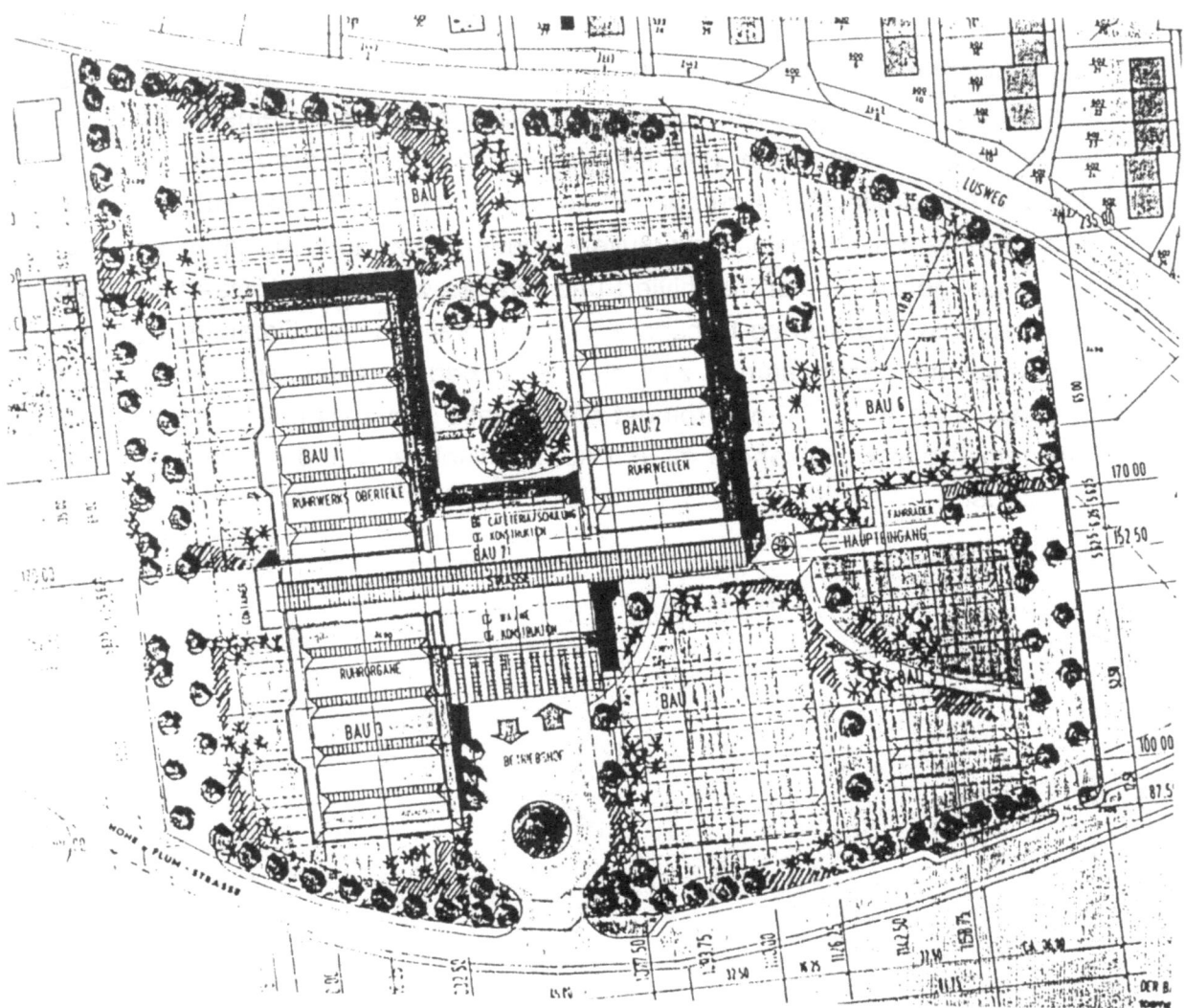

Abb. 12: Lageplan EKATO

Mehrere teilautonome Fertigungsbereiche mit jeweils mehreren Fertigungsinseln sollen sich um einen zentralen Sonderbereich für Logistik (Wareneingang/-ausgang), Schulung und Erholung gruppieren. Dabei ist eine bauliche Erweiterbarkeit sowohl der Hallen um je 50 Prozent als auch des Werkes um zusätzliche Trakte zu gewährleisten. Innerhalb der Hallen ist eine hohe Layoutflexibilität für die Fertigungsinseln gefordert. Die Rückverlagerung von Kompetenz und Verantwortung in die Produktion soll sich durch die Dezentralisierung von Büros, Lagern und Sozialräumen in den einzelnen Bereichen im Sinne einer integrierten Verantwortung widerspiegeln. Mit der äußeren Erscheinung wird bewußt eine dieser typischen ländlichen Umgebung eingepaßte Maßstäblichkeit gesucht, ohne auf die Charakteristik des Industriebaus zu verzichten.

Aufgrund der ersten Organisationsskizzen entstehen strategische Alternativen zur Grundstücks- und Gebäudestrukturierung. Die meistbeachteten Gestaltungsdimensionen sind die Gebäudeanordnung, die Verbindung der Gebäude sowie die Verkehrserschließung. Für die schließlich favorisierte Lösung "Rückgrat mit Zentralbereich und drei kongruenten Hallen mit Querorientierung" sprachen vor allem die Erweiterungsflexibilität und die ideale Verbindung von dezentralen Produktionsbereichen und hallenübergreifender Kommunikation. Über die überdachte "Betriebsstraße" läuft der gesamte Materialfluß in die einzelnen Fertigungsbereiche und der Personenverkehr.

Die drei Hallen samt ihren zugehörigen Sozialräumen und die zentralen Einrichtungen waren für den Entwurf die bestimmenden Faktoren. Erst jedoch das verbindende Element der "Straße" mit ihrem Glasdach verleiht dem Bauwerk die Charakteristik, die es von anderen, in der Nutzung ähnlichen, Objekten deutlich abhebt.

Abb. 13: "Betriebsstraße" EKATO

Kostenaspekte

Ist ein strukturiertes Bauen von Industriekomplexen mit natürlicher seitlicher Belichtung der Arbeitsplätze, dem "Blick ins Grüne" für alle, komfortablen Sozial- und ansprechenden Schulungs- und Kommunikationsräumen bezahlbar? Wieviel kostet dezentrales Bauen mehr als die anspruchslose, kompakte, lediglich ein Entfernen der Umwelt bezweckende kompakte Bauform?

Am Beispiel der EKATO wurden diese Mehrkosten mit 20% ermittelt. In der Erfolgsrechnung des Unternehmens schlagen sie sich mit rund 4 ‰ des Umsatzes bzw. 1% des Personalaufwandes nieder. In diesem Unternehmen ist man überzeugt davon, daß sich diese Mehrinvestition mehr als gelohnt hat.

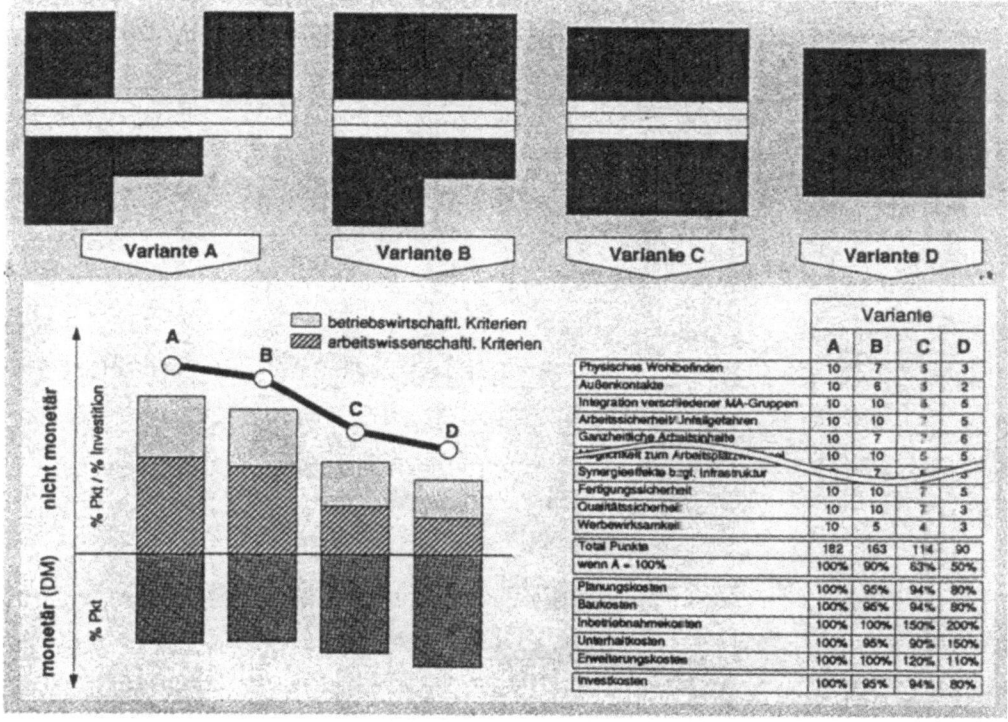

Abb. 14: Kostenvergleich zwischen kompakten und dezentralen Industriebauten

Ausblick

Die ersten Betriebserfahrungen im neuen Produktionswerk der EKATO sind sehr positiv. Das Umdenken und Umschwenken von der anfänglich fertigungs- und materialflußorientierten Planung auf eine mitarbeiterorientierte integrierte Planung und die 1 % des Personalaufwandes entsprechende Zusatzinvestition zahlen sich aus. Die Durchlaufzeiten und Lagerbestände sinken. Express- und Notaufträge, die früher den ganzen Produktionsablauf durcheinander brachten, werden heute von den Fertigungsinseln problemlos und innert kürzester Frist bewältigt.

So bleibt denn nur zu hoffen, daß die mit einem integralen Angehen industrieller Bauaufgaben freisetzbaren Synergien und Chancen bald einmal auch von der Betriebswirtschaftslehre offiziell anerkannt werden mögen, damit entsprechende Investitionsvorhaben auch die Zustimmung der sich nur abstrakt mit dem Bauen befassenden höheren Chefetagen finden mögen.

Literatur

Büroraumkonzepte, Industriebau 6/91, S. 416-422
Integrierte Fabrik- und Industrieplanung, Industriebau 6/91, S. 408-416

If you have any concerns about our products,
you can contact us on
ProductSafety@springernature.com

In case Publisher is established outside the EU,
the EU authorized representative is:
Springer Nature Customer Service Center GmbH
Europaplatz 3, 69115 Heidelberg, Germany

Printed by Libri Plureos GmbH
in Hamburg, Germany